U1019872

重庆火锅志

莫小平　高宏　主编

重庆市渝中区商务委员会　组编

SWUP
西南大学出版社
国家一级出版社　全国百佳图书出版单位

图书在版编目（CIP）数据

重庆火锅志 / 莫小平，高宏主编；重庆市渝中区商务委员会组编. -- 重庆：西南大学出版社，2024.8
ISBN 978-7-5697-2312-0
Ⅰ. ①重… Ⅱ. ①莫… ②高… ③重… Ⅲ. ①火锅菜－烹饪－概况－重庆 Ⅳ. ① TS972.129.1

中国国家版本馆 CIP 数据核字 (2024) 第 028967 号

重庆火锅志

CHONGQING HUOGUO ZHI

莫小平　高宏　主编
重庆市渝中区商务委员会　组编

图书策划：段小佳
责任编辑：黄　璜　段小佳
责任校对：段林宏
装帧设计：殳十堂＿朱　璇
排　　版：南京市玄武区殳十堂文化中心
出版发行：西南大学出版社（原西南师范大学出版社）
网址：http://www.xdcbs.com
地址：重庆市北碚区天生路 2 号
市场营销部：023-68868624
邮编：400715
印　　刷：重庆市圣立印刷有限公司
成品尺寸：185 mm × 260 mm
印　　张：19.25
字　　数：338 千字
版　　次：2024 年 8 月 第 1 版
印　　次：2024 年 8 月 第 1 次印刷
书　　号：ISBN 978-7-5697-2312-0

定　　价：98.00 元

编纂委员会

主任

彭和良　江　南

副主任

何　军　陈国华　冯　龙

复审人员

刘文海　夏小平　殷　智

司逸澈　陈欣如

专家指导小组

林文郁　陈小林　卢　朗

吴洛加　仇　一

编纂人员

主编

莫小平　高　宏

副主编

白仁春　童凤立

> 渝中半岛全景图　张坤琨 摄影

> 重庆夜景　张坤琨 摄影

order

1

序一

火锅是中国的传统美食。火锅文化历史悠久，自古人发明火和陶器后，便有了最早的火锅形式，夏商周到秦汉称鼎，便有了“钟鸣鼎食”之称谓，历经秦、汉、唐、宋、元、明、清上千年的发展，沉淀了厚重的中国火锅文化。重庆火锅，也叫毛肚火锅、麻辣火锅，起源于长江、嘉陵江两江交汇处的渝中半岛，“水八块”便是重庆火锅的雏形，历经上百年发展，凝聚了世代重庆火锅人的饮食智慧，承载着火锅历史、孕育着火锅文明、繁荣着火锅文化。从这个意义上说，重庆火锅是一大文化。

重庆火锅也是一张美食名片。早在烽火连天的抗战时期，重庆火锅开始享誉全国，“引无数海内外英雄折腰”，留下了许多脍炙人口的奇闻轶事，令人回味无穷。20 世纪 90 年代以来，重庆火锅品牌竞相涌现，重庆是名符其实的中国火锅之都。重庆火锅独具特色，一口麻辣鲜香，一城火热浓情，一锅烫遍天下，八方来“材”、兼收并蓄，飘香全国、誉满全球，已成为到重庆非吃不可、全球最具辨识度的重庆美食名片、中国美食名片，未来必将打造成为世界的美食名片。重庆火锅还是一大产业。改革开放以来，重庆火锅快速发展，连接产供销、联动上下游，已发展成为一二三产融合的一大产业，构建起从源头到终端、从生产到加工、从流通到消费等全产业链。火锅不仅能满足消费需求，更能创造消费需求，带动并引领消费。2023 年，全市火锅消费 720 亿元，全产业链产值 3000 亿元，对重庆经济社会发展做出了重要贡献。

中华民族历来重视修志。“资治、存史、教化”，盛世修志，意义非凡。重庆正致力打造世界火锅之都，在重庆市商务委的指导下，渝中区商务委组织编纂《重庆火锅志》，客观地记录了百余年来重庆火锅发展的历程和近现代火锅人的光辉业绩，是火锅界的一项重要工程，饮水思源，后人览之，可见一丝一缕的来之不易，并以此推动重庆火锅文化创造性转化创新性发展，助力火锅产业高质量发展，厥功甚伟。是为序。

重庆市火锅产业协会会长　陈国华

order

2

序二

重庆，以其独特的地理风貌、丰富的历史文化和热辣的生活方式而闻名遐迩。而在这座城市的众多美食中，重庆火锅无疑是最具代表性的一张名片。它以其红红火火、热气腾腾、麻辣鲜香、味浓味厚的独有特征，吸引海内外广大食客的目光，成为中华美食文化中的一颗璀璨明珠。

重庆火锅的起源，可追溯至明末清初的重庆母城渝中区南纪门码头。那时，船工们为了驱寒祛湿，将廉价的牛内脏洗净，加入辣椒、花椒等调料，煮成一锅麻辣的火锅。这最初的火锅，简单而粗犷，却蕴含着重庆火锅的原始韵味。随着时间的推移，重庆火锅逐渐从江边码头走进了寻常百姓家，成为一种全民共享的美食。

清末民初，重庆火锅在筵席上开始崭露头角。那时的火锅，以毛肚为主打，搭配各种蔬菜和肉类，味道麻辣鲜香，深受人们喜爱。抗战时期，重庆火锅更是迎来了飞速的发展。大街小巷，火锅店如雨后春笋般涌现，马记老正兴火锅馆、云龙园、述园等知名品牌应运而生，为重庆火锅注入了新的活力。这些品牌不仅传承了重庆火锅的传统风味，更在不断创新中满足了人们日益多样化的口味需求。

进入新时代，重庆火锅更是不断创新与发展。从传统的牛油锅底到清油锅底，再到无渣锅底、蕃茄锅底、菌汤锅底等，重庆火锅在传承中不断创新，将传统与现代完美融合。同时，它也逐渐走出了国门，走向世界，成为一张靓丽的重庆名片。世界各地的食客们，都能通过品尝重庆火锅，感受到这座山城的独特魅力。

重庆火锅不仅是一道美食，更是一种文化、一种传承。它承载着重庆人的热情与坚韧，反应了重庆人民对美好生活的向往，也传递着中华美食文化的博大精深。每一口热辣的火锅，都是对历史的回味，对文化的传承，对未来的期待。

因此，我们编纂了这部《重庆火锅志》，旨在通过翔实的史料、生动的叙述和丰富的图片，全面展示重庆火锅的历史渊源、文化内涵、制作工艺和美食魅力。我们希望通过这部志书，让更多的人了解重庆火锅，喜爱重庆火锅，共同传承和发扬这一中华美食文化的瑰宝。

渝中区火锅烧烤商会会长　冯龙

notes on the use of a book

凡例

一　《重庆火锅志》以马克思列宁主义、毛泽东思想、邓小平理论、“三个代表”重要思想、科学发展观、习近平新时代中国特色社会主义思想为指导，坚持实事求是、求实存真的原则，客观记述重庆火锅发展的历史和现状。

二　本志中所称火锅，主要指在重庆毛肚火锅的基础上，不断发展和演变的各类火锅。

三　本志立足当代，贯通古今，详今略古。时间上限至事物发端，下限至 2021 年 12 月。

四　全志共 14 章 46 节。采用章、节、目体例，以事分类，横排纵述、纵横结合。述、记、志、图、表、录等体裁并用，以志为主。

五　本志采用现代语体文、记述体记述，力求简洁、朴实、严谨。

六　本志中的机构，沿用各历史时期的法定称谓。人物一律直书其名，必要时在前面加职务（职称）。

七　本志一般采用公元纪年。特殊情况下使用历史朝代纪年并括注公元纪年。“中华人民共和国成立前（后）”，以 1949 年 10 月 1 日为界；“解放前（后）”，以重庆解放日 1949 年 11 月 30 日为界；“改革开放前（后）”，以 1978 年 12 月为界。“××年代”，凡未加世纪者，均指 20 世纪的年代。

八　本志数据以统计部门资料为准，统计部门无资料的以市区商委和火锅有关行业协会的资料为准。

九　本志数字、标点符号、计量单位的使用，执行国家标准。

十　本志坚持生不立传原则，有关人物以简介、名录和以事系人等形式记述。

十一　本志“文化”章节，为了呈现火锅文化的丰富多元，收录了大量文学艺术作品，部分作品由于时间久远等原因作者的真实姓名查无根据，采取佚名处理；部分作品散落网络或者民间，出处无法考证，因此未一一注明出处。

contents

目录

overview

概述

重庆位于中国西南部、长江上游地区，地跨东经105° 11'~110° 11'、北纬28° 10'~32° 13'之间的青藏高原与长江中下游平原的过渡地带。重庆具有悠久的历史，古称江州，在历史上曾三次建都，自古为历代兵家必争之地。光绪十六年（1890年），中英签订《新订烟台条约续增专条》，重庆开埠，在长江上游地区的经济地位进一步凸显。重庆文化底蕴丰富，历经多次移民，各民族相互交融，在漫长的历史演进过程中，形成自己独特的饮食风俗和饮食文化，麻辣的毛肚火锅就是其中典型的代表。重庆先民巴族英勇善战，能歌善舞，有“尚滋味，好辛香”的传统。在清末民初，渝中半岛长江、嘉陵江沿线的船工、纤夫、码头工人、穷人挑担结合自身生存环境，在岸边“三块顽石支半片瓦砾”，置放鼎罐，将辣椒、花椒等各种佐料放置其中，将屠宰场廉价的牲畜下水与鲜菜烩煮在一起，麻辣鲜香，独具一格，风味鲜美，从而开创了一种崭新的饮食方式，在此基础上，逐步发展成为重庆麻辣火锅。火锅在重庆发展的过程中，兼容并包，形成了多种味型、多种形式、多种流派的各式火锅，故统称为重庆火锅。但从整体来看，其中麻辣火锅占据了重庆火锅95%左右，故本书所记述的火锅发展历程、特点，主要以麻辣火锅为主，兼简述其他火锅形态。

以麻辣毛肚火锅为源头的重庆火锅在百余年的发展历程中，大致经历了以下几个阶段：

孕育期（19世纪20年代—20世纪20年代）

船工、纤夫、码头工人、穷人挑担成为重庆火锅饮食文化的始祖。

发生期（20世纪20年代—20世纪30年代）

20世纪20年代初，一些精明的小贩将清末船工开船祭祀龙王爷的“鸡八块”，以及在此基础上形成的船工饮食模式“水八块”，在南纪门至较场口沿线挑担沿街叫卖，成为麻辣火锅的雏形。随着行商逐渐转为坐贾，产生了马记老正兴、白乐天、桥头、划得来等火锅品牌。码头苦力、小贩及市民是这种饮食最初的主要食客。

发展期（国民政府西迁重庆至新中国成立）

抗战时期，国民政府西迁，重庆人流量增大，南北饮食荟萃，重庆火锅开始彰显自己特色，涌现出了众多火锅品牌，如云龙园、一四一、不醉无归、汉宫毛肚等。一些西式餐厅也未能经受住火锅潮流的冲击，也经营起了火锅，一时之间，中西合璧，火锅和西洋乐队伴奏并存，成为当时的民俗景观，进一步丰富了重庆火锅文化的内容与形式。

萧条期（新中国成立初期至改革开放前）

新中国成立初期，民国时期的一些火锅店公私合营为国营火锅店，只有极少数的私营火锅店经营，大多数市民因地制宜在家烫食自制火锅，奠定了火锅文化深厚的群众基础。

恢复期（改革开放初至20世纪80年代末期）

重庆民间火锅开始复苏，既有桥头、一四一、小洞天等国营店，同时，小天鹅、露凝香等私人火锅店也开始异军突起，火锅城、火锅一条街兴起，重庆火锅不断创新，不仅出现了“鸳鸯”锅底，而且出现了“三拖一”“四拖二”等新的营销方式。

扩张期（20世纪90年代）

重庆火锅发展迅速，连锁经营模式将重庆火锅推向全国，火锅成为最具有影响力的重庆民俗文化名片，深受海内外人士的青睐，逐渐形成了“到重庆不吃火锅，等于没到重庆”之说。涌现出苏大姐、德庄、秦妈、三耳、巴将军、巴江水、巴倒烫、朝天门、骑龙、家福、秋霞、清华等数百家知名重庆火锅品牌。

繁荣期（2000年—2011年）

重庆市火锅协会成立，火锅美食文化节成为重要的节庆活动，重庆被中国烹饪协会授予中国火锅之都，重庆火锅开始快速向国内外扩张，品牌连锁加盟，重庆火锅在全国遍地开花，并逐步走向世界，新兴火锅品牌不断涌现，火锅成为重庆经济的重要增长点。

新时期（2012年之后）

随着互联网的发展以及对食品安全与健康的要求越来越高，重庆火锅在全面繁荣的同时，也进入新时代，面临新机遇、新消费，“互联网＋火锅”成为显著的时代特征，重庆火锅不断进行创新，进入了一个全方位竞争的时代。

以毛肚火锅为源头的麻辣火锅诞生于重庆渝中半岛，与重庆人文、自然环境紧密结合，与重庆人的精、气、神融为一体。当代的重庆火锅，在毛肚火锅的基础上百花齐放，不再局限于传统的老火锅，内涵更加广泛，味型、形式、流派更加多元，麻辣味是其重要特色，但并不局限于麻辣范畴，呈现出千姿百态。重庆火锅在餐饮行业中享有极高的声誉，1994 年，桥头火锅就被中国商业部命名为“中华老字号”；2006 年又通过了商务部“中华老字号”的复审，并由商务部主持授牌；2007 年，重庆被中国烹饪协会认定命名为“中国火锅之都”，火锅成为重庆一张靓丽的名片，是重庆第一文化元素；桥头火锅、巴江水、巴将军等火锅或调料传统熬制技艺先后被确定为市级非物质文化遗产。

重庆火锅在发展的过程中，广泛深入百姓生活之中，凝结成独特的重庆文化基因和精神特质，展现出了鲜明的地方特色：参与性，重庆火锅深入重庆群众日常生活，有广泛的群众参与性和文化认同感；延续性，重庆火锅文化经过历代传递，迄今逾百年，在不断丰富与变化中，成为重庆的文化象征；包容性，重庆火锅在食材、风味、品种、味碟、场合及食风上，都体现了极强的包容性；地域性，重庆火锅不讲究排场，不在意座次，具有浓郁的地方特色，淋漓展示了重庆人质朴、直率的性格。

重庆火锅不仅文化特色鲜明，在经济上也具有重要的影响。从新中国成立之初寥寥数家，到 20 世纪八九十年代快速发展，截至 2020 年，重庆市内有火锅门店近 3 万家、全年营业收入近 600 亿元；在中国分布着数十万家重庆火锅店，从业人员近 3000 万人，每年接待超过 100 亿人次的消费者，创造了超过 8000 亿元的市场容量。在世界范围内，重庆火锅在 22 个国家和地区开店。重庆火锅成为餐饮业增长最快、营业额最大的品类，是餐饮行业一支非常重要的力量。

Memorab

大事记

民国初年

南纪门下宰房街的马记老正兴、较场口的白乐天、南岸桥头火锅，以及江北的刘得来等重庆最早的一批火锅店诞生，专家学者都曾经予以考证，但谁是第一有待进一步考证。

抗战时期

杨海林创立云龙园火锅。

兰树云创立一四一火锅。

杨建臣创立不醉无归火锅。

杨述云创立述园火锅。

田常柏创立心心火锅。

化食居、四五六、平园、枫叶、临江仙等火锅也相继产生。

1945—1949 年

1946 年，周游创立汉宫火锅。

杜云安创立夜光杯火锅。

1956 年

云龙园、一四一、桥头等火锅店公私合营之后成为国营企业。

1960 年

重庆饮食服务公司编写了《重庆名菜谱》，在著名小吃中收录了桥头火锅，记录了桥头火锅的原料和制作方法。商业部饮食服务局编写的《中国名菜谱》（第七辑）中收录了四川的名菜，重庆云龙园毛肚火锅刊载其中。

1963 年

云龙园迁至七星岗金汤街路口（现城墙公园下马路边），更名为山城火锅馆。

1983 年

重庆名厨陈志刚在北京全国烹饪名师技术鉴定会上表演了重庆双味火锅（鸳鸯火锅），后得到邓小平召见，并为邓小平、杨尚昆、田纪云等国家领导人制作了鸳鸯火锅。

1987 年

重庆火锅发展史上遭遇第一次信任危机，一些不法经营者用福尔马林浸泡牛肚，使干牛肚颜色鲜亮，味道细嫩，即“福尔马林浸泡毛肚”事件。

1988 年

重庆火锅发展史上遭遇第二次信任危机，一些火锅店的经营者为了留住顾客竟将罂粟壳熬水置于火锅汤中，使火锅味道“鲜美可口”，即“罂粟壳风波”。

1991 年

1 月　重庆市第二届名特风味小吃评审，23 个品种被命名为市级名特风味小吃。其中，“桥头火锅”被命名为市级名特小吃，小天鹅的“清汤火锅”被命名为风味小吃。

1992 年

重庆小天鹅火锅进军成都，其位于成都衣冠庙附近的小天鹅火锅店的正式开始营业，开启了重庆火锅进军成都市场的序幕。

1994 年

小天鹅火锅落户天津，合作加盟的火锅连锁经营模式由此开启。

1995 年

12 月 9 日至 12 日　中国烹饪协会第二届第二次理事会在重庆市召开，来自全国各省、市烹协的 100 多名代表参加了会议。

1996 年

11 月 7 日　国务院总理李鹏及夫人朱琳到重庆视察工作，品尝了重庆老字号桥头火锅，对重庆火锅赞誉有加。

受四川省商业厅、四川省烹饪协会、四川省保护消费者权益委员会、四川省火锅文化交流工作委员会、“首届四川名优火锅评比”组委会的委托，重庆市（川东片）共评出名优火锅 16 个，优质火锅 8 个，风味火锅 4 个。

1997 年

5 月　中国旅游年首届重庆火锅文化节在重庆龙阁火锅娱乐大广场开幕，全市共有 50 余家火锅经营企业及部分新闻媒体参加，其中包括桥头火锅、一四一火锅等老字号国有企业，以及私营火锅业中的佼佼者小天鹅、龙阁、维也纳、三五、Y 火锅等。此次活动历时 1 个月，各经营店通过展卖、操作表演、座谈等形式相互交流经验，探讨火锅发展前景，共同为发展重庆火锅出谋划策。

1998 年

5 月 10 日　由重庆市商务委主办、《重庆商报》社承办了首届重庆名优火锅评比活动。最终评出重庆名火锅 13 家，即小天鹅、桥头、维也纳、露凝香、牛魔王、韵苑、龙阁、青风、武陵山珍、秋霞、台北石头、曾火锅、Y 火锅；重庆优质火锅12家，即清华、巴人（涪陵）、金嗓子（万州）、奔吃土灶、宝全、重庆崽儿、点式鱼头、华生园、景苑、金马、小小（江津）、金叶（黔江）火锅。

2000年

10月　桥头火锅作为重庆代表团成员之一参加了由国家国内贸易局、杭州市人民政府主办的首届“中国美食节”，并获得金奖。

2001年

4月8日　重庆市火锅协会成立。协会是重庆火锅业行业自律性组织，旨在规范、协调、引导重庆火锅产业发展，保护重庆火锅品牌，维护会员单位和火锅业界的合法权益，沟通业界与政府的联系，开展对外交流合作，发展重庆火锅文化，塑造重庆火锅品牌，提升重庆火锅行业整体形象。该协会成立后即组织开展了“放心火锅”评选活动，通过火锅经营者的自查、整顿、培训、群众推荐、政府有关部门检查评比等程序，在全市评选出50家“放心火锅”店。

9月28日　重庆第二届文化节开幕。重庆德庄火锅有限责任公司推出的“天下第一大火锅”引来众多食客。“天下第一大火锅”直径10米，高1.06米，可同时供56人就餐，进入上海大世界吉尼斯纪录。

10月10日　重庆市质量技术监督局发布的重庆市地方标准（DB50/37—2001）——重庆火锅毛肚正式开始实施。

2003年

3月21日　全国人大常委会副委员长彭佩云在重庆视察工作期间，与重庆苏大姐餐饮文化有限责任公司的开创者苏兴蓉女士进行了亲切交流，并题词“自强不息，乐于助人”予以鼓励。

2004年

2月1日　中央电视台《每周质量报告》栏目以《火锅底料“硬”是有问题》曝光重庆部分食品生产厂家在火锅底料中添加石蜡的新闻，在社会各界引发轩然大波。

10月10日　秦妈火锅“一次性锅底”通过了重庆市食品行业技术中心的检测，符合国家相关的食品卫生标准。

10月15日　由重庆市人民政府、中国饭店协会主办的以“以人为本、美食健康、服务创新”为主题的第五届中国美食节暨首届重庆国际火锅文化节，在南岸区滨江路隆重开幕。

11月30日　秦妈火锅正式在全国推行没有“老油”的一次性锅底，每个锅底收费20元。

2005年

9月7日　全国性火锅餐饮行业组织——中国烹协火锅专业委员会经民政部批准成立。

2006年

8月31日　中国烹饪协会火锅烹饪专业委员会2006年度工作会议在重庆市国防宾馆开幕。来自全国各地的80多家火锅餐饮企业的140多名代表，以及重庆市火锅协会、重庆餐饮商会、重庆饮食行业协会等行业组织的负责人参加了会议。

10月13日—14日　“第二届中国（重庆）火锅美食文化节”，在南岸区滨江路隆重举行。

2007年

3月18日—22日　重庆市政府与中国烹饪协会联手主办“第三届中国（重庆）火锅美食文化节”。

3月30日　重庆被中国烹饪协会认定命名为“中国火锅之都”。

2009年

10月13日　重庆市政府把“重庆火锅”纳入重庆市第二批市级非物质文化遗产代表性项目名录。

10月30日—11月1日　由重庆市人民政府、中国烹饪协会、中国饭店协会共同主办的第四届中国（重庆）火锅美食文化节在重庆市南岸区南滨路举办。

10月31日—11月1日　由中国烹饪协会火锅专业委员会举办的“全国火锅产业峰会”在重庆举行，中国烹饪协会会长苏秋成、副会长兼火锅专委会主任汤庆顺、专委会副主任李德建、秦远红、贺光启、刘子昆、刘传涛，以及来自全国各地的专委会成员和火锅企业代表近百人参加了峰会。

12月9日　重庆市质监局牵手重庆德庄集团，共建重庆火锅标准化发展研究中心，推动火锅标准化探索和实践。双方建立项目科研合作机制，联合开展餐饮标准化项目研究和成果推广，内容包括：火锅原材料（配料）标准化、火锅食品（菜品）加工标准化、火锅物流标准化、火锅食品（菜品）安全卫生及营养标准化、火锅企业管理标准化、火锅服务质量标准化等六大方面。

2011年

7月26日　央视曝光成都“重庆老堂客火锅”将顾客吃剩的火锅底料进行简单过滤、烧制、重新包装后，又当作“一次性锅底”返回餐桌。这一行为被曝光后，当即就将老油火锅推到舆论的风口浪尖。老油被指是“口水油”“涮水油”，并对重庆火锅的形象和品牌影响力构成挑战。

8月2日　重庆市火锅协会向全体会员发出《关于立即停止回收使用顾客食用过的油脂的紧急通知》，要求300多家会员单位全部弃用老油，改用一次性锅底。

10月1日　重庆市卫生局发布的重庆市地方标准（DBS50/001—2011）：食品安全地方标准重庆火锅毛肚；（DBS50/002—2011）：食品安全地方标准重庆火锅鸭（鹅）

肠正式开始实施。

10月28日—11月6日　由商务部支持，中国烹饪协会、重庆市人民政府主办的“第五届中国（重庆）火锅美食文化节暨中国（重庆）国际美食节”在重庆市巴南区隆重举行。

11月19日　重庆市火锅协会在重庆市人民大礼堂举行隆重的颁奖典礼，总结和表彰为重庆火锅行业发展做出突出贡献的企业和个人。

11月29日　“2011中国餐饮业核心竞争力峰会”隆重开幕。中国烹饪协会和重庆市相关领导以及来自各地的知名餐饮企业代表共计300余人参加了本次峰会。

11月28日—30日　举办“2011中国餐饮业供应与采购博览会”。

2012年

5月11日　墨西哥前总统福克斯访问重庆并品尝重庆火锅。他深有感触，说重庆火锅是一种很神奇的食物，太辣了，他觉得太美妙了，打算把重庆的火锅也搬到与重庆联合举办的文化活动上去。

2013年

9月30日—10月3日　“第六届重庆美食文化节暨第六届中国（重庆）火锅美食文化节”在重庆国际博览中心隆重举行。

12月24日　“首届北京重庆火锅文化节”正式开幕。来自重庆的100多家餐饮企业的150多位代表聚集一堂，共论重庆火锅文化。

2014年

11月27日—30日　由重庆市商委、渝北区人民政府主办，重庆市火锅协会承办的“第七届中国（重庆）火锅美食文化节”在重庆国际博览中心举行。

2015年

8月20日　重庆市火锅协会发布了《2014重庆火锅行业红皮书》，这也是重庆火锅行业对外发布的首本红皮书。根据红皮书的统计，火锅店总量为26300家左右，直接从业人员近50万人；在重庆火锅荤菜中，毛肚稳居销售冠军，而藕则在素菜中勇夺魁首。

9月30日—10月4日　“首届中国（重庆）火锅产业博览会暨火锅美食文化节”在重庆国际会展中心举行。

2016年

5月18日　重庆火锅被评为“重庆十大文化符号”之首。

10月20日—10月23日　由中国饭店协会、国际火锅产业联盟支持，重庆市商业委员会、江北区人民政府主办，重庆市火锅协会、重庆市江北区商务局承办的“第八届中国（重庆）火锅美食文化节”举办，以“麻辣happy城市节日”为主题。

2017年

2月　重庆市科学技术委员会下发文件（渝科委发〔2016〕189号），认定了“重庆市火锅调味品及菜品工程技术中心”，标志着重庆市火锅调味品及菜品工程技术研究中心正式成立。

11月9日—22日　“第九届中国（重庆）火锅美食文化节”在重庆市江北区举行，先后有60余家火锅品牌企业、300余家火锅食材及设备商家参与活动。

2018年

10月19日—22日　“第十届（中国）重庆火锅美食文化节”在重庆市江北区金源时代购物广场举行。

2019年

10月25日—28日　“第十一届（中国）重庆火锅美食文化节”在重庆市江北区金源时代购物广场举行。

10月25日　重庆市火锅协会出品的《2018—2019重庆火锅行业红皮书》在第十一届中国（重庆）火锅美食文化节现场重磅发布，该书对主城九区主要商业街的火锅门店分布数量、客单价水平、口味对比等方面做出对比及分析，并对重庆火锅行业的市场规模、竞争状况、市场占有率和产品供需形势进行分析。

11月28—30日　“第二届重庆火锅产业展览会”在重庆国际博览中心召开。

2020年

10月16日　“第十二届（中国）重庆火锅美食文化节暨国际食材博览会”在重庆悦来国际博览中心开幕。

10月16日　以“破局·创赢”为主题的中国火锅产业创新发展论坛在重庆国博会议中心举行。

10月17日　由中国饭店协会和美团联合主办的“2020中国火锅影响力盛典”在两江云顶酒店论坛厅盛大举行。由中国饭店协会与美团联合颁发了“2020中国火锅影响力品牌TOP100”，全国300余火锅品牌代表共同见证了荣誉诞生。

origin

and

development

第一章

起源和发展

火锅在中国具有悠久的历史，原始社会的先民就尝试利用石锅传热烫煮食物。商周时期，祖先们架锅烧火，开始采取涮煮之法进行烹调。在祭祀或庆典中，古人一般要“击钟列鼎”而食，在鼎中烫煮牛羊肉，祭祀或典礼完毕，围坐分而食之。随着铜铁等金属产生，金属器皿也逐步在生活中予以运用，汉代出现了“染炉”“染杯”等铜制器皿，上面有装食物的容器，下面附有承接炭火的盘，类似小火锅。

宋代，有文字可考的火锅记载开始出现。南宋林洪所著《山家清供》一书中“拨霞供”，记述了在武夷访友、雪地捉得一只野兔后烹饪一事，“师云：山间只用薄批，酒酱椒料沃之。以风炉安桌上，用水少半铫，候汤响一杯后，各分以箸，令自夹汤摆熟，啖之乃随意，各以汁供。”从文字的记述来看，食用器具和方式都类似于今天的火锅。

明清时期，火锅真正兴盛，朝野均有食用。清代各种文献都可以见到火锅的记载。清朝宫廷火锅极为气派，火锅类型多样，包括野味火锅、羊肉火锅、菊花火锅、酸菜火锅、八仙火锅、一品火锅、什锦火锅、鱼头火锅、蔬菜火锅等，锅具形态各异，有双环方形，也有分隔圆形。金易、沈义羚所著《宫女谈往录》中记述：“每年冬天宫里都要吃上整整三个月的火锅。从农历十月十五起，每一餐都会填上火锅；直到次年正月十六，才会把锅子撤掉。”康熙五十二年（1713年），清廷开始举办千叟宴，宴席中火锅是主角之一。乾隆六十年（1795年），千叟宴所用火锅多达1600个，使用了银火锅和锡火锅等。而在皇室日常生活之中，早膳和晚膳均有涉及，如咸丰十一年（1861年）十月初十的早膳，就包括“火锅二品羊肉炖豆腐、炉鸭烧白菜。”在民间，火锅也广泛食用。在南方，火锅叫做暖锅，《吴郡岁华纪丽》记述，“冬天，苏州人有吃暖锅的习俗，几乎家家必备”。随着人口流动和满汉官员异地任职，火锅也流传至全国各地。

上述各种火锅，基本属于“白味”火锅，不是麻辣火锅。麻辣火锅的产生，不是偶然的，而是与重庆独特的自然环境、人文环境和饮食风俗有着密切的关系。

重庆中心城区为长江、嘉陵江所环抱，位于从四川境内华蓥山分出的云雾山、缙云山、中梁山、龙王洞山帚状平行岭以及铜锣山、南温泉山、明月山等其他平行山岭间的向斜谷地中。山清水秀，风景独特，各类建筑依山傍水，鳞次栉比，错落有致，素以美丽的“山城”“江城”著称。

重庆市全景轮廓形似“人”字，山地、丘陵、盆地兼备，植物常绿，风景秀美。东、南、北三面多为山地，西部及西南部分地区有丘陵和平坝分布。重庆与陕西、湖北、湖南、贵州四省交界之处，峰峦叠翠，山清水秀，对北方冷空气直接入侵形成天然屏障。北有西北东南走向的大巴山横亘，海拔 1500 ~ 2000 米，部分山峰在 2500 ~ 2700 米之间，东部和东南部有巫山和七曜山，呈东北至西南走向，海拔一般为 1000 ~ 2000 米，南有大娄山、武陵山，属云贵高原。地形大势南北高中间低，由南北向长江倾斜，起伏较大，巫溪县阴条岭海拔 2796.8 米，为全市最高峰。巫山县碚石海拔仅 73.1 米，最高点与最低点相对高差达 2723.7 米。地貌以丘陵、山地为主，东部地势陡峭，河谷深切。西北部和中部，丘陵、低山较多，西部则地势较低，一般均为海拔 300 ~ 400 米的丘陵。境内江河纵横，主要河流有长江、嘉陵江、乌江、涪江、綦江、大宁河等。

重庆属亚热带湿润季风气候，气候资源较为丰富，立体气候明显，具有春早夏热、秋雨冬暖，降水充沛、空气湿润、雨热同季。年平均气温 17.5℃，年平均降水量为 1125.3 毫米；年平均日照时数为 1154.4 小时，是全国日照最少的地区之一。重庆市四周环山，冬季北方寒流不易入侵，冬暖显著。光照、热量和雨量各自的季节分布存在很大差异，季风气候，雨热同期。通常情况下，地势越低大气层越厚，海拔越高空气越稀薄。重庆主城所在的平行谷地地势低，导致空气密度较高，在夏天，稠密的大气对白天入射来的太阳辐射削弱不大，夜晚厚云层阻止大量地面热量向空中辐射冷却，谷地空气流通不畅，多静风天气，从而使得地面难于散热。重庆位于长江、嘉陵江河谷地带，这些河流湖泊水分蒸发很快，空气湿度大，导致重庆夏天容易出现高温天气。因此，重庆位居全国“三大火炉”之首。重庆主城区域还经常受青藏高压在摆动波及，这种在陆地上产生的热带高压，随着大气环流的带动，如果挺进到重庆上空，则会加重静稳天气的产生，大气层的冷热对流会受到更加严重的阻滞，不利于降雨以及大风的产生。

在历史上，重庆发生过八次大移民，在历史发展演进中，逐步形成了重庆独特的人文环境，铸就了重庆独特的人文性格：坚韧顽强、开放包容、豪爽耿直。重庆人“暴燥”，直爽中带几分热情，热情中夹几分真诚，幽默中又有一些善良，好打抱不平，愿意助人为乐。

巴蜀之地，自古就有“尚滋味、好辛香”的饮食风俗。在辣椒传入中国之前，巴蜀地区早就食用花椒、姜、芥、茱萸、葱等佐料，汉以来增添了外来的大蒜、胡椒等，清代中期，辣椒开始传入巴蜀大地，很快就成为川菜中重要的一种佐料，这些佐料无一例外都属于“辛物”，均可避寒祛湿、味感浓烈，成就了川菜独特的味道。

世界上任何一种美食，最初都是为了生存。重庆火锅的诞生与重庆自然、社会环境息息相关。重庆独特的气候，夏季气温高、空气潮湿，人体受热空气的笼罩，肌体出汗多，丢失大量的水分和盐造成胃酸分泌下降，唾液减少、食欲不振。食用辛辣之物可以刺激味蕾，麻辣可以很有效地解决这些问题。重庆别名“雾都”，空气湿度大，冬天阴冷，辛辣的火锅又有助于人们祛除身上的湿气，还可以让人从寒冷中取暖。麻辣之味，就成为重庆人民长期的饮食习惯。朝天门码头沿线的船工、纤夫等各种下层劳动人民因为生活所迫，没有条件起锅弄灶，因地制宜，只有在船上或者岸边简陋地架起小锅，将屠宰场廉价的牛肚、鸭肠等东西放在由牛油和辣椒炒制的汤汁里煮熟，吃了这些带有脂肪、辣椒、花椒的食材，既可以获得能量、饱腹，同时还能借助辣椒、花椒散发久居江边身体里的湿气。而牛的下水，也极富营养，虽然蛋白质不是很全面，但是富含维生素和微量元素，还有人体不可或缺的胆固醇，因此也能满足船工水手们的身体需要。

综合自然、社会、人文等多种因素，在下里巴人食用的毛肚火锅基础之上，中国麻辣火锅最终诞生于靠近长江、嘉陵江交汇的渝中半岛。

第一节　孕育期*

民国初期，一些小贩结合船工、纤夫的饮食方式，摆上一副担子，几条长凳，架起一只敷的小炉，炉上有装着麻辣味汁的铁锅，锅中有格。船工、力夫、贩卒围坐在一起，各选一格，把毛肚等牛杂碎放进格内，再配着二两烧酒，边煮边吃。这种经济实惠、热络味美的担担饮食，很快遍及重庆的街头巷尾。

* 重庆火锅发展历史分期，业界和学界有多种划分，其中李德建、李乾惠、林文郁等编修《重庆火锅全书》（上）（西南师范大学出版社，2018 年版）第六章“重庆火锅百年风云榜”将重庆火锅发展分为孕育期、发生期、发展期、断档期、恢复期、扩张期、繁荣期等七个历史阶段，志书编纂组借鉴和参考了此种提法，并在此基础上对其内涵和外延进行了一定的拓展。

一、码头经济繁荣

重庆地处长江和嘉陵江交汇之处，自古以来就是长江上游重要的码头和物资集散之地。长江、嘉陵江及其主要支流，水量充沛，四季不冻，发展水运的条件十分优越，在古代数千年里，水路交通一直是重庆对外交流的一个主要渠道。秦汉时代，重庆（江州）沿长江可达今湖北省，经岳阳沿湘江而上，过灵渠，进西江到达今广西壮族自治区和广东省；向南，沿长江由涪陵入乌江经彭水进入今贵州省；向西，由嘉陵江进入涪江，经绵阳至成都，或者沿长江西上，入岷江至成都；向北，溯嘉陵江至广元、汉中，再经褒斜（褒河谷口至斜峪谷）古栈道，越秦岭而至今西安一带。唐宋时期，随着巴蜀经济的大发展，重庆地区的水陆交通进入一个新的发展时期。四川丰富的物资通过岷江、沱江、涪江、渠江、嘉陵江和永宁河、赤水河、綦江等江河进入长江，汇集渝州，再转运全国各地。唐朝诗人李白《巴女词》云：“巴水急如箭，巴船去若飞。十月三千里，郎忌几岁归。”元明清时期，重庆水运业继续发展。元代重视驿站建设，在重庆建有以朝天门为枢纽的水陆驿站网。清代沿

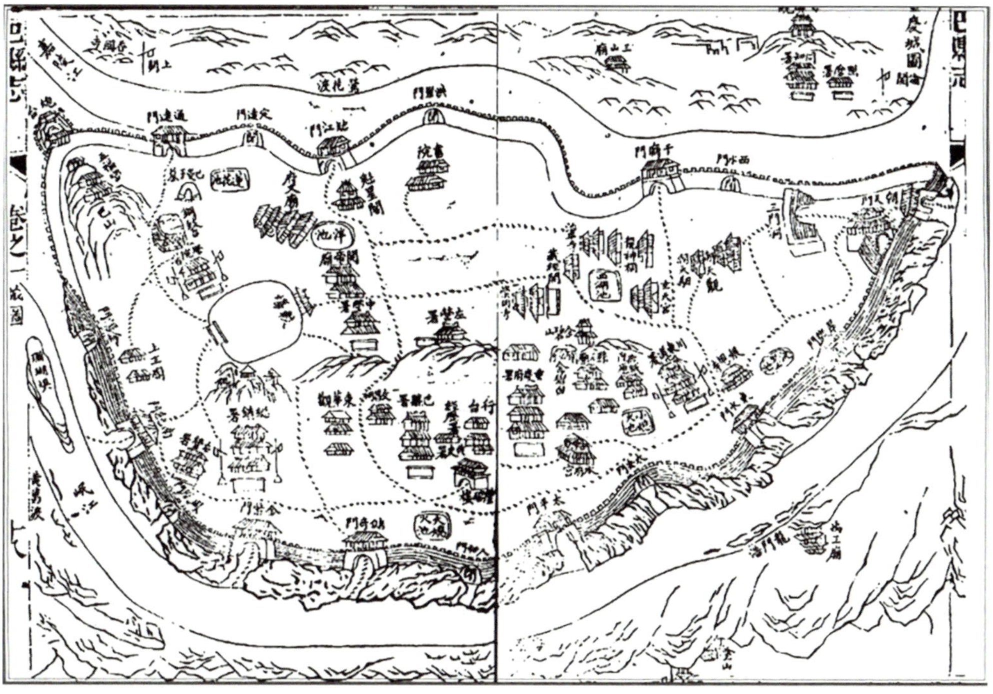

> 重庆城区图（转自同治《巴县志》）

袭并进一步发展了以重庆为中心的四川水陆运输网，川粮、川盐、滇铜、黔铅，经重庆港集中后，运往长江流域各省。茶叶、布匹、生漆、生丝、牛皮、药材等各种土特产品运输船，常年往返于重庆与嘉陵江中上游地区，重庆与长江上游、长江中下游地区的货运民船达数千艘。到 19 世纪 70 年代，已形成了以重庆为中心的 24 帮船帮组织，它们分别由下河（重庆以下长江）八帮、上河（重庆以上长江）七帮、小河（嘉陵江）四帮和揽载五帮组成。

清光绪十七年（1891 年），重庆开埠，逐渐成为外国资本主义向中国西南地区倾销洋货和掠夺中国西南地区土特产品、战略物资的基地，与之相关的川江水运业因之突飞猛进的发展。清光绪十七年，重庆海关开关时，长江宜（昌）至渝（重庆）间厘金船就有 12000 只，最大者 95 吨，最小者 10 吨。重庆港沿嘉陵江上至香国寺、临江门，下至千厮门、朝天门，沿长江上至黄沙溪、菜园坝，下至东水门、象鼻子、木关沱，都是木船的理想泊位，枯水季节，打鱼湾、梁沱水域通常停泊木船在千艘以上。在 20 世纪最初的十年中，重庆港常年进出的货运木船达 2 万艘次左右。

二、“水八块”诞生 *

渝中半岛沿江码头众多，帆樯林立，船工、苦力无数。限于经济条件，船工、苦力生活艰苦，饮食多在船上和岸边就地解决。开埠以前，木船船只较小，船工日常生活受制于船只容量，相对较为简单、粗放，船上炊具多为一锅一灶，为了方便省时，将蔬菜、肉食、鱼类等汇煮一锅。在清末，开船时，重庆船工还有一种仪式，要吃“开船肉”。为了出入平安，一般都有祭祀龙王爷的仪式，其做法就是将公鸡宰杀之后，杀鸡沥血，鸡肉煮熟分成八大块，以辣椒、花椒等作为蘸水调料，分给船上的船员吃，因此，也被称为“鸡八块”。邱昌明在《漫话旧时船工习俗》中记载：“木船上只有一锅一灶，船工吃食很简单，先用老姜在锅内抹几圈，下油掺水熬汤，放入盐、辣椒、花椒、老姜等调料，荤菜、素菜倒进锅内共煮，船工围灶进食，既热络，又可下酒，名叫‘连锅闹’。”从邱昌明的描述可以看到，为了御寒，船工

* 参见《毛肚火锅起源于船工的“传说”，可在“水八块”中找到线索》，载余勇主编、林文郁编著《火锅中的重庆》，重庆出版社，2013 年版，第 97 页。重庆火锅起源有多种说法，其中《毛肚火锅起源于船工的“传说”，可在“水八块”中找到线索》较为客观，本章节参考和采用此观点。

们放入了辛辣调料辣椒、花椒和姜这几种火锅所使用的必备调料。“连锅闹”即为大锅烩，就是荤素全在一锅，与当今火锅有异曲同工之处。

清光绪二十四年（1898年），英国人立德乐在上海购置“利川”号，上溯川江试航重庆，为川江行轮之始。他与夫人在《扁舟过三峡》一书中也对川江船工的生活有所记述：“这是船工的住处兼厨房，有煮饭的灶；厨房只在做饭时开着，饭快做好时，前面的风将大量含辣味的烟吹过敞开的船舱，使饥饿的旅客可大大享受一番。”英国商人立德乐夫妇不仅记载了船上生活状况，而且还记述了长江沿线辣椒的种植和食用，“8月22日是星期天，下了一整天的雨，傍晚我们进城。田里的农民在收辣椒，江边一堆堆烧给淹死的鬼魂的纸钱。江水很高，起先没船肯送我们过江，最后，一个船主同意以300文钱的代价送我们过江。”从这些信息可以看出，清末，在渝中半岛区域，辣椒的种植和辣椒入菜成为生活日常。

码头人流往来频繁，也催生了岸边商业的发展。开埠之后，重庆成为长江上游最重要的交通枢纽和商业重镇，靠近江边的码头也随之滋生了各种产业。根据《重修南川县志》记载，南川、綦江的牲畜经渝黔古道，宿天井坪，过老厂歇马蹄口，从海棠溪码头渡江，运至渝中。在南纪门一带，靠近江边的河滩成了囤积和宰杀猪、牛、羊等牲畜的天然屠宰场，川道拐发展成为牲畜交易和屠宰场所。随着重庆城镇人口的增加，猪、牛、羊消耗巨大，屠宰场毛肚、心肺之类“牛下水”却销路不好，有的甚至随便丢弃了。南纪门一带，来往船只繁多，底层劳动群众贩夫走卒众多，生活艰辛，从船上下来的船工，就地取材，用石块砖头在岸边搭一个灶，从屠宰场低价购买不受待见的“牛下水”，在江水里洗净，配上辣椒、花椒等佐料，跟在船上做菜方式一样，与其他蔬菜烩煮一锅，香气四溢，大家围而食之。

船工这种餐饮方式与重庆本地的餐饮习俗也是相符的，川东地区素有吃“蘸水菜”（白牛滚水）的习惯，川东地区普通民众生活贫寒，在日常生活中，习惯将萝卜、青菜头等菜品清水煮熟，然后蘸佐料下饭食用，佐料一般由酱油、醋、辣椒、油、葱等调和，置于一小碟之中；此外，川东地区还习惯荤素同煮一锅，称之为“连锅汤”，即将荤菜酥肉、丸子、肉片、血旺等，与素菜白菜、萝卜、黄花等烩于一锅之中，荤素搭配、色泽鲜艳，有滋有味。

船工在岸边的烹饪方式，也被一些精明商贩所借鉴。小贩将船工的此种吃法和北方火锅涮煮的方法相结合，将购得的廉价牛肉、牛杂、牛油渣等切

> 欧阳平《旧重庆“吃”的形形色色》一文插图

成块片加入烫食，挑担沿街叫卖，他们挑着担子，一头是烧着炭火的泥炉子，炉子上放着一个大铁盆，铁盆之中盛放着卤水，卤水由花椒、辣椒、生姜、蒜头、牛油、猪油等熬制而成；而另一头的担子则挑着几张小凳子和篮子，篮子里面装着已经处理好的牛的内脏，诸如毛肚、牛心、牛舌、血旺等，还有当季的蔬菜。

这样的担子在朝天门附近的江边、码头、街头随处可见，小贩的一声声吆喝和散发出的麻辣香味，吸引了过往的路人和贩夫走卒。李劼人先生《漫谈中国人之衣食住行》中对此有比较生动的记述，“最初是一般挑担零卖贩子将水牛内脏买得，洗净煮一煮，而后将肝子肚子等切成小块，于担头置泥炉一具，炉上置分格的大洋铁盆一只，盆内翻煎倒滚煮着一种又辣又麻又咸的卤汁。于是河边的桥头的，一般卖劳力的朋友，和讨得了几文而欲肉食的乞丐等，便围着担子，受用起来。各人认定一格卤汁，且烫且吃，吃若干块，算若干钱，既经济，又能增加热量。”在寒冷的冬日，既解馋又暖身。因为这种饮食方式来源于船上，因此人们称之为“水八块”。

第二节　产生期

由“担子”逐步向“摊子”过渡，由行商向坐贾转变。

一、摊摊火锅

在清末民初，由于“水八块”味道鲜美，价格实惠，船工和力夫是最大的受众，一些商贩看到商机，由行商向坐贾转变，由“挑子”逐步向“摊子”过渡，他们在朝天门一带的码头搭棚设摊售卖，并逐步沿着江边向城区发展。在1912—1920年这一时期，较场口作为连接老重庆上下半城的枢纽，距离南纪门屠宰场较近，过往人群众多，也出现了诸多的类似“水八块”的摊摊火锅，三教九流云集于此，甚是热闹。

1949年2月24日，《南京晚报》所载的《毛肚火锅的源流》一文对毛肚火锅的源流进行了讲述：

毛肚火锅虽然风行，但它的历史却简短，民国十年前是没有“毛肚火锅”这个名字的，只有较场坝——那时的较场坝，只是秽脏的大空地，流氓苦力，江湖客，靠这一片土地“扯把子”过生活，情形与现在的朝天门沙嘴差不多——空地的露天摊子上有卖“水八块”的，所谓“水八块”，即是用洋铁制一个有八格的锅，下面生小炉灶，成了火锅的雏形，吃的每一个人占一格，加蘸料，烫牛肉……当时讲究吃的是牛肉，牛心，牛肝，牛油渣，并没有毛肚。价格大约为一个铜板八片牛肉，所以称“水八块”。摊子老板一面切肉，一面用制钱计算顾主吃菜的数目，吃完付钱时，只要一看记账的制钱是多少便可一目了然，所以吃“水八块”又称“打钱”。当然它的顾主们是苦力，流氓，江湖客在较场坝混日子的朋友。民国十年以后重庆有了第一家毛肚店仍然开设在较场坝，名叫“白乐天”，但当时的毛肚仍不太风行。只是顾客的地位已经提高到个商人及行庄中的伙友。同时，毛肚火锅的美名也渐彰扬，那时重庆的女人们是不大上馆子的，稍有身份的老爷少爷也不屑于到较场坝这下流的地方。不过受了宣扬它美味的人诱惑暗中吩咐佣人送“毛肚火锅”进公馆尝试。这样一来“毛肚火锅”渐渐走上运，毛肚店也为雨后春笋般多起来，不过毛肚店仍不算是上流人涉足的馆子，一直到了抗战兴起，才逐渐洋化，许多咖啡馆也改做毛肚火锅，以迎顾主嗜好，且吃饭更层出不穷。

《南京晚报》关于重庆毛肚火锅的记载，是现今唯一可以查证的关于重庆毛肚火锅起源的确凿证据资料。重庆火锅界学者对火锅的起源时间和地点进行了相应考证*，根据相关史料，以及毛肚火锅起源的必备物质条件和地理环境，也得出与《南京晚报》相似的结论，20 世纪 20 年代初，最初的毛肚火锅店产生于较场坝至靠近屠宰场的南纪门这一区域。《南京晚报》所记述的较场口附近“水八块”盛行

*参见余勇主编、林文郁编著：《火锅中的重庆》，重庆出版社，2013 年版，第 69 页。“一直以来，重庆市火锅协会认定南纪门马氏兄弟（即马记老正兴）为重庆第一家毛肚火锅店，此说得到许多专家、学者的认可，如唐沙波、聂赣如、魏仲云、陈小林、刘可等。此观点也出现于‘重庆饮食文化系列丛书’之一、重庆市商业委员会及重庆市火锅协会主编的《沸腾·美食》一书中。此外，还有观点认为白乐天为重庆第一家毛肚火锅店，这一观点出自‘重庆饮食文化系列丛书’之一的《火锅中的重庆》一书中。两种观点都得到有关方面的认可，都具有学术研讨价值，值得社会各界进一步探讨和论证。”

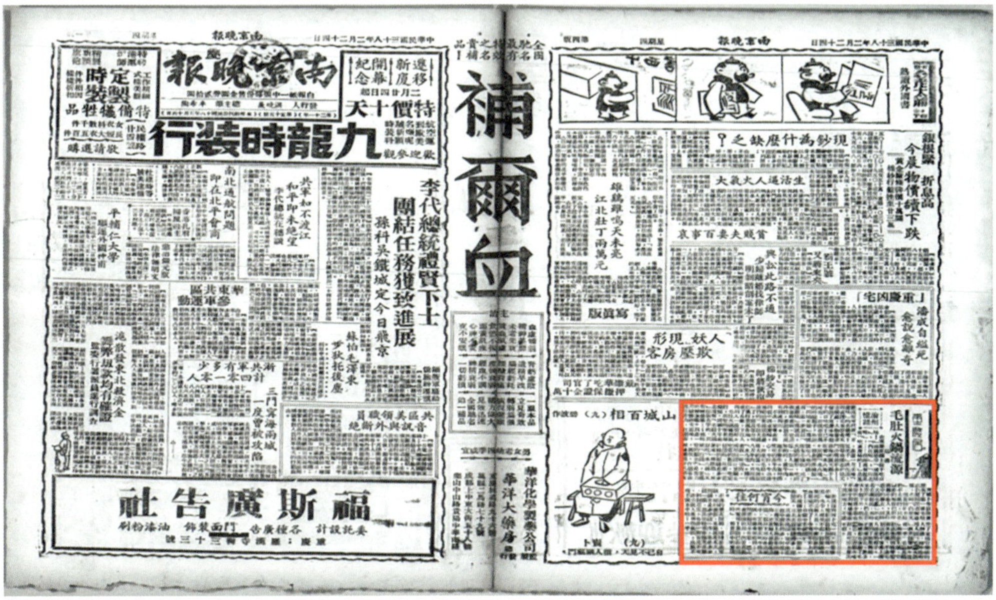

>《毛肚火锅的源流》（1949 年 2 月 24 日《南京晚报》）

的情况，欧阳平先生《旧重庆“吃”的形形色色》（《红岩春秋》1996 年第 4 期）也有类似的记述：

朝天门河边露天摊儿。一炉、一铁锅以井字木格置锅中，摊主据一案操刀，菜类只有牛油渣、牛心、肝、大肠、腿肉、莲花白、大葱、蒜苗而已。船工、苦力辈劳动者都选好切成大块的油渣、牛心、肝等若干块，摊主改刀切碎，食者各据锅中一格烫食。荤菜以块计价，并无毛肚。素菜凭手抓一把计价。也供应白干、白饭。老荫茶免费。至于味道，难说。

城内较场口一带也多火锅摊。利用街沿屋檐下营业，可稍避风雨。经营方式与河边摊儿相同。此中有位李老板一面操刀，一面以小制钱计食客所取食品数量，因此得了“李毛钱”的绰号，也算是摊名。生意最好。因为他除买卖公道、对人和气外，还每天把各戏院的石印海报搜集起来贴在壁上，食客品酒谈戏，兴致倍增，高谈阔论，真是豪吃豪叫，自在潇洒。李毛钱之名传遍较场坝。直到抗战中日机轰炸重庆才没了这个火锅摊儿。

以后毛肚火锅由摊为店，大街小巷均飘出麻、辣、烫及牛油香味，档次均不高，一般平民消费。渐次有“云龙园”（临江门）、“一四一”（米花街）

□/欧阳平

旧重庆的形形色色

〔上篇〕

从毛肚火锅说起

马识途先生在《重返红岩随笔》中说"……就低桌子，坐高凳子，脚踏桌横子，赤着膊，豪吃豪饮豪言

有位李老板，一面操刀，一面以小制钱计食客所取食品数量，因此得了"李毛钱"的绰号，也算是雅名。生意最好。因为他除买卖公道、对人和气外，还每天把各戏院的石印海报搜集起来贴在壁上。食客品酒谈戏，兴致倍增，高谈阔论，真是豪吃豪叫，自在潇洒。

等较有名、座头也较好的毛肚火锅店，招得女士们也去"就低桌子，坐高凳子，脚踏桌横子"了。

二、店堂火锅

随着时间的推移，摊摊火锅逐步壮大，从路边摊、街沿屋檐开始走入店堂。20 世纪 20 年代初，一些商家见摊摊火锅很受人们喜欢，于是尝试把摊摊火锅引入室内，重庆火锅开始进入大雅之堂。

基于重庆火锅食材的获取路径，毛肚等内脏食材源于渝中南纪门的川道拐屠牛场；早期食用人群主要是船工和一些底层苦力人群，故重庆火锅发展基本轨迹以母城渝中为中心，逐步向两江四岸扩散。南纪门下宰房街的马氏老正兴、较场口的白乐天、南岸桥头火锅，以及江北的刘得来等火锅店，都在民国初年前后诞生。

抗战爆发之后，南京国民政府西迁，重庆成为战时首都，人口急剧增加，天南海北各种饮食也被带入重庆。本土的重庆火锅也迅速发展，遍布大街小巷。在菜品和吃的方式上有了进一步的发展，菜品不再局限于“牛下水”，而且增加了生鱼片、活鲫鱼、鳝鱼、鸡杂等物，专门配置一蘸水碟，用以蘸吃所烫煮之物。根据李劼人先生的回忆：“今年重庆又以生鸡蛋、芝麻油、味精做调和蘸料，说是清火退热，实为又一吃法。”火锅进店之后，在泥炉中烧好炭火，上面放置铁锅，然后端上桌子，食客需要站立烫食或坐在较高的凳子食之。食客要坐在较高的凳子上烫食火锅，这与火锅店内的火锅炉灶的构成有很大的关系，炉子放在桌子上之后，人坐在一般的凳子上够不着烫火锅的小锅，加之手往上抬，炉火十分烤手和女士穿旗袍坐矮凳开叉处容易绽线（旧时旗袍开叉是有规矩的，不能超过大腿）不雅观，于是一些商家就进行了改良，在矮凳子上加一个矮凳子，或者将凳子的腿增长变成了高凳子。

> 林文郁先生手绘 20 世纪初店堂火锅场景

沈智敏在《天下名吃聚陪都》中就曾描述了当时的情形：“临江路宽仁医院（现重医附二院）对面，紧连着三家毛肚火锅店，泥炉木炭，高桌高凳，四季兴旺，座无虚席。”

从南京搬迁到重庆的《南京晚

> 史料中的泥炉火锅

> 抗战时期《南京晚报》白丁漫画——《老太爷》之“火锅毛肚”

报》上刊载的白丁先生漫画系列，其中《老太爷》之“火锅毛肚”也夸张地还原了当时吃火锅的情形。

第三节　发展期

一、店堂火锅的发展

1937 年，南京国民政府西迁，重庆成为战时的政治中心。在这一历史时期，随着政治中心的迁移，经济重心也随之西移，加之大量人口内迁，重庆旧城呈现“战时繁荣”景象，也催生了饮食文化的繁荣，各种菜系和流派入驻重庆，而本土产生的麻辣味毛肚火锅在这一时期也得到进一步发扬光大。

在临江门、较场口、正阳街等处毛肚火锅云集，出现了一些影响较大的火锅店，诸如临江门杨海林的“云龙园”、杨述林的“述园”、保安路蓝树云的“一四一”、五四路杨建成的“不醉不归”、商业场新丰巷杜云安的“夜光杯”，还有“化食居”“四五六”“平园”“枫叶”“临江仙”等各种小店。毛肚火锅遍布重庆街头，不仅在母城区域，在重庆周边城镇火锅店也发展迅速，根据易劲秋《漫谈四川四种名小吃》一文的回忆，“民国二十七年（1938年）秋天我离开成都去重庆，一入冬季，重庆市和卫星乡镇到处都有毛肚火锅。重庆人喜欢吃前面客人用过的锅底（汤底），取其味道浓厚。”由此可见，1938年，重庆城乡已有无数的毛肚火锅馆，特别是在冬天更多。

二、陪都时期重庆火锅的特点

重庆火锅逐步突破了发展之初仅在冬天食用的季节范畴，一年四季均可以吃到火锅。在炎热的夏天，火锅店也照常生意兴隆。重庆人戏称“挥扇吃毛肚，汗出当风凉”。为了缓解酷暑之烦劳，火锅店滋生了许多解暑降温的方式。根据欧阳平在《旧重庆“吃”的形形色色》的记载，“二三十年代，虽盛夏电扇不入毛肚火锅店，怕疾风煽起炉火。而是头上悬一布横裆，雇一穷孩子拉动生风为‘土风扇’。再后来有‘不醉不归’（五四路）、‘夜光杯’等供较肯花费又讲派头的人‘过瘾’，也开始使用悬挂式电扇。”

（一）食用人群广泛

重庆火锅食用的人群，不再局限于发展之初的下里巴人，社会名流也青睐有加，而且很多外地人也非常喜欢，甚至金发碧眼的外国人也乐在其中。国民政府迁到重庆之后，社会各界汇集于此，在渝的文化名人林语堂、夏衍、巴金、胡风、黄永玉等都是重庆火锅的忠实“粉丝”。民国时期，在山城有不少的外国商人和使节，他们也入乡随俗，品味重庆火锅。据1946年11月13日的《大公报》上《干杯！干杯——洋人吃四川火锅》记载：“英商务访华团今日离渝。昨晚进出口贸易协会的欢宴是在渝最后一次招待，吃的是中餐，而且是地道的四川火锅。”

（二）中西合璧

该阶段，重庆火锅还雅俗共赏，与西餐齐聚一堂。一些主营西式餐饮的咖啡厅、咖啡馆和大餐馆也增设毛肚火锅，吸引食客。诸如汉宫、心心咖啡厅，中西并举，火锅麻辣味和咖啡味互为点缀，成为一道别样的风景。欧阳平回忆汉宫毛肚火锅的情况，并进行了评议，“‘精神堡垒’（今解放碑）、‘汉宫毛肚火锅’与西点、咖啡同一餐厅，招雅士，有点洋化，但也失去了正宗毛肚火锅情趣。”1947年10月19日，《南京晚报》上《华北歌舞今起表演，毛肚筵席山城罕闻》一文，也记述了当时的情形：“会仙大厦原址改为四五六毛肚火锅，称毛肚大王。皇后餐厅亦附设毛肚筵席，同时又音乐伴奏，中西合璧吃食店亦想出新花样，以广招徕。”

（三）食材更加丰富

随着重庆毛肚火锅逐步发展成熟，一方面，火锅食材进一步丰富，除了传统的牛下水，诸如毛肚之外，还有猪肉、鸡肉、青蛙、鲫鱼、墨鱼、菌菇等也开始成为重要的火锅食材。另一方面，火锅的烹调技术也日臻成熟，火锅烹调工艺和使用方法也和当代趋近。火锅器具也进行了改良，尤其是坐的凳子和桌子，由两条凳子叠加发展成为独立的高凳，桌子也由高桌改良为矮桌，方便食客就餐。

第四节　萧条期

中华人民共和国成立初期到改革开放这一历史时期，重庆火锅陷入低谷，仅有云龙园、一四一、桥头、夜光杯、川道拐等少数火锅店在勉强维持经营，重庆火锅进入了一个萧条期。

一、国营（集体）火锅店

解放初期，重庆是西南工商业重镇，也是西南最大的私人资本集中地，私营商业多达18020户。1953年，党的过渡时期总路线提出后，国家对资本主义工商业的社会主义改造全面展开。1954年6月15日至17日，重庆市委召开了第一次公私合营工作会，传达中央公私合营扩展计划会议精神，以及中央财经委员会关于有步骤地将雇佣10人以上的资本主义性质的工业基本改造为公私合营企业的意见。1956 年，全市 42 个行业包括 14602 个工商业户、93000 多名从业人员的私营工商业，全部按行业实行公私合营。

云龙园、一四一、桥头等知名火锅馆分别被市中区和南岸区饮食服务公司收编为国营。1963 年，云龙园迁至七星岗，更名为山城火锅馆。夜光杯、川道拐则划归集体。这一时期，重庆市中区（今渝中区）只有四家专门卖火锅的餐馆，分别位于解放碑八一路好吃街的一四一火锅馆、七星岗金汤街路口（现城墙公园下马路边）的山城火锅馆、中华路的夜光杯火锅馆、南纪门的川道拐火锅馆。

二、家庭火锅

在这一历史时期，解放前重庆城区大街小巷火锅店遍布的景象不复存在。市民要吃火锅，除了少数国营火锅店之外，一般只能在家中自己制作。不少的火锅爱好者，因地制宜，根据家中的实际情况，利用煤油炉、砂炉子等作为燃具，锅具则使用铁锅、铝盆等器具。采用家中常用的辣椒、花椒、黄姜、豆瓣等调制火锅底料，菜品包括日常的时蔬和肉类。

第五节　恢复期

改革开放以后，重庆火锅开始恢复发展，桥头、一四一、小洞天等国营店焕发青春，同时小天鹅、露凝香、苏大姐等大批私营火锅店也开始崭露头角，涌现了大量的火锅名人和火锅品牌。

一、重庆火锅的恢复发展

改革开放以后，个体私营经济迎来发展的良机，重庆火锅开始恢复发展，涌现了一批个体火锅店。1978 年，渝中区解放碑大阳沟五一路“五一火锅”

开张；1979 年，黄世雄开办的“露凝香火锅”和蒲世全开创的“三五火锅”开始崭露头角；1981 年，李永萍在长江大桥南桥头开办“兴友火锅”；1982 年，何永智在八一路创办“小天鹅火锅”。总体来看，这一时期火锅店的规模普遍较小，如何永智所开创的“小天鹅火锅”，只有 16 平方米、3 张桌子、3 口锅。在这一时期，一方面受制于店面，另一方面受制于经济条件，吃火锅流行“打组合”“镶起吃”，食客各自选择自己喜欢的菜品，在九宫格中各自的“地盘”烫食。到 20 世纪 80 年代后期，又有许多人加入火锅经营的行列，火锅商家也越来越多，“苏大姐火锅”“美美火锅”“宝全火锅”“蒋平火锅”等也相继为大家熟知。

二、火锅器具的改良

随着重庆火锅重新兴起，山城大街小巷又开始火锅飘香。来自贵州的文史专家唐莫尧先生曾在日记中记录了此时的情形：

“重庆有一种地方食品，即山城火锅。锅是砂锅，用白铁皮制成隔，放于锅中，有八隔的、四隔的；锅虽一个，由于每隔中有一圆孔，汤可疏通。菜肴有牛羊肉片，牛羊杂；芹菜、葱、蒜，均分放盘、碟中，人吃时座位较高，双脚蹲在泥灶上，相反放锅却矮于人。锅内的汤，不换掉，据说这样愈吃愈鲜。”

唐先生这篇日记的时间是 1978 年 10 月 29 日，可以看到此时的火锅还是使用的泥灶和高凳子，但是，到了 20 世纪 80 年代后期，重庆火锅的器具和菜品又有了新变化。

为了使食客烫食方便，火锅店器具和桌椅进行了改良，桌子由砖混结构取代木桌子，混凝土浇筑台面，砖砌桌脚，桌面贴上瓷砖，使之更加干净整洁，桌面挖孔洞，炉子置放其中，既安全又美观。

凳子由高凳子改为长条矮条凳，在烫食火锅时，食客就餐时更加舒适和方便。有的火锅店还开始使用折叠靠椅，让食客在食用过程中更加放松和休闲。

炉具改进。部分火锅店开始使用煤油炉，取代传统的燃煤土灶。

餐具改良。不锈钢盆的出现，使火锅的餐具有了新的变化，就餐的碗具也更为精美。

三、火锅锅底的变化

火锅锅底不再局限于传统的红汤锅底，1983 年，鸳鸯火锅开始出现，红汤和清汤的双味火锅突破传统锅底，满足了不同食客的需求。

随着经济发展，火锅菜品也更加丰富，不仅保留了毛肚、鸭肠、黄喉等传统菜品，鱼虾、海鲜、菌菇等菜品也大量在火锅中烫食。重庆火锅逐步发展成为一门新兴的餐饮，成为重庆饮食的一张靓丽名片。

第六节　扩张期

20 世纪 90 年代开始，重庆火锅进一步繁荣，火锅店数量增多，还出现了大量的品牌火锅企业，诸如德庄、桥头、秋霞、乡水源、奇火锅、孔亮、秦妈、家福、巴倒烫、巴将军、胖子妈等。重庆火锅进入了一个扩张期，在地域、经营方式、食材、器具上都有很大的突破。

一、进军市外

20 世纪 90 年代开始，重庆火锅开始向外地进军。1992 年初，位于成都衣冠庙附近的重庆小天鹅火锅开始营业，开启了重庆火锅进军成都市场的序幕。由此，重庆火锅不再局限于本地，开始着眼于全国，由川渝地区逐步开始向全国发展、扩张。

二、连锁经营出现

1994 年，小天鹅火锅与天津商人景云汉开始了一种新的合作模式，景云汉出资金，派一名副总和财务主管参与管理，小天鹅出技术、品牌和其他工作人员，负责具体经营。小天鹅火锅在天津落地，火锅行业合作加盟的连锁经营模式也由此开启。

三、营销方式创新多样

在这一时期，重庆火锅销售方式呈多样化，包括点单式、自助式、按份式、计串式等等，甚至出现了“三拖一”“四拖二”等小份低价的营销方式。“三拖一”即为：荤菜无论品种一律三元，素菜无论品种一律一元；“四拖二”即为：荤菜无论品种一律四元，素菜无论品种一律二元。部分火锅店在就餐的同时，还增加了现场歌舞表演，羹汤滚沸，歌舞升平，食客在享受美食的同时，又体验了别样的艺术氛围，使火锅店更加热闹。

四、火锅食材更加丰富

火锅烫煮的食材更加丰富，包罗万象，以至出现了“天上飞的，地下跑的，水中游的，土里生的，只要可以吃的，没有不可以下锅”的说法；火锅油碟也更加丰富多样，在传统油碟的基础上，出现了干油碟、清油碟、蒜油碟、醋油碟等多种类型。在这一时期，火锅开始派生和衍生，麻辣烫、串串开始兴起；一些以食材为主题进行命名的火锅应运而生，诸如山珍火锅、药膳火锅等。

五、火锅器具创新

火锅器具也发生了较大的变化。随着液化气和天然气的广泛使用，燃气灶具开始大量在火锅店使用，既清洁又卫生；火锅座椅移动性增强；火锅桌面出现大理石，更加光洁；餐具更加精美；木质桌椅更加高档。1998 年，小天鹅火锅在鸳鸯锅的基础上开发出了“大锅套小锅”的“子母锅”，以及可以旋转传送的“回转火锅”，还推出一人一小锅的“美人美火锅”。

六、火锅底料专业生产

随着火锅经营规模的扩大，火锅相关产业也有所发展。一些火锅店开始专门从事火锅底料的生产，从而使火锅以另外一种方式向外扩张，满足了身在异乡的川渝民众对火锅的需求。三五火锅底料、一四一火锅底料在这一时期已经小有名气。

第七节　繁荣期

重庆直辖之后，加之西部大开发的历史机遇，21 世纪重庆经济发展加快，重庆火锅也迎来更好的发展机遇，呈现出百花齐放的景象，迅速向国内外传播和扩张。

一、火锅店数量快速增长

1987 年，根据《重庆年鉴》的记载，重庆火锅店增至近 5000 家，其中在仅 10 平方千米的市中区（今渝中区），火锅店达到了五六百家。进入 21 世纪，重庆火锅店的数量在 1987 年的基础上翻了一番。2003 年，全市有规模以上火锅企业 203 家（其中火锅连锁品牌企业 21 家），门店 1260 家，在全国发展加盟店 673 家。

2008 年，重庆市有规模火锅企业 200 余家，火锅门店 5 万多个，在国内 31 个省（区）市，以及美国、澳大利亚等国家和地区发展火锅连锁经营店 3000 多家，火锅业从业人员 50 多万人。进入全国百家重点餐饮企业的 16 家重庆火锅企业营业收入 182 亿元，比上年增长 21.3%，占全国百家重点餐饮企业营业收入的 18.2%，占全国 23 家重点火锅企业营业收入的 70%，其市场份额占全国火锅市场的 54%。

二、火锅品牌更加丰富

重庆火锅在传统红汤锅底和鸳鸯锅底的基础上，产生了一些创新火锅和新锐火锅。这些新的火锅品牌各具特色，在火锅店的装修、菜品的设置、锅底的调味、器具的设计、火锅功能的拓展方面在继承传统的同时，又突破了传统，进行了创新，满足了人们日益多元的需求。既有使用牛油的老火锅，也有不使用牛油的新派火锅；糍粑海椒也进行了取舍，形成两类，满足了不同人群个性化需求。这一时期的火锅，不再仅仅局限于用以果腹，也更加注重养生功效，武陵山珍就是其中的代表之一。这些火锅品牌的应运而生，使重庆的火锅类型更加丰富。

三、火锅协会成立

随着重庆火锅企业的增多，加强行业规范和引领成为必然的趋势。2001年4月8日，在重庆相关部门的支持下，重庆市火锅协会成立。其会员单位主要由从事火锅行业的专家学者、企事业单位和从事火锅相关行业的经营者组成。重庆市火锅协会是依法建立的具有独立法人资格的非营利性民间组织。在重庆市火锅协会成立之时，就确定了“弘扬重庆火锅产业文化，提升重庆火锅整体形象，打造重庆火锅精品品牌，服务会员，共同发展，助推重庆火锅走向全国，走向世界”的宗旨。

四、首届火锅美食文化节

重庆火锅的逐步成长、发展，使之逐步成为重庆一张重要的名片。为了充分展示重庆火锅这张城市名片的魅力，提升重庆火锅在全国的知名度，扩大其影响力，2004年10月，重庆市人民政府和中国烹饪协会联合举办了首届重庆火锅美食文化节，集中展示重庆火锅。开始是每年举办一届，从2007年以后改为每两年举办一届，每一届都有不同的特色，开展了万人品尝火锅、火锅文化展、火锅文化论坛、名火锅企业形象展等火锅系列活动。重庆火锅美食文化节不仅是一次火锅美食文化盛宴，也是重庆火锅经济重要论坛和交易盛会。在火锅节期间，举办美食展览展示、推介交易、论坛峰会、餐饮大赛、文艺演出等活动，吸引了全球范围内的多个国家和地区的代表性食品商家来参展。每一届重庆火锅文化节都会产生巨大的经济效益，对于重庆火锅“走出重庆”“走向世界”有着非常重要的意义。

第八节　新时期

随着互联网的发展以及对食品安全与健康的要求越来越高，重庆火锅在呈现全面繁荣的同时，也进入新时代，面临新机遇、新消费，不断进行创新，进入了一个全方位竞争的时代。

一、互联网＋火锅

大数据时代背景下，“平台排队”“线上点餐”“移动支付”等一系列便利的信息化服务已慢慢渗入重庆火锅企业的日常运营中。部分重庆火锅门店建立了终端数据库，通过对大数据的分析和使用，从选址策略、点评口碑到菜品监测，进行精准营销。“互联网时代”给传统火锅产业带来强力冲击，产业升级转型更新迭代的速度明显加快，越来越多的企业和店家积极转型自身传统的经营方式，逐渐与更多的时代新元素进行产业结合，主动出击，跨界运营，重构更多的商业模式。

在火锅行业提速发展的同时，劳动力成本提升、管理人才匮乏、成本控制难等多方面问题也在日益凸显。在餐饮市场日益庞大、智能科技逐渐盛行的时代，“智能餐盘”“机器人餐厅”“无人餐厅”等一些新技术、新设备陆续被应用到一些火锅门店当中。

“餐饮＋零售”模式开始出现，2017 年，“方便火锅”这一零售业态开始呈现，重庆德庄、秦妈等十多个火锅企业开始涉足这个新兴领域。新零售＋火锅重构餐厅、餐品、顾客三者的关系，突破了传统餐厅以门店为中心的经营模式。“火锅＋超市”的混搭，衍生出了火锅食材超市，其利用超市现成的食材进行产品加工，这种新的生活方式强化了顾客体验感和场景式消费，使“逛＋吃”成为一种新的潮流。

根据行业数据，2017 年，中国在线外卖市场规模达到 2046 亿元，同比增长 23%；在线订餐用户规模达 3 亿人，同比增长 18%。外卖成为餐饮行业的新增长点。火锅外卖市场的不断成长，成为火锅行业加快发展新的突破口，一些火锅品牌逐渐向新领域延伸，并受到了年轻消费人群的认可。

二、一次性锅底推广

传统“老油”就是将火锅油料回收，先沉淀，然后把浮油打捞出来，加入清水、葱姜等配料煮沸后再沉淀提炼成调味油，整个过程是有严格操作规范。由于反复使用，油脂里融入了大量的氨基酸等香味、鲜味物质，能增强火锅的特色，很多火锅企业使用这种传统工艺提炼的调味油制作火锅锅底。进入21世纪，武汉、成都等地相继曝光了火锅“老油”问题，在此之前，卫生部及《中华人民共和国食品卫生法》并未明确“老油”的传统制作工艺违法，消费者对“老油”的质疑引发了公众对火锅食品安全问题的关注，重庆火锅在发展历程中遭遇了信任危机，全国范围内的重庆火锅生意受到了极大影响。根据出现的问题，重庆火锅行业积极着手餐饮火锅底料标准的确立工作。2011年8月2日，重庆市火锅协会向全体会员发出《关于立即停止回收使用顾客食用过的油脂的紧急通知》，要求300多家会员单位全部弃用老油，改用一次性锅底。秦妈火锅、德庄火锅、小天鹅等企业开启了火锅标准化生产的探索。

秦妈火锅在保证锅底味道的纯正性和味型厚度的基础上，成功研制一次性锅底，完全没有任何防腐剂，整个加工过程按一种新的模式进行，有效地制约了生物性、化学性、物理性的污染；保障了食品安全，降低了生产和销售的风险；提高了公司食品生产自身的管理水平。经重庆市相关部门多次检验合格，一次性锅底真正符合《中华人民共和国食品卫生法》，不仅解决了火锅调味油（老油）长期争论不休的问题，更从根本上解决了味道不稳定的经营风险问题。一次性锅底根据不同地区的味型，生产不同地区的产品，满足了不同地区的需要，而且具有出香快、出味快的特点，又保持了火锅汤红油亮、香浓醇厚、辣而不燥的独特风味。一次性锅底的操作是当着顾客的面开袋即煮即食，而且鼓励顾客吃后打包带走，让消费者感到放心和实惠。

三、火锅质量标准化

德庄火锅是重庆火锅ISO 9001质量管理体系的先行者。2001年10月26日，经英国国家质量保证有限公司（NQA）审核，企业一次性通过ISO 9001质量管理体系认证，成为火锅行业第一家通过ISO 9001质量认证体系的企业，提高了菜品的质量。德庄火锅还进行了机械化炒料，将火锅生产流程中最重要的一道工序标准化；并且将火锅生产与科技相结合，开发出生物酶嫩毛肚技术，通过对火锅毛肚的嫩化、胀发、吸水、保水、保色保鲜等一系列问题的技术攻关，研究出了运用现代生物酶工程技术安全嫩化火锅毛肚的新方法，该项技术利用生物酶的作用改善了毛肚内蛋白质的结构，使其易于被人体消化吸收。经过该项新技术和新工艺处理的毛肚，具有感观自然、嫩度适宜、咀嚼化渣和烫煮时间随意等特点，用此法加工毛肚的时间也大为缩短，少则半小时，多则 2 小时，适宜于工业化生产。开展“麻辣火锅底料或汤料辣度的分级方法”研究，确立了“李氏辣度系数”，将消费者的辣度等级评定意见与麻辣火锅底料中辣味主要成分辣椒素类物质含量结合划分辣度等级，将辣度等级分为微辣、低辣、中辣、高辣、特辣、暴辣 6 个，使用高效液相色谱仪（荧光检测器）检测麻辣火锅底料中辣椒素类物质的含量，各辣度等级对应的辣椒素含量为：0.00509 ~ 0.0614 克 / 千克，0.0389 ~ 0.0962 克 / 千克，0.0940 ~ 0.189 克 / 千克，0.201 ~ 0.789 克 / 千克，0.596 ~ 1.351 克 / 千克，1.895 ~ 5.323 克 / 千克。参考众所周知的酒精度各低、中、高度酒的代表度数，取 12° 代表微辣，36° 代表低辣，45° 代表中辣，52° 代表高辣，65° 代表特辣，75° 代表暴辣。各辣度等级辣椒素类物质含量（W）换算成李氏辣度（LSU）的公式为：$LSU = 10.369\ln(W) + 65.264$，相关系数 R2 为 98.17%，并划定微辣为 9° ~ 29°，低辣为 30° ~ 39°，中辣为 40° ~ 49°，高辣为 50° ~ 59°，特辣为 60° ~ 69°，暴辣为≥ 70°。将不容易被消费者认知的辣椒素类物质含量换算成便于消费者理解的度数，可以使消费者更能理解和选择适合的辣度。为外地消费者对重庆火锅辣度的选择有了量化的选择，使重庆火锅科学化生产迈上了一个新台阶。

四、向海外进军——走向世界

1995 年，重庆小天鹅火锅率先“吃螃蟹”，远渡重洋，在美国成立美国小天鹅文化发展总公司，并开设重庆小天鹅餐馆，开了第一家重庆火锅店。2001 年，中国加入世界贸易组织，也为重庆火锅走向世界提供了很好的机遇。小天鹅、德庄、秦妈、刘一手等重庆火锅企业向国外迈进的步伐也逐步加快，在国外开办的火锅门店也越来越多。在走出去的同时，重庆火锅文化节还广泛邀请世界美食同行前来参会、参展，进行广泛的合作和交流。

2013 年，随着“一带一路”倡议的出台，进一步推动了重庆火锅向海外进军。截至 2017 年底，重庆备案出口火锅底料企业有 11 家，其中新增备案企业 3 家。2017 年，有两家火锅食品企业生产的 22.2 吨火锅底料首次实现了出口，在荷兰和美国顺利通关。以牛油为代表的油脂出口和火锅底料为代表的调味品出口，正加速推进重庆火锅向外扩张步伐。

五、火锅相关产业异军突起

重庆火锅与农业密切相联。制作火锅底料需大量辣椒、花椒、牛油及各种香料；烫涮的菜品包括鸡、鸭、鱼、毛肚及各种蔬菜农副产品。大型火锅企业一年购买农产品原料的支出达上千万元，对农业的发展起到了助推作用。随着市场需求的不断增大，对劳动工人的需求也在不断递增。据有关资料显示，重庆市有 10 万以上的农民在从事火锅底料生产和种植、养殖行业。形成了诸如像石柱县辣椒基地、江津区花椒基地。以重庆石柱县为例，有辣椒基地 30 万亩，年产鲜椒 28 万吨，推广良种 12 个（其中自培杂交良种 3 个，推广 10 余万亩），建成县级龙头企业 7 家、市级龙头企业 3 家、国家级龙头企业 1 家、辣椒专业合作社（业主）36 个，获得“中国辣椒之乡”“中国辣椒百强县”“中国调味品原辅料辣椒种植基地”、农业部首批“全国农产品加工创业基地”和“重庆火锅原材料生产加工基地”等称号。生产的“石柱红”鲜椒占重庆市场份额 1/3。重庆火锅产业的发展为解决重庆 400 多万富余劳动力就业，促进农民增收作出了重大贡献。

火锅产业及产业旅游发展。随着火锅底料逐步被人们接受和认可，重庆火锅工业发展迅速，开辟了火锅新天地。火锅底料生产逐步实现现代化、规模化、标准化和产业化。德庄、桥头、小天鹅、三五、红九九、秋霞、周君记、刘一手、家福等逐步成长为重庆火锅工业的龙头企业。其中，周君记火锅食品工业园还是国内首家调味品工业旅游示范点，也是重庆市首家民营企业开展工业旅游的企业。工业园前身为重庆三九火锅底料厂，创建于 1993 年。工业园创建于 2003 年，坐落于九龙坡区九龙工业园区内。占地 40 余亩，建筑面积 30800 平方米，紧临高速公路，交通方便，距离重庆市区约 10 千米。具备年产 3 万吨以上的生产能力，是西南地区规模最大、机械化程度最高、最具现代化的调味品生产基地。

火锅金融崛起。自 2018 年 7 月起，交通银行重庆市分行开始打造“火锅金融”品牌，旨在依托交通银行的资金、产品、服务优势，助力火锅类餐饮企业融资易、成本低、渠道畅，让重庆火锅这张城市名片发挥出更大的社会价值。商业银行与产业进行深度合作，实现“金融＋场景”“金融＋生态”融合，已逐渐成为一种主流商业模式。发展“火锅金融”正是这一思路的具体体现。交通银行重庆市分行推出特色“火锅信用卡”，并根据火锅行业客户需求进行系统搭建，推出“码上收银”“收费管家”等产品，为客户提供轻量级金融服务平台，满足客户日常收款、对账、账单查询等需求；推出“慧智付”产品，针对已有完善收银结算系统的客户，帮助其实现线上线下多渠道统一收款。

火锅产业链趋于成熟，逐渐形成了完善的产业链布局，包括最上游的原料生产基地，到中游的火锅调味料与料制品，再到最下游的传统火锅门店与新兴方便火锅。依托供应链实现上游到下游的无缝对接。集研发、采购、生产、仓储、运输、终端为一体的餐饮供应链在一些火锅企业初见端倪。

六、火锅创新

重庆火锅不断推陈创新，涌现出了诸多的新理念、新形式、新现象与新品牌。

（一）新理念

随着经济的发展，食品的绿色健康成为人们最为关注的焦点之一。重庆火锅在发展中与时代最新理念紧密结合。如何在火锅中彰显绿色健康，杨光会鲜货火锅很好地进行了诠释，以“新鲜”为特色，主打绿色理念，用“新鲜”去打动消费者，提出“新鲜看得见，不新鲜就退货”的经营理念，从锅底到食材到加工都看得见，所有食材均采取当日采购。杨光会鲜货火锅的一些蔬菜，如金针菇、花生苗、木耳、青菜等均采取活体种植，消费者可以在店内直接采摘食用。

（二）新形式

海鲜与火锅结合。巴尖鲍鱼串串，口味属于老火锅，装修风格以红绿配色、暖黄色灯光作为自己的显著标识。在食材上予以创新，突破传统串串食材范畴，将海鲜与火锅串串有机结合，推出的鲍鱼、八爪鱼、墨鱼仔、鲍螺、蝴蝶虾等海鲜系列串串成为食客的新宠。

中餐与火锅结合。朱光玉掌中宝，装修风格复古，将火锅与中餐菜品很好地融合。菜品新颖，中餐里面吃的各种红烧菜品都有，上菜后直接吃。还有一些经典的小吃，如蜂蜜芥末味的掌中宝、柠檬茶等，在年轻的食客群体中很有影响力。

卤菜与火锅结合。卤校长，以现捞卤味、老卤火锅为特色，将卤味系列贯穿整个火锅中，食材在秘制卤水的浸煮下，卤汁精髓完全渗入卤品中，每一口吃起来都更加软糯香嫩。

（三）新现象

珮姐是重庆火锅界首家 24 小时营业的火锅店。其广告语“回家再晚，珮姐等你”，以及“凭三天内的机票或者动车票可享受 8.8 折优惠”、摒弃加盟全力打造直营等举措吸引了大量的外地游客和本地食客，连续四年成为重庆火锅界的“排队王”。珮姐火锅还与重庆本地足球俱乐部合作，推出主题火锅店和定制版底料；与重庆中国三峡博物馆合作，文旅融合，增加品牌文化内涵，推出相关文创产品。在品牌建设上，推动锅底和后厨的标准化。

（四）新品牌

受部队野战食品的启发，火锅企业开发了一系列方便自热火锅，可以让消费者随时随地吃火锅。方便自热火锅是一种速食品。自热火锅不用火也不插电，它主要是由食材、食材锅、锅盖、外锅和发热包组成。其加热原理是利用发热包内的物质与水接触，释放出热量，从而使得上层食材锅内的食物吸收热量后进行加热。除“自热火锅”外，它也被称为“微火锅”“清煮火锅”“自煮火锅”等。自热方便火锅虽然美味、快捷，却存在一定安全隐患，自热食品的发热包属于易燃易爆品，消费者在使用时要非常小心，且乘坐飞机不允许携带。

第二章

类别和派生

重庆火锅作为一种独特的地方餐饮形式，逐步从重庆走向全世界。在发展的过程中，逐步形成了自己的特点。在主体麻辣火锅的基础上，形成了各种类型的火锅，并派生出了与重庆火锅味道相近的麻辣烫和串串。

第一节　特点

在重庆，火锅不仅是一种饮食，还是一种生活方式，一种文化现象，更是一门独具特色的技艺。

一、麻辣为主，多味并存

麻辣是重庆火锅最显著的特色。重庆火锅从其诞生之日起就与麻辣结下了不解之缘。麻辣火锅占重庆火锅的 95% 以上，在无麻无辣不欢的重庆，火锅馆是散落在城市中最大的江湖，江湖人各自经营，在或多或少的调料中间书写自己的麻辣传说。有的干辣、有的微辣、有的酸辣、有的辣中带回甜、有的辣里呈五香；有的浓烈、有的柔和，这些味别的火锅是为适应不同消费需求应运而生的。重庆火锅中也有不辣不麻的清汤火锅、药膳火锅。因此，今天重庆火锅已形成了以麻辣为主，多口味、多种类并存的格局。

二、讲究调味，变幻精妙

重庆火锅具有擅长调味，富于变化的特点，单从麻辣味别上的微妙变化就可调上二十余种，众多的味别虽然以麻辣为基调，但可以根据需要，灵活运用郫县豆瓣、干辣椒、花椒、料酒、食油等调味品的增减变化，把味别的互相补充、互相转换、互相对比、互相抵消现象演绎得出神入化。重庆各火锅品牌调味料的用量比例都是不一样的，正是这些“不一样”，形成了重庆火锅的千锅百味。

三、祛风除湿，排毒养颜

辣椒和花椒是火锅重要的作料之一，辣椒性味辛热，食之具有温中散寒开胃，除湿通络止痛、杀虫解毒洁肤的作用；花椒能够温煦散寒，提升体内的阳气，促进血液流通，温阳之效果，促进脾胃运化功能，增强消化吸收能力，促进身体健康。进食火锅具有祛风除湿、排毒养颜的食疗效果。

四、注重用汤，崇尚自然

重庆火锅十分讲究吊汤技术，所用的汤是以含鲜味、香味的牛骨、猪骨、鸡骨等原料熬制而成，汤在熬制过程中大量的鲜味物质析出，有谷氨酸钠、氨基酸、酰胺、肽、核苷酸类的5-肌苷酸等，同时在汤中加入增鲜的各种调味品，使汤卤（锅底）变得鲜醇味美。上乘的火锅汤卤中一般很少加味精、鸡精等物质，以保持汤味的自然、纯正。

五、刀工精湛，因料而异

重庆火锅在对食材进行加工时，十分讲究刀工技艺。刀口变化灵活。对那些质地细嫩，入烫时间要求短的食材，加工成片状，凡片（肉片、腰片、肝片）要求片张又大又薄；对那些质地绵韧，煮烫时间需要长一点的食材，则加工成条状或块状，有些块状食材还善成花形，且刀距整齐，进刀深浅一致，成形美观。食材经过刀工处理后，汤卤滋味易于渗入原料内或黏附在原料上。在烫食时能体现出火锅的特色。

六、选料广泛，不拘一格

重庆火锅原料应用之广、之多、之巧，在火锅世界中独树一帜，可谓千材百料，巴渝地区物产丰富，有众多可供烹饪用的原料和调味品，市场大流通，南北烹料交流，反季节蔬菜常年应市，家畜、家禽、海味、蔬菜、瓜果、菇笋等无所不用。美味的汤卤加上乘的食材，辅以独特的油碟，麻辣鲜香滋味浸入食材的每一丝肌理之中，食材不同口感与麻辣鲜香味道混合，让人叹为观止。

七、炊餐合一，随心所欲

重庆火锅就餐方式很独特，锅子既是炊具又是餐具，将炉火置于桌上，炉火可大可小自由调节。炉上置锅，锅内烧卤，汤卤有麻辣、有清醇，食材有荤、有素。食客在就餐时，自烹自食，掌握火候，控制节奏，静观锅中之变，吃什么烫多少，量力而行，吃老吃嫩吃爽吃脆，任凭自愿。烫火锅，能领略既作厨师又作食客的双重感觉。

八、食材多元、营养丰富

重庆火锅食材多元，既有富含维生素的各类青菜，也有补充人体所需能量的各种肉类，还有蛋白质含量较高的各类海鲜产品。同时，火锅中大量的辣椒、花椒等佐料还含有丰富的微量元素，与牛油相互作用，不仅有独特的口感，还会对口腔和肠胃起到一定的刺激作用，从而促进消化液的分泌，达到改善食欲的效果。此外，吃火锅还能起到促进血液循环的作用，对人体颇有益处。

第二节　类别

重庆火锅种类繁多，口味层出不穷。按照不同标准，可以划分不同的类别。

一、按燃料分

（一）木炭火锅

传统重庆火锅，其所用的燃料，主要是木炭，优点是火力持久，缺点是时不时有火星四溅，为避免桌面火星伤人，上桌时须垫托盘，托盘内一般加少许水用以降温隔热。在今天木炭资源紧缺情况之下，最好少用或不用木炭。

（二）煤炭火锅

在很长一段时间内，红泥小火炉是重庆火锅主要助燃工具，其主要燃料是无烟块煤或蜂窝煤、煤球等，取材广泛，使用方便，但易产生煤气、烟尘和煤渣、进而污染环境。

（三）煤油炉火锅

煤油炉火锅主要以煤油或柴油为原料。优点是可调节火势大小，移动灵活，使用较方便，适合家用。缺点是炉具出现障碍时，煤油燃烧不充分会产生难闻的异味，且存在安全隐患，故应市后仅几年便被淘汰。

（四）酒精炉火锅

重庆街头“麻辣烫”常用酒精炉火锅，清洁卫生，由于火力有限，一般用在较高档次宴席中，主要用来保温，不太适合长久煮烫。特别需要提醒的是，这里所用酒精为块状的固体酒精。

（五）电磁炉火锅

21 世纪，电磁炉火锅是常采用的形式，方便、干净卫生，适合家用，缺点是多人烫时，火力稍差。

（六）天然气液化气火锅

21 世纪，天然气液化气火锅是火锅店普遍采用的形式，可随时调节火力大小，方便卫生，热源稳定，使用时注意保持室内空气流通，以免引起火灾和一氧化碳中毒。

二、按调味形式分

重庆火锅按调味形式分可分为红汤火锅、清汤火锅、鸳鸯火锅、药膳火锅、青一色火锅、多味火锅。

（一）红汤火锅

红汤火锅是重庆火锅的主要味型，具有麻、辣、鲜、香、脆、嫩、烫的特点，是典型的重庆风味。它所用的红汤汤卤强调口感丰富、味浓味厚、麻辣适口、鲜香回甜，根据用料和口感红汤火锅大致分为以牛油为主要油脂炒制的麻辣脂香型及用混合油为主要油脂加香料炒制的麻辣兼香型两大类。红汤火锅在口味上还可以细分为：麻辣火锅、干辣火锅、椒麻火锅、五香火锅、回甜火锅、泡椒火锅、荔枝火锅，以及鲜辣火锅等等。

（二）清汤火锅

清汤火锅泛指咸鲜本味、汤汁无色或汤汁呈乳白色的汤卤。清汤火锅讲究吊汤技术，口感清爽咸鲜、回味悠长。清汤按其使用原料档次的高低和用途，大致可分为高汤、奶汤、毛汤。清汤火锅可分为纯清汤火锅、鸡汁火锅、牛肉汤汁火锅、海鲜火锅和山珍火锅等等。

（三）鸳鸯火锅

鸳鸯火锅是红汤火锅、清汤火锅的结合，一口火锅内分左右两格，一边红汤一边清汤，形如太极图案；或用子母锅，外红汤内清汤，有浓有淡，有麻辣有清醇，麻辣鲜香，鲜醇浓厚，各有特色，能适应不同口味食客的需要。鸳鸯火锅还富有文化韵味和饮食情趣。

（四）药膳火锅

药膳火锅取材于中国传统“药食同源”，把传统食疗与火锅结合起来，火锅以某种食材为主料，配料中加入滋补中草药，融美食与保健为一体，既保持了火锅的特色，又具有滋补养生之功效。具有代表性的药膳火锅有天麻肚子鸡、淮枸乌鸡锅、武陵山珍等等。药膳火锅历史悠久，功效稳定，颇有特色，为大众所喜爱。

（五）青一色火锅

青一色火锅是近年开发的火锅新品种，这种火锅，清香怡人、味不附身、通体绿色，口感具有辣而不燥，麻味绵长的特点。它选用重庆石柱朝天椒鲜青辣椒和重庆四面山九叶青青花椒为原料，调制出新鲜、绿色、健康、美味的火锅。这种火锅从色香味方面，给予人们全新的感觉。青一色火锅颠覆了百年来麻辣火锅必须是“红汤、红椒、红油”的传统观念，但保留了传统火锅在味觉上麻辣鲜香的根本。

（六）多味火锅

锅中镶格，一格一种滋味汤汁，除红汤、清汤外，还有咸甜、荔枝等味，一格一味，可品尝多种滋味，感受不同锅底火锅的风味。

三、按特色菜品分

（一）毛肚火锅

毛肚为主要原料的火锅，系选用水牛毛肚或牦牛毛肚，新鲜爽脆，口感极佳，重庆人烫火锅，毛肚几乎是必备菜品。

（二）鸭肠火锅

鸭肠为主要原料的火锅，鸭肠脆滑爽口，受到山城市民的广泛欢迎，而且还受到其他地区食客的喜欢。

（三）鳝鱼火锅

鳝鱼为主要原料的火锅，鳝鱼具有补血、补气、消炎、除风湿等功效，其肉性味甘、温补，有补中益血，治虚损之功效，是川渝地区很多食客喜欢的一种火锅。

（四）各式汤锅

主打菜品分别有肥牛、牛杂、鱼头、狗肉、羊肉、卤菜、菌类等，种类繁多。每一种汤锅都有其独特的风格和口味，丰富和发展了重庆火锅的内容，成为重庆火锅大家族的成员。

四、按就餐氛围分

（一）家庭式火锅

家人或亲朋好友相聚，大家一起动手准备烫食火锅，其乐融融。汤汁可买火锅底料熬制，也可以按自己的口味喜好配制，菜品的选择可以十分随意，品种数量多少由己。众人择菜，切菜，剥大蒜，洗生姜，拾掇辣椒。待汤汁熬好，便围在火锅旁，边吃边聊，谈工作，聊人生。话家长里短，殷殷关切之意在火锅旁充分表达；侃世态百相，切切关怀之情在滚汤中完美展现。家庭式火锅的味道如何，是其次的，重要的是那种席间始终洋溢着的浓浓亲情和友情氛围，是那种真情的流露体验，吃的主要是氛围。

（二）经营性火锅

经营性的山城火锅店遍地开花，既有在南山、解放碑、南滨路、江北欧式一条街、渝北嘉州花园、沙坪坝步行街、小龙坎、杨家坪直港大道这些美食街、美食城成规模分布；也有星罗棋布在山城大街小巷。店堂式火锅，高档者店面宽大气派，装饰豪华，设雅间包房，对象主要是一些需求相对较为讲究的顾客；大众者，数张桌椅，在街边小店随处可见，就重庆本地而言，街头小店才是体现重庆火锅真谛的场所。

（三）园林式火锅

经营性火锅中，派生出园林式火锅，此火锅依山势地形，或傍林木而搭亭，或依山势环境而立桌，给人以环境幽静，一览山川景物的亲近自然，亲近山水的宁静情怀。即使在市内，一些有条件的火锅餐馆，也装饰出小桥流水、环廊绿景，将山水绿意或花草等大自然的景物装饰进店内，让客人在大快朵颐之际，享受自然风光。较为突出的有南山巴倒烫、枇杷园等。

五、按技术流派划分

重庆火锅按流派分可分为：老火锅、新派火锅、清油火锅、风味火锅。

（一）老火锅

老火锅的表现形式主要是麻辣脂香型，底料以牛油、菜籽油、豆瓣、辣椒、花椒、姜、蒜等为主材，不放香料，靠厨师掌握火候来确定底料的成色与质量，其最大特点是牛油突出。底料炒好后开始兑锅，先将辣椒、花椒、味精、姜米、蒜瓣、醪糟、料酒、冰糖、精盐等放入锅内，再将油脂、鲜汤按 6 ∶ 4 的比例舀入锅中，即可出堂上桌，供客人享用。老火锅比较粗犷、豪放，味道浓厚、回味悠长，在重庆受众较多。老火锅比较注重煮烫食材的火候，锅中放有木制或金属制框格，格子中的汤卤受热温度不一样，因而适合涮烫不同的食物。中间格火力旺，不适合久煮，适合放鸭肠、毛肚、腰片之类即烫即熟的食材；旁边格火力稍弱，但是均匀，适合放鳝片、鱿鱼、牛蛙、鸭血等需要长时间烹煮的食材。

（二）新派火锅

新派火锅的表现形式主要是麻辣兼香型，底料以植物油（菜籽油）、牛油、辣椒、花椒、老姜、大蒜等为主材。在保留传统火锅基本制作方法的前提下，对底料进行改良，根据药食同源的原理，在麻辣深重的传统火锅中，加入赋香、增香、除湿、健胃、清火等具有中药功能的香辛料，将牛油、猪油、菜籽油等油脂以适当比例调整，将辣椒、豆瓣的用量适当增减，将麻度和辣度适当降低。经过调味师的潜心改造，慢火熬制而成的新派火锅底料，除了有传统火锅“麻辣烫鲜”的特殊感觉外，油脂的脂香、辣椒的辣香、花椒的麻香与各种香料的异香共同生成一种综合的、让人难以抗拒的馥郁香味。

（三）清油火锅

清油火锅又分为麻辣清油火锅和青一色火锅。

1. 麻辣清油火锅

麻辣清油火锅采用纯植物油（也就是菜籽油）加辣椒、花椒、豆瓣等调味原料制作而成，清油火锅在选料的时候特别讲究，追求的不是重麻辣味道，所以在辣椒的选择上，以中辣型的辣椒，上等的新鲜青花椒为主。鲜花椒青绿、油润、麻香味浓，再配上精制的糍粑辣椒，使麻辣滋味浓厚而不燥辣。在清油爽滑味道调节下，使得锅底在食用时的麻、辣、鲜、香统一和谐，滋味自然，爽口不腻。

2. 青一色火锅

青一色火锅是选用鲜青朝天椒和青花椒为原料，调制出的新鲜、绿色、健康、美味火锅。青青草毛肚、鲜鱼片等菜品经过“青一色”的“洗礼”后清新满溢，口齿留香。

（四）风味火锅

风味火锅又称改良火锅，是近年发展起来的一种特色菜肴派生火锅形式，它在调味技术、原料使用和烹制法上灵活多变，烹制方法多样，味型极具个性化，具有一定特色。风味火锅与传统火锅相比，其汤汁相对少一些，先把主料在汤汁中制作成熟或半熟，连锅带火配辅料上桌，以主菜（连汤）为锅底，食者先品尝主菜，然后再涮烫其他辅料，如：豆花鱼、邮亭鲫鱼、乌江鱼、啤酒鸭、烧鸡公等等。

（五）其他分类方式

按辣度不同分为极辣火锅、较辣火锅、微辣火锅等。按口味不同分为麻辣火锅、咸鲜火锅、双（多）味火锅、椒麻火锅、荔枝火锅、怪味火锅、鲜辣火锅、香辣火锅、泡椒火锅、清辣火锅等。

第三节　派生

重庆火锅随着时代的发展，在“毛肚火锅”的基础上不断演绎和发展，通过对调味品的使用、食材的运用，逐步形成了麻辣为主，多种形式、多种口味并存的火锅种类格局。在火锅的基础上，派生出来一些与火锅形式相近的饮食方式。

一、麻辣烫

麻辣烫具体出现的时间无从考证，有人认为麻辣烫是火锅的简化版。与火锅相比，麻辣烫把荤素食材穿在竹签上，正宗的吃法是一串一串地吃。也可将一大把竹签穿起的食材放进翻滚的红汤中，烫熟后捞入碗中，搅拌后食用。麻辣烫与火锅所使用的食材一般无二，麻辣烫与火锅最大的不同就是简便快捷。传统麻辣烫市场的发展，经历了地摊式经营、大排档式经营、店面式经营、口味式经营、服务式经营、服务与菜肴并重的阶段之后，自2008年开始，市场进入了更激烈的品牌竞争阶段。

二、串串香

串串香，它实际上是火锅的另一种形式，所以人们称它为“小火锅”。串串香最早产生于20世纪80年代中期，一些城镇待业人员为了生计，就在一些热闹的场所如商场、影剧院、录像厅等附近摆摊经营“串串香”。以竹签串豆干、兔腰，在卤锅中烫熟，蘸上麻辣调料，食客边走边吃，逍遥自在。风味浓郁、菜品丰富、服务优质，价廉消费而深受大众喜爱，食客络绎不绝。

最初的串串香，锅底和菜都很简单，随着发展衍生，几乎是无所不涮。从海里的海鲜、鱼、虾、蟹、贝类到家禽、猪肉、牛肉、羊肉、鸭肉、鹅肉等。常见的菜品就有牛肉、鸡肉、黄腊丁、鲫鱼、鱿鱼、鹌鹑蛋、毛肚、黄喉、肉丸、火腿肠、肫肝、鸭肠、鸡心、蟹柳、豆腐干、豆腐皮、豆筋、土豆、芋儿、莴笋尖、黄秧白、藕片、木耳、香菇、豌豆尖等。

三、干锅火锅

干锅是火锅的另类形式，其调味灵活多变，烹制方法多样，味型极具个性化。以干香滋润、麻辣鲜香、味浓味厚为特色。干锅火锅汤汁较少，油脂较多。先把菜烹好，再转装在锅中上桌食用，同时随锅配火炉用小火加热保温，使锅中菜肴保持最佳口感，为防止菜肴粘锅，又需要用铲子不时铲动。主料吃完后，再另加清汤或红汤（或者利用剩余的汤汁）烫食其他食材，这就有些类似火锅的就餐形式。因此干锅又称为“炒火锅”。干锅火锅主要的味道有泡椒味、麻辣味、酸辣味、香辣味、家常味、孜然麻辣味、鱼香味、煳辣味、陈皮味、豉汁味、酱香味、怪味、荔枝味、豉椒味、麻辣咖喱味、茄汁味、咸鲜味……

四、冷锅火锅

冷锅火锅即大街上将煮熟了的土豆片、火腿肠等串起来，蘸调好的佐料即吃，佐料与火锅佐料大同小异。

Seasoning
ingredients

第三章

调味原料

调味原料，又叫调味品，是烹调过程中的辅助材料，在菜品中可以清除异味、增香提鲜，对于最终菜品味道的形成作用重大。重庆火锅的独特味道主要来自辣椒、花椒以及上等的牛油、豆瓣、姜、蒜等。重庆火锅非常重视对调味原料的选择，随着人们对调味料性能的深入认识和新的调味原料的开发，调味原料的运用也在不断创新。

辣椒原来生长在中南美洲热带地区，于明末清初传入中国，清朝中期川渝开始种植食用。过去重庆火锅调味主要是用朝天椒，随着人们对不同产地的辣椒的不同个性的了解，火锅业界便开始混合使用辣椒，并发挥其所长，贵州的朝天椒香辣悠远，用来赋香；四川的二荆条辣椒富含辣红素，用来提色；而重庆地产的石柱红味道最辣，用来增味。

花椒是中国特有的传统香料，具有悠久的历史，在《诗经》中就有相关的记载，“椒蓼之实，繁衍盈升”，在古代很早就被人们用作香料，春秋、战国时期，开始被用作调味品，出现在餐桌上。四川、重庆是中国花椒主要产地，也有“川椒”“蜀椒”“巴椒”之说。重庆火锅过去用得最多的是干红花椒。后来火锅业界尝试用干青花椒来代替干红花椒炒料，发现麻味略淡，香气独特，跟干红花椒混合使用效果更是一加一大于二的效果。从此，干青花椒开始“走红”，重庆火锅多了一股清新之风。

豆母子是一种与豆豉相似的黄豆酱，豆母子能增加火锅汤卤的浓稠度，曾经是重庆火锅必备之物。后来人们发现豆豉有很好的附着力（重庆方言：巴味），而且不“浑汤”，能使火锅的味道更加咸香鲜醇。于是很多品牌火锅用豆豉取代了豆母子。

香料是一种可以提高食品的风味辛香食材，传统重庆火锅是不用香料的，在实践中，人们发现制作火锅时加入适量的香料，可以令火锅香气馥郁，味道独特，于是新派重庆火锅也就应运而生。

第一节　调料

一、辣椒

辣椒，性辛温，可祛寒健胃、散寒燥湿，具有去腥解腻、压抑异味、增加火锅汤卤香辣味和提色的作用。重庆火锅一般使用干辣椒，干辣椒的品种很多，产地、性能各不相同，有的辣味猛烈，有的色香味正，有的香辣兼具。

重庆火锅所使用的辣椒主要有以下几种：

（一）石柱红

“石柱朝天红”是由重庆市自主选育的，是国内有文献记载的最辣辣椒品种。石柱红辣椒颜色鲜红、肉厚、味辣、籽少、油气足，“石辣一号”是国内最辣的品种，它是重庆的特产。石柱红有着辣而不燥、久煮弥香的珍贵特质，石柱红在火锅中主要用来提辣。

（二）子弹头

子弹头辣椒，也叫朝天椒，它的椒果均较小，因而又称为小辣椒。子弹头朝天椒的特点是椒果小、辣度高、易干制，主要作为干椒品种利用，与羊角椒、线椒构成我国三大干椒品种系列，单果干重 0.4 克左右。味极辣，辣椒素含量 0.8% 左右。鲜红色，辣红素（红色素）含量 3% 左右。子弹头的辣度比新一代、二荆条都要辣，偏香辣一点。

（三）二荆条

二荆条辣椒，椒角细长，椒尖有“J”形弯钩，椒果外形美观，胡萝卜素和抗坏血酸较一般蔬菜含量高。二荆条口感辣度适中，绵辣、回甘、超香，

> 石柱红

> 子弹头

> 二荆条

熬出来的红油，颜色很正，在火锅中还具有增香的作用。

> 小米辣

（四）小米辣

小米辣，呈圆锥形或纺锤形，常带有宿萼及果柄，长 1 ~ 3.8 厘米，粗径 0.4 ~ 0.9 厘米。果实成熟后一般变成红色。小米辣通常用来做火锅底料的比较多，特点不是辣而是辣椒素多，做在火锅里就会出现红红的一层，非常美观漂亮，小米辣在重庆火锅中主要负责提色。

（五）内黄新一代

内黄新一代产自河南省内黄县，是一种辣椒新品种，由于其辣味足、品质佳、产量高，是市场上性价比最好的辣椒，成为制作火锅底料和麻辣烫等辣味调料食品的主要原料。内黄新一代在火锅卤水中赋色效果好。

（六）灯笼椒

灯笼椒是肉质厚而柔软的辣椒，果形较大，蓬松，颜色各异，一般钟状，有沟纹，可做沙拉或菜肴，可观赏也可食用，观赏期达半年之久，因为果实像灯笼而得名。灯笼椒颜色红中带黑，香味浓郁，在火锅中增香作用明显。

（七）印度辣椒

印度辣椒，又叫“印度魔鬼椒”“断魂椒”，产于印度东部，曾在 2007 年 2 月吉尼斯评选中被认定为世界上最辣的辣椒品种，是火锅增加辣味的优选，稍稍放一点就很有辣度。

> 内黄新一代

> 灯笼椒

> 印度椒

二、花椒

花椒，果实呈圆形，绿豆大小，果实成熟时呈红色或紫红色，其果皮可作为调味料，并可提取芳香油。花椒味辛性温，用作中药，有温中行气、逐寒、止痛、杀虫等功效，用于菜肴可除各种肉类的腥气，在烹调中具有去异味增香味的作用。在火锅中使用花椒不仅能压腥增香，还能与辣椒、盐等调料综合形成一种麻辣醇厚的复合味。重庆火锅使用的花椒主要有以下几种：

（一）红花椒

重庆火锅所用红花椒主要以四川茂县花椒和汉源花椒为主，得天独厚的气候生态环境孕育了茂县和汉源两地花椒的独特风味和优良品质。汉源花椒具有两千多年的栽培历史，唐朝时就被选作为皇室贡品。茂县和汉源花椒颗粒大，色泽红亮，油囊密生，鼓实；开口大，内果皮光滑呈淡黄色；香气浓郁持久，麻味醇正。重庆火锅很好地释放了花椒的天性，使火锅食之麻辣爽口。

> 红花椒

（二）青花椒

> 青花椒

重庆火锅不仅使用鲜艳的红花椒，也使用青花椒，青花椒气味清香柔和，麻味醇正浓郁，与红花椒相辅相成。在火锅发展的过程中，还开发了许多青花椒系列火锅，如椒麻鱼、椒麻鸡等。重庆火锅所使用的青花椒主要来源于三地，四川的金阳、重庆的酉阳和江津。

金阳地处四川凉山彝族自治州东南部边沿，日照时间长，早晚温差大，形成了“一山有四季，十里不同天”的立体气候。独特的自然生态环境，非常适宜花椒的生长，金阳花椒色泽碧绿，颗粒硕大，香麻味醇正、浓厚。

重庆酉阳地处武陵山区腹地，冬暖夏凉，气温适宜，全年大约有 150 天日平均气温在 15℃ ~25℃，石漠化非常严重，但其气候和地质条件非常适合种植花椒，种植花椒也是防治石漠化的有效手段。酉阳花椒颗粒大，籽粒饱满味香麻而醇厚。

重庆江津种植花椒具有悠久的历史，元朝时就开始种植，远销海内外。江津花椒树枝叶片多为九叶，也有“九叶青”之美誉，所产花椒果实饱满、色泽油润、清香扑鼻、麻味醇正。长江沿线船工很早就开始利用江津花椒当做作料用以调味，是重庆早期火锅和菜品的重要元素。

三、豆瓣酱

豆瓣酱是胡豆（蚕豆）为主要原料经各种微生物相互作用，产生复杂生化反应，而酿造出来的一种红褐色发酵调味料。豆瓣酱是红汤火锅中最重要的调味料。

（一）郫县豆瓣

郫县豆瓣是以二荆条辣椒、干蚕豆加小麦面粉为原料，采用有三百年历史传统的独特工艺，经长期自然发酵酿制而成。成品具有瓣子酥脆，酱脂香浓郁，红褐油润，辣而不燥，回味醇厚悠长的特点。郫县豆瓣用在火锅汤卤中能增加鲜味和香味，使汤汁具有温醇辣味，并使汤汁浓稠红亮。郫县豆瓣以色红褐而鲜润、味辣香而咸鲜、豆瓣滋软油润者为佳。色泽黑褐、味带酸者为次品。

（二）元红豆瓣

元红豆瓣是以蚕豆为主要原料，食盐、辣椒、姜、植物油、白糖、花椒为辅料，经过一年时间以上的日晒、夜露酿造出来的一种调味料，具有酱香浓郁，辣味适中，辣椒细，瓣粒柔软，黏稠适度的特点。元红豆瓣用于火锅能增加汤卤的色泽，祛除食材的腥臊异味，突出食材的口味。

元红豆瓣以色红褐而鲜润、酱香浓郁，辣味适中，辣椒细，瓣粒柔软为上品。以重庆产山城牌、资阳产临江寺牌元红豆瓣为好。

四、豆豉

豆豉，又名荫豉、幽菽，是一种豆类制品，以黄豆或黑豆为主要原料，利用毛霉、曲霉或者细菌蛋白酶的作用，分解大豆蛋白质，达到一定程度时，加盐、加酒、干燥等方法，抑制酶的活力，延缓发酵过程而制成。豆豉的种类较多，一般用于烹调辅料，也可作为主料使用，在火锅中多用于调味，豆豉按原料分为黑豆豉和黄豆豉，按口味可分为咸豆豉和淡豆豉。

豆豉含有丰富的蛋白质、脂肪和碳水化合物，且含有人体所需的多种氨基酸，还含有多种矿物质和维生素等营养物质，其特有的香气可以使人增加食欲，促进吸收。用在火锅汤卤中能增加咸香鲜醇的味道。

五、豆母子

豆母子一种与豆豉相似的黄豆酱，是黄豆为原料，加入醪糟、清水、食盐和小麦种曲发酵而成，颜色为黄色或淡黄色；酱香有光泽；酱香浓郁；咸淡适口、颗粒散籽。豆母子能增加火锅汤卤的浓稠度，使火锅的味道更加咸香鲜醇。

豆母子曾经是重庆火锅必备之物，炒制底料时，在下豆瓣酱时加入豆母子，目的是增加火锅酱香味。在兑锅时再加入少许酱香型白酒的话，会有更好的效果。

六、姜

姜，根茎肥厚，多分枝，有芳香及辛辣味。烹调常用姜有新姜、黄姜、老姜和浇姜之分。黄姜，香辣气味由淡转浓，肉质由松软变结实，是姜中上品。老姜，又称姜母即姜种，肉厚肉坚，味辛辣。

姜是火锅调味中不可缺少的调味料，具有特殊的辛辣香味，能有效地去腥压臊，具有调味增鲜、刺食欲、去异味的作用。老姜性辛温、具有祛寒发汗解表、健胃止吐的功效。

七、大蒜

大蒜，又名蒜头、大蒜头、胡蒜等，呈扁球形或短圆锥形，外面有灰白色或淡棕色膜质鳞皮，剥去鳞叶，剥去薄膜，即见白色、肥厚多汁的鳞片。有浓烈的蒜辣气，味辛辣，可单独食用或供用于调味，蒜性味辛温可入药，具健胃通窍、祛寒解毒的功效。大蒜分为紫皮蒜和白皮蒜。紫皮蒜辣味浓郁，汁水较少，口感较为干燥，辛辣味较重；白皮蒜汁水较多，口感脆嫩，辛辣味相对较弱。

大蒜是火锅烹调中常用的调味料，由于它含有具有挥发性的二硫化合物，因此在烹调中具有压腥去异味、杀菌去毒的作用。将蒜捣烂如泥用在油碟之中，作蘸食调味用。

八、大葱

大葱，其味辛，性微温，富含蒜素、二烯丙基硫醚、脂肪、纤维素、胡萝卜素、维生素 B、维生素 C、烟酸、钙、镁、铁、硒等多种营养成分，具有去腥、增香的作用，是一种风味独特、食疗俱佳的蔬菜。在火锅中既可作调味原料又可为火锅食材。火锅调味以肥大洁白的假茎（即葱白）为原料。

九、食盐

食盐，是烹饪中最常用的调味料。盐的主要化学成分氯化钠在食盐中含量为 99%（属于混合物），味咸性寒，解毒凉血，润燥止痒。食盐在火锅烹调中起着定味、调味、提鲜和解腻去腥的作用。火锅用食盐以色泽洁白、呈透明或半透明状，咸味纯正、结晶粒小、坚硬光滑、疏松干燥的四川自贡井盐为首选。

十、冰糖

冰糖，又名“冰粮”，气味甘平，益气润燥，清热，冰糖是白砂糖煎炼而成的冰块状结晶，是由蔗糖加上蛋白质原料配方，经再溶、洁净处理后重结晶而制得的大颗粒结晶糖，有单晶体和多晶体两种，呈透明或半透明状。由于其结晶如冰状，故名冰糖。冰糖用在调制火锅汤卤中，具有减缓辣味刺激，使汤汁味醇厚回甜的作用。

十一、醪糟

醪糟，又名酒酿、甜酒、酸酒，将糯米蒸至刚熟后，加入发酵的香曲拌匀装坛，在一定温度下酿制而成。用醪糟调制火锅汤卤能压腥去异味，增加底料的香味，综合咸鲜味，而且由于醪糟带甜味，可以将底料中各种调料的味道融合，使味道醇厚，并产生回甜味，让口感更好。

十二、料酒

料酒，是用糯米为主要原料酿造而成的烹饪用酒。料酒的成分主要有酒精、糖分、糊精、有机酸类、酯类、醛类、杂醇油及浸出物等。其酒精浓度低，含量在 15% 以下，而酯类含量高，富含氨基酸，所以香味浓郁，味道醇厚。料酒在火锅调味中主要为去腥、增香。另外，料酒还富含人体需要的 8 种氨基酸，如亮氨酸、异亮氨酸、蛋氨酸、苯丙氨酸、苏氨酸，它们在被加热时，可以产生多种香味。

炒制底料时加入料酒，带腥味的胺类物质就溶于料酒的酒精中，在加热时随酒精一起挥发掉，能有效去除腥膻味。另外料酒中的氨基酸，在烹调中能与食盐结合，生成氨基酸钠盐，可以使汤卤增香提鲜，味道变得浓醇厚道，料酒中的氨基酸还能与调料中的糖形成一种诱人的香气，使火锅底料香味浓郁。

好的料酒酒液橙黄透明、香气馥郁芬芳，味道甘香醇厚。

十三、白酒

白酒，又名烧酒、老白干。以粮谷为主要原料，以曲类、酒母为糖化发酵剂，利用淀粉质（糖质）原料，经蒸煮、糖化、发酵、蒸馏、陈酿和勾兑而酿制而成。

白酒在火锅调味中主要为去腥、增香。炒制底料时加入白酒，带腥味的胺类物质就溶于白酒的酒精中，在加热时随酒精一起挥发掉，能有效去除腥膻味。另外白酒中的氨基酸，在烹调中能与食盐结合，生成氨基酸钠盐，可以使汤卤增香提鲜，能调和盐的咸味、辣椒的辣味、花椒的麻味、醪糟的甜味使火锅底料的味道更加醇和清新。

十四、味精

味精，又名谷氨酸钠，味素。是采用微生物发酵的方法由大豆或小麦等粮食及其他含蛋白质较多的物质制成的一种现代调味品，有结晶状和粉末状两种，味精具有吸湿性强、易溶于水的特性。味精用于火锅具有提鲜、助鲜、增味的作用。

十五、鸡精

鸡精，是在味精的基础上加入化学调料制成的。鸡精的鲜味来自动植物所含的蛋白质分解出来的氨基酸，经与其他原料合成强化而成。由于核苷酸带有鸡肉的鲜味，故称鸡精。鸡精味道鲜美，鸡精多用于清汤火锅中，具有增鲜提味，强化风味的作用。

十六、胡椒

胡椒，又名味履支、披垒、坡洼热等，果实与种子含有挥发油、胡椒碱、粗脂肪、粗蛋白等，具有一定药性，可以起到食疗的作用。其性味辛温而芳香，具有温中散寒、健胃顺气等功效。胡椒在烹调中主要有去腥压膻、增香提味的作用，是人们喜爱的调味品。通过不同的加工方法，可以得到黑胡椒、白胡椒、绿胡椒以及红胡椒。黑胡椒气味较淡，白胡椒气味浓烈，白胡椒表面黄白色或淡黄白色，平滑，顶端与基部间有多数浅色线状条纹。质量一般比黑胡椒好。

胡椒性味辛热，是清汤火锅主要调味品。

重庆火锅品类繁多，调味料也很多。总体而言，大多数火锅基本上都要使用上述调味料。各家火锅根据自己的经验予以配方，呈现出不同的火锅味道，但是麻辣鲜香是其主要特色。在一些特色火锅中，会用上一些独特调味料，如：泡酸菜、泡辣椒、大枣、枸杞、西红柿、西芹、洋葱、川芎、当归、白芷、陈皮、茶叶等等。

第二节　香料

香料，泛指八角、山柰、丁香、小茴香、桂皮、草果、豆蔻、砂仁、良姜、排草、香叶等可以提高食品风味的辛香食材，香料具有较好的增香提味祛腥压膻的调味功能，及各种药用功效。据传，香料在餐饮中的运用可以追溯到上古时期。在《诗经》中就记载了包括花椒、甘草等十六种香料。在制作火锅时加入适量的香料，可以令火锅香气馥郁，味道独特，食者为之陶醉。火锅中主要加入的香料有：

一、甘菘

甘菘，又名甘菘香、香草等，是一种黑褐色、毛茸茸的根状香料，气味辛香，近似强烈的松节油气味，尝之有刺舌、麻舌感，其性味辛温，有暖胃、止嗝、祛风、镇痛的作用，在重庆火锅汤料或卤水中加入此香料，其香味浓郁，一般一次用量常控制在5克以内。

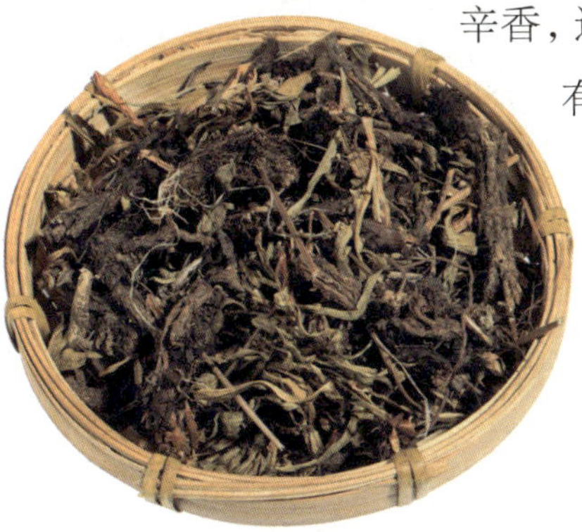

二、八角

八角，又名大茴香、大料、八月珠，是八角茴香科八角属的一种植物。其果皮、种子、叶都含芳香油，闻之芳香，尝之微甜。八角是一种传统的调味香料，在烹调中无论是火锅、红烧、卤水均可使用。由于其香味是有人喜欢有人烦，故在使用中比较灵活，以5~10克为宜。

三、丁香

丁香，又名公丁香、子丁香，是桃金娘科蒲桃属的热带植物，是原产于印度尼西亚的一种香料，含丁香油。丁香的花蕾干燥后广泛用于烹饪中，香味浓，尝之有刺舌、麻舌感。用量宜少不宜多。

四、小茴香

小茴香，又名谷茴香、谷茴、蘹香，生长地域广泛，且为人们所熟悉，其鲜品茎叶在烹调中常见用于制作菌香胡豆、茴香馅饺子等。其味辛，性温，成熟果实犹如小稻谷粒或孜然，有特异芳香气。作为香料使用，广泛用于重庆火锅中。

五、草果

草果，是姜目姜科豆蔻属植物草果的果实，是多年生草本植物，植株本身就具有辛香气，其果稠密，成熟时呈红色，种子多角形，香味浓郁，是烹调佐料中的佳品，被人们誉为食品调味中的“五香之一”也是重庆火锅制作中一种重要调料，一般不多放，3~5个即可。

六、砂仁

砂仁，又名小豆蔻，是姜目姜科多年生草本植物的果实或种子，种子气味芳香而峻烈，用作香料，稍辣，其味似樟。能够行气调味，和胃醒脾。在重庆火锅汤料中不可过多，以 3 克以内为宜。

七、山柰

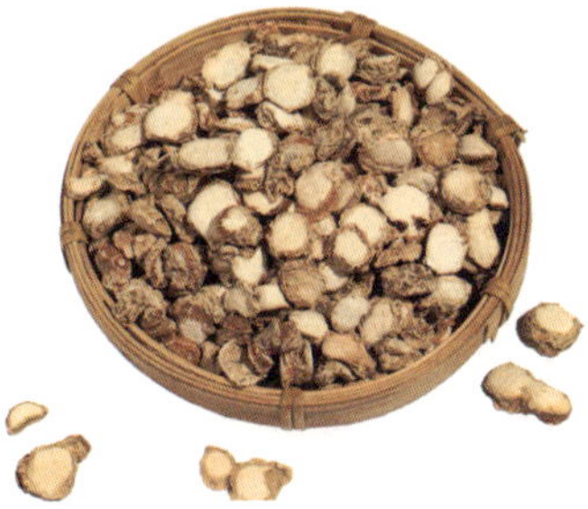

山柰，又名沙姜，山辣，姜科多年生草本植物的根茎，干制切片，其味芳香。在烹调中多用于烧、卤、麻辣火锅。一般将其根茎晾干切片食用，在火锅烹调中用量多在 5~10 克之间。

八、灵香草

灵香草，又名灵香，零陵香，为报春花科珍珠菜属植物。有浓烈香气，性味甘平。在麻辣火锅中运用，一般用量不超过 5 克。

九、排草

排草，又名香排香、排香草、香草，根部芳香，味淡，性温，具有辟臭、祛风、理气、消肿等效用，又可防腐，兼作香料，在火锅中一般使用不超过 5 克。

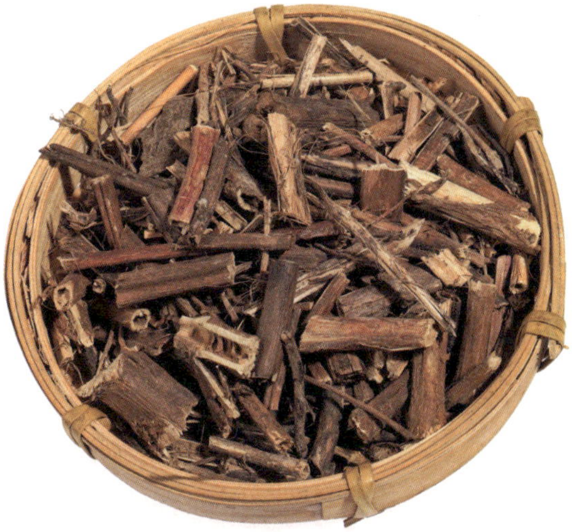

十、白豆蔻

白豆蔻，又名圆豆蔻，市场上或药店有写为百叩、叩仁的，姜目姜科豆蔻属植物的干燥成熟果实。口尝之有涩味。因其香味佳，故用量少。在麻辣火锅中加入 3 ~ 5 克即可。

十一、肉豆蔻

肉豆蔻，又名玉果，毛茛目肉豆蔻科肉豆蔻属常绿乔木植物。其种药性味辛温，肉豆蔻是一种重要的香料，在火锅中运用十分普遍，不过尝之味亦不好受，此物不可多用，2 ~ 3 个即可。

十二、桂皮

桂皮，又名肉桂、官桂或香桂，樟科樟属植物，是天竺桂、阴香、细叶香桂或川桂等树皮的通称。油性大，香味浓烈。尝之味辛辣、回味略甜。是五香粉的成分之一，常用作食品香料或烹饪调料。在重庆火锅中运用很普遍，用量 5 ~ 10 克为宜。

十三、香叶

香叶，又名月桂叶，樟科常绿树甜月桂的叶。味芬芳，但略有苦味，可以增香去腥，增进食欲。用于火锅底料，在用量上，1 ~ 2 片香叶就足够了。

重庆火锅从业者对香料的选择，非常谨慎，即便是同一种香料质量差别亦大，故在使用时一定要选择优质品，从业者经常到市场上了解新出现的香料，选择时通过看、闻、尝等方法进行辨别。

第三节　油脂

食用油脂作为一种有机溶剂，能溶解火锅食物中的一些维生素、香气物质和滋味物质，油脂带着溶解了的香味和滋味物质向火锅菜肴内部渗透，增加了火锅菜肴的风味和滋味。同时因为油脂的热传导作用，使油能形成水所达不到的高温环境，大大加快了烹饪原料中有机化合物的化合反应、分解反应、水解与脱水反应等，使涮料增色、增香、增味，脱水发脆或油润脂香，增加了火锅的风味特色。重庆火锅使用的食用油脂，主要有动物和植物油脂两类，动物油脂通常使用牛油、猪油、羊油和鸡油，植物油脂主要使用菜籽油和芝麻油。每种油的作用不一，相互之间不可替代。

一、动物油脂

（一）牛油

牛油是由牛体中脂肪组织熔炼而成，是一种营养丰富的保健食品。牛油含有丰富的维生素、脂肪酸、矿物质，牛油受热酯化后具有特殊的诱人香味，用于火锅能增加火锅的风味感。牛油还能起到浓稠火锅卤汁，保持火锅卤汁温度，使入烫的涮料油润光洁，上味增香。可以增加卤汁的香味，使重庆火锅具有一种独特的香味，并且能够保持原汤的温度，增加用料的色泽。牛油是重庆火锅中不可缺少的重要原料，也是重庆老火锅的一种风味标志。牛油在常温下呈硬块状态，优质的牛油凝固后为淡黄色或黄色，油底部无渣。凝固后的浅灰色或淡绿色的则质量较次。

（二）猪油

猪油是从猪体脂肪组织中熔炼而成的一种饱和高脂肪酸甘油酯，色泽白或黄白，具有香味，含有丰富的蛋白质，脂肪酸。猪油具有增加汤卤香味、保持汤卤温度、使涮料滋润光亮或柔和软嫩的作用。猪油的最大特点就是无其他气味，配合各种火锅调味料能起到调和滋味、削弱异味、去腥增香的作用，特别是在清汤火锅中，它是一种主要的油脂。

（三）羊油

羊油为山羊或绵羊的脂肪油，多由熬煮羊的内脏脂肪组织而得。羊油是全羊火锅或带皮羊肉火锅使用的专用油脂，因其有特殊的羊脂香味，对于增强以羊肉（杂）为主要原料的火锅风味具有特殊作用。

（四）鸡油

鸡油是鸡的脂肪炼制而成的油脂，鸡油是烹调中常用的优质原料之一。它营养丰富，消化率高，亚油酸含量居同类油脂之首。鸡油色泽浅黄，鲜香味浓，因此在鸡汁火锅、清汤火锅中常用它来增香提味，特别是一些素菜中的叶子菜，加入鸡油涮烫，异常软嫩滑口，滋味鲜香。

二、植物油脂

（一）菜籽油

菜籽油，又名油菜籽油、香菜油、芸苔油、芥花油，是用油菜籽榨出来的一种食用油，含有丰富的芥酸，油酸，亚油酸，亚麻酸。菜籽油在火锅中多用于制作底料时煵炒豆瓣、辣椒酱、豆豉、姜蒜等调味料，使其出色出味出香。菜籽油还可以用于调制火锅蘸油碟。

（二）芝麻油

芝麻油，又名香油、麻油，是中国传统的调味植物油，它是从芝麻中榨取的油脂，有浓郁的炒芝麻香味。在火锅中主要用来调制蘸食用的油碟，一般不用下锅熬炼。用它来调制油碟，蘸食火

锅菜肴，既能滑口增香，调节口味，又具清热润肠的作用。

除上述油脂之外，在重庆火锅中还有辣椒油、混合油等，也都是为了增加火锅的香味和风味。总体来看，牛油、猪油和菜籽油是重庆传统火锅在炒料时不可缺少的油脂，这三种油脂在火锅底料炒制和熬味过程中发挥着自己最大的功效，互为补充，相得益彰。各个火锅企业在实际应用中，这三种油脂的投入比例是不尽相同的，老火锅汤卤中的牛油的量下得比较重，而新派火锅汤卤则轻牛油重猪油，有些火锅以菜籽油为主要油脂而不用牛油和猪油（如：麻辣清油火锅、青一色火锅）。牛油、猪油和菜籽油的不同比例也就形成了重庆火锅的不同风格。

Base

and

broth

第四章

底料和汤卤

> 九宫格

> 三味锅

第一节　底料

火锅底料是将多种调味原料及油脂按一定比例组合烹制而成的火锅基本原料。底料，是火锅企业的立店之本，底料的秘密在于调料炒制。上好的油脂能够在炒料的过程中释放奇妙的味道，在炉火的灼烧中油脂逐渐化为通透的基底，特殊的油脂香与豆瓣、花椒、辣椒碰撞出了难以言喻的香气，与麻辣、花椒共舞的各种调味料在受热过程中亦呈现出酯化、显示、抵消、挥发现象，使滋味变幻高深起来。不停地翻转，不断地掌火，这样的翻转持续了上百年，将火的变化和流动吸收于底料之中，使滋味达到出神入化，仪态万千的奇妙境界。

过去，重庆火锅行业炒制火锅底料，是采取每锅单炒、独自调味的方式。客人上座，炒料师傅将各种调味原料即兴配制入锅。这种火锅调味方法要凭借调味师的经验和技巧，因此调出的味道有很大差异，火锅的风味也很难保证。随着火锅产业规模的扩大和连锁经营的发展，以及火锅烹制和调味方法的不断改进，业内创制了火锅调料统一炒制，批量生产的方法，将各种调味料和油脂经过配备烹制，使之成为火锅底料，再用它来调制火锅汤卤。这样不仅保证了火锅风味的一致，也大幅缩短了临灶调味烹制的时间，为火锅的规范化生产和连锁化营销提供了保证。重庆的一些品牌火锅企业，在火锅底料炒制上进行创新，他们把火锅调味料配方和炒料工序输入计算机，优选出最佳程序，进行数字化、机械化炒料，实现了火锅口味及品质的连续性和统一性。

麻、辣、鲜、香、甘、醇是重庆火锅的总体口味特征。但由于各火锅企业的配料和制作方法上的差异，火锅的口感和风味上又不尽相同。按火锅流行的趋势看，红汤火锅总体上可分为麻辣脂香型、麻辣兼香型和麻辣清香型三大类。前者突出刚烈刺激，麻辣味浓，牛油脂香馥郁，为重庆老火锅特色；中者强调麻辣适度，鲜香味醇，是重庆新派火锅风格；后者麻辣鲜香和谐，滋味自然，是重庆创新火锅的味道。

一、红汤火锅底料

红汤火锅是重庆火锅的主旋律，它的特点是麻、辣、鲜、香、烫、甘、醇。

根据红汤火锅的用料和味感大致分为：以牛油为主要油脂炒制的麻辣脂香型的老火锅和用混合油炒制的麻辣兼香型的新派火锅，以及用植物油炒制的麻辣清香型火锅三大类。

（一）老火锅底料（麻辣脂香型）

1. 原料

干朝天辣椒 8 千克、干二荆条辣椒 4 千克、干青花椒 600 克、干红花椒 600 克、郫县豆瓣 4.5 千克、豆豉 1.5 千克、牛板油 16 千克、菜籽油 5 千克、猪油 2 千克、老姜 2 千克、冰糖 800 克、大蒜 1.2 千克、大葱 2 千克、料酒 1.2 千克。

2. 制作方法

（1）朝天辣椒、二荆条辣椒去蒂，分别剪成节，各取五分之四入锅焯水后沥去余水，绞成糍粑辣椒，将剩余的五分之一干辣椒以小火焙香后铡成碎末。郫县豆瓣用刀剁细，豆豉剁茸加料酒调散，花椒去籽铡成碎瓣，冰糖碾成碎颗。姜葱洗净，把姜大部分铡细颗，少部分拍破。

（2）锅置于炉火上，牛板油洗净切块放入锅中，以中火熬炼至脂肪全部析出，捞净油渣，后下姜块、大葱炸香，然后捞去姜葱，将炼好的牛油舀入盆中静置。

（3）另锅置炉火上，掺入菜籽油炼熟，再将澄清的熟牛油倒入混匀，待油温升至五成热时，先下蒜瓣炸香，接着下豆瓣用中火炒散，再放入糍粑辣椒炒至辣香味溢出、油色红亮时下猪油，投入冰糖渣、豆豉、姜米及干辣椒末、花椒碎颗，用小火翻炒至水汽渐干、油色棕红、香辣味浓时出锅装入桶内待用。

（二）新派火锅底料（麻辣兼香型）

1. 原料

干子弹头辣椒 5 千克、干二荆条辣椒 5 千克、郫县豆瓣 3 千克、菜籽油 10 千克、豆豉 1 千克、熟牛油 3 千克、猪油 2 千克、大蒜 1 千克、老姜 1.5 千克、八角 200 克、山柰 100 克、料酒 1 千克、醪糟汁 500 克、桂皮 100 克、花椒 1.2 千克、白豆蔻 60 克、冰糖 1 千克、草果 100 克、丁香 50 克、香叶 50 克、香草 80 克、大葱 1.5 千克。

2. 制作方法

（1）干子弹头辣椒、干二荆条辣椒去蒂，放在开水锅中煮约 5 分钟，捞出沥干水分，用绞肉机绞成泥，豆瓣剁碎，豆豉绞后加料酒稀释。花椒去籽铡成碎颗，冰糖捣碎，八角、山柰等香料分别捣碎混匀。姜葱洗净，大部分姜铡成细米，少许姜拍破待用。

（2）锅置中火上，掺入菜籽油烧热后下牛油熬化，下大葱、姜块煎（炼）至油脂无异味，熄火，捞出姜葱渣。

（3）待油温降至四成左右开火，先下豆瓣炒散，再放辣椒、蒜瓣，用小火翻炒约 90 分钟，当水分渐干油红香辣时，速放豆豉茸、冰糖渣、姜米、花椒碎颗同炒。直炒至香气四溢、辣椒微微泛白、锅内火锅原料吐鱼眼泡时，倒入捣碎的香料渣搅匀，以小火炒 10 分钟，即可起锅装桶。

重庆新派火锅加入了适量的香料，使油脂的脂香、辣椒的辣香、花椒的麻香与各种香料的香味共同生成一种综合的馥郁香味。它既体现了重庆火锅的特点，又兼有香气浓郁的风格。

（三）清油火锅底料（麻辣清香型）

1. 原料

菜籽油 30 千克、老姜 300 克、大葱 600 克、大葱节 500 克、子弹头辣椒 10 千克、郫县豆瓣 2 千克、干青花椒 1 千克、豆豉 300 克、料酒 1 千克、小茴香 60 克、山柰 40 克、八角 50 克、桂皮 30 克、丁香 30 克、白蔻 30 克、草豆蔻 30 克、草果 45 克、甘松 30 克、香果 30 克、香叶 25 克、高粱白酒 500 克。

2. 制作方法

（1）把子弹头辣椒放在开水锅中汆水，然后制成粗糍粑辣椒。青花椒去籽，用料酒泡约 6 小时。料酒与花椒的比例为 1∶1.2。老姜切成片，大蒜去皮，大葱白切段，小茴香、山柰、八角、桂皮、丁香、白蔻、草豆蔻、草果、香果、香叶、甘松打成粗粒。

（2）锅置于旺火上，掺入菜籽油烧至七八成热，当菜籽油无生味后熄火，待油温降至六成热时，投入姜片、蒜瓣和大葱节，炸香，捞出姜葱渣。再开中火把油烧至五成热，放入一半糍粑辣椒，缓慢地推转炒制。当油锅里的水分减少并且没有大气泡时，把剩余的糍粑辣椒下锅，掺料酒，不停推转炒制，直到糍粑辣椒炒至发白，略带焦香，油脂色红。

（3）加入郫县豆瓣继续炒，当郫县豆瓣香味溢出，放入香料炒出香味，再下干青花椒炒出味，下入豆豉粒炒至干香。最后，烹入高粱酒继续翻炒，待酒味完全挥发且底料中已无多余的水分时即熄火，盛入不锈钢桶中待用。

二、干锅火锅底料

干锅火锅是在干锅菜基础上演变的一种改良火锅，与传统火锅相比，干锅火锅吃法更多样，口味更多变，食材更新颖，特点更突出。

（一）原料

郫县豆瓣2.5千克、菜籽油2千克、糍粑辣椒1.5千克、猪油1千克、泡红辣椒500克、熟鸡油500克、豆豉150克、姜米250克、花椒粉100克、冰糖200克、五香粉100克、料酒150克、姜块50克、葱节100克、鸡精25克、味精25克、胡椒粉25克。

（二）制作方法

锅置旺火上烧热，掺菜籽油烧至七成热，下姜块、葱节炸出香味，熄火，当油温降至五成热时，拣去姜葱，再点燃中火，放猪油，下豆瓣煵炒一会儿，加糍粑辣椒、泡红辣椒炒至出色出味，再下豆豉、冰糖、姜米、料酒，改用小火翻炒，当水汽快干时加入花椒粉、五香粉、熟鸡油炒至香味溢出，下胡椒粉、鸡精、味精炒均匀，起锅转入容器保存，随时取用。

三、串串香火锅底料

“串串香”是用一根竹签把食物串起来，放在火锅汤汁里烫（煮）而食之的自助小火锅，是川渝地区小吃夜市主打品种之一。

（一）原料

郫县豆瓣4.5千克、干红辣椒2千克、花椒100克、永川豆豉250克、老姜100克、大蒜100克、牛油500克、猪油250克、菜籽油2千克、醪糟汁250克、冰糖100克、料酒1千克。

（二）制作方法

1.郫县豆瓣用刀剁细，豆豉用刀压茸后用料酒调散。二荆条辣椒、小米辣椒各1千克，用清水洗净，放在开水中捂软捞出，加工成糍粑辣椒。老姜切成筷子条。

2.锅置旺火上，放入菜籽油、牛油、猪油烧至四成热，下郫县豆瓣煵炒出色出味，下糍粑辣椒、花椒，姜片、蒜瓣炒香，然后下料酒、醪糟汁、冰糖炒匀起锅装入容器存放，随时取用。

第二节　红油

火锅红油是保证火锅风味的一种重要调辅料，它将配制好的多种调料通过低油温长时间的熬炼，形成了一种特殊的调味油，具有增香提鲜压腥去臊的作用，能有效地强化火锅的风味。

火锅普遍使用的调味油即火锅红油，它已不是一种单纯的油脂，而是各种调味料在油脂中长时间地熬炼形成的复合油。调味料被充分酯化，溢出多种芳香物质，因此火锅红油具有调色增香及强化风味的明显作用。因火锅的品种不同，火锅油的熬炼方法也不尽相同。

一、红汤火锅红油

（一）原料

糍粑辣椒 5 千克、菜籽油 10 千克、元红豆瓣 500 克、香叶 100 克、青花椒 750 克、草果 50 克、老姜 500 克、八角 50 克、大葱头 750 克、桂皮 75 克。

（二）制作方法

1. 菜籽油入锅烧至八成热，关火，让其自然降温至三成热，放入姜块、葱头、糍粑辣椒、豆瓣及香叶、草果、八角、桂皮等香料，用小火翻炒至辣香味出、油呈红色时，放入青花椒，继续用小火煎炼 100 分钟。煎炼油时要不停地用锅铲搅动，避免煳锅串味。

2. 当煎炼至油色深红、辣香味浓、油无水分后熄火，待其冷却后滤渣入钵内加盖保存，3 ~ 5 天后取用，其味更香，用时滤渣取油。

二、干锅红油

（一）原料

郫县豆瓣 3 千克、熟菜籽油 8 千克、糍粑辣椒 2 千克、猪油 3 千克、豆豉茸 500 克、八角 50 克、醪糟汁 750 克、山柰 40 克、姜块 600 克、大葱 500 克、草果 60 克、青花椒 300 克、白蔻 30 克、大蒜瓣 250 克、丁香 15 克、香叶 30 克、小茴香 25 克。

（二）制作方法

菜籽油、猪油入锅烧至三成热，下姜、葱、蒜瓣炒香，放入郫县豆瓣（剁细）糍粑辣椒，炒约 1 小时。待充分出色出味后，续下八角、草果（去籽）、香叶等香料和青花椒，继续用小火慢炒，直炒至香味浓郁、油色渐深时烹入醪糟汁、豆豉茸，再炒干水汽起锅入缸，加盖密闭，让其自然冷却后滤去料渣即成。

（三）特点

辣味醇厚，香味浓郁，油色红亮。

这种干锅红油味道柔和不燥，适宜于作干锅或冷锅的调味油，用途比较广泛。由于使用了两种不同油脂混合烹制，因此脂香而不腻。

第三节　原汤

重庆火锅调味注重用汤，无论是红汤火锅还是清汤火锅，抑或是药膳火锅都十分讲究吊汤技术。火锅所用的汤是以含鲜味、香味的牛骨、猪骨、鸡骨等原料熬制而成，汤在熬制过程中大量的呈鲜味物质析出，同时在汤中加入增鲜的各种调味品，把精心熬制的鲜汤加入炒好的底料中，各种调味料的脂溶、水溶和脂水共溶的特性，在鲜汤的催动下释放得尽善尽美，在高温中有调味料的辅佐，汤卤（锅底）变得鲜醇味美。突出重庆火锅口感丰富、味浓味厚、麻辣适口、鲜香回甜的风味。

火锅用汤十分考究，不同风味的火锅使用不同的原汤，有牛骨汤、牛肉汤、羊肉汤、鸡汤、鸭汤、鱼汤、甲鱼汤、菌菇汤；有高级清汤、奶汤、毛汤。

最常见，用途最广泛的火锅原汤是牛骨汤，这种汤用牛骨、牛腩肉、猪筒子骨、猪排骨、鸡骨为原料熬制而成。冷水下锅，加足水量，掌握火候，及时撇沫是熬制猪牛骨汤的诀窍。

熬制原汤前尽量减少原料中血红蛋白的含量，要用清水把原料清漂两三次，再放在开水锅中汆一水，然后用清水洗尽血沫，以保证汤汁的清爽。

熬制原汤的原料要冷水下锅，加足水量，制汤的目的在于把原料内部的呈鲜味物质充分解析出来，使汤味鲜醇。制汤的原料体形一般较大，如果直接放进开水锅中，原料骤然受热，表面的蛋白质就会变性凝固，在表面形成一道屏障，阻碍原料内部的鲜味成分大量溢出，使汤料不够鲜醇。冷水下锅逐步升温，在原料与水共热过程中，热量均匀持续向原料内部传递，水分子有规律地相互渗透，可使呈鲜味物质最大限度地析出。熬汤要一次性把水加足，如果中途加入冷水，汤汁温度突然下降，破坏了原先的均衡状态，使原料外层的蛋白质凝固，当水温再次上升时，原料内部的可溶性鲜味物质无法向外渗出，影响汤汁的质量。

严格掌握火候，及时撇清浮沫是熬制原汤的重要环节。熬制原汤，可先用大火烧开，再改用中火煮熬，火力过小，原料内部的蛋白质溶出迟缓，火力适宜，原料的脂肪和胶原蛋白在水分子的震荡撞击下，形成乳白色的悬浮液成为奶汤。在熬汤过程中，当水温升到 80℃时，原料内的血红蛋白会充分渗出，变性凝固成丝絮状的浮沫，这时就应该及时撇沫，并加入姜块和料酒去除汤汁中的腥味。待汤汁香味溢出拣去姜块、原料渣，即大功告成。

第四节　汤卤

火锅汤卤，俗称“锅底”。指把多种调味品和油脂按配方组合，经过特殊工艺加工后，装盛在锅（盆）中，并置于炉火之上，供人边煮边烫食物的专用汤汁。火锅汤卤的调制是火锅制作技术的核心，它决定着火锅的风味，是火锅成败的关键。

传统重庆火锅调味用料比较简单，制作方法大同小异，基本上是现场炒料熬制汤卤。随着火锅市场的繁荣，火锅调味原料更加多样，汤卤调制技艺不断创新，重庆火锅汤卤风格呈多样化，有红汤火锅，清汤火锅；也有标新立异各种的改良火锅；还有味道鲜明的干锅火锅等。除对一些特殊风味的火锅采取即食即烹、一锅一料外，更多的红汤火锅品种采取了先集中炒制火锅底料，再用火锅底料、火锅红油和原汤来勾兑熬制火锅汤卤的方法。其基本方法是：根据一锅火锅汤卤的用量，把火锅底料与部分火锅红油入锅加热搅匀，然后掺入牛骨原汤熬煮 10 余分钟，下精盐、醪糟汁、料酒、花椒、姜片、大蒜、花椒、干辣椒节熬出味，再放入剩余的火锅红油及大葱白，装锅（盆）上桌。

传统火锅店的火锅汤卤，是一锅汤卤多次回收反复使用的，即，汤卤回收后，捡去浮油，滤去残渣，烧开制成老卤水，精心保存。第二次使用时，在老卤水中加鲜汤和适量的调味料熬制后上桌使用，如此反复，称为“火锅老母”。这种“万年汤”不易保管，加之烫火锅的食材不断增加，有些食材容易破坏汤卤，从 20 世纪 90 年代初期开始“火锅老母”逐步退出火锅餐桌，被“火锅老油”所取代。“火锅老油”是将火锅汤卤中的油料回收后，进行严格消毒、规范提炼，作为调味油再回到餐桌。虽然“火锅老母”“火锅老油”里面有大量蛋白质和氨基酸，能增强火锅风味。但使用“老油”存在食品安全隐患，重庆火锅行业于 2011 年全面弃用老油，改用一次性锅底。

一、火锅名店汤卤

（一）云龙园火锅

1960 年，商业部饮食服务局编写的《中国名菜谱》（第七辑）中收录了四川的名菜，重庆云龙园毛肚火锅刊载其中，记述了传统火锅汤卤的情况：

卤水（一份）：

原料：陈年永川豆瓣 2 两、牛油 2 两半、大颗花椒 1 钱 3 分、姜末 1 两、精盐 3 钱、料酒 6 钱、辣椒面 8 钱、冰糖 3 钱、郫县豆瓣（剁成粗粒）2 两半、糯米酒 2 两、高汤 2 斤半。

制作方法：先把高汤放在蒸钵内烧开，再将其他原料一起放入锅中搅匀，待汤重新煮沸，再烧 8 分钟，汤面既浮有一层泡沫。此时一手拿小碗一个，另一手持羹匙，以羹匙底将浮沫沾入碗内，直至沾尽为止（不要像舀汤一样去舀泡沫，以免将油舀去），卤水就制成了。

火锅主料：牛毛肚、牛腰、牛肝、牛脑花、牛脊髓、牛肉（或猪肉）、黄葱、青蒜、白菜。

（二）桥头火锅

1960 年，重庆市饮食服务公司编写了《重庆名菜谱》，在著名小吃中收录了桥头火锅，记录了桥头火锅的原料和制作方法。

原料：陈年永川豆瓣 2 两、牛油 2 两半、大红花椒 1 钱 3 分、姜末 1 两、精盐 1 钱、料酒 1 钱、辣椒面 8 钱、冰糖 3 钱、郫县豆瓣（剁成粗粒）2 两半、醪糟汁 2 两、高汤 2 斤半。

制作方法：先把高汤放在瓦钵内烧开，再将其他原料一齐放入锅中搅匀，待汤重新煮沸，再烧 8 分钟，汤面既浮有一层泡沫。此时一手拿小碗一个，另一手持羹匙，以羹匙底将浮沫沾入碗内，直至沾尽为止（不要像舀汤一样去舀泡沫，以免将油舀去），卤水就制成了。

二、红汤火锅汤卤

火锅汤卤调味灵活多变，各企业火锅汤卤的主要调味品尽管大体相近，但是由于制作技术或调料比例上的差异形成了不同的流派和风格。

（一）现制红汤卤

牛油火锅是传统的重庆火锅，历史悠久流传甚广。它以牛油为主要的脂类原料，是一种麻辣脂香型的红汤卤。这种火锅汤卤的调制分为吊汤、熗味和熬味三个环节。

1. 吊汤

（1）原料

牛骨 500 克、牛腩肉 500 克、猪筒子骨 500 克、老姜 100 克、料酒 150 克。

（2）制作方法

牛骨、牛肉、猪骨用清水漂尽血水，放在开水锅中汆一下，捞出冲去血沫。筒子骨用刀背砸断，牛肉切成大块，放入一大锅中，掺足清水，用旺火烧开，撇去血沫，下姜块（拍破）、料酒，改用中小火熬炖，待汤味鲜香时，捞去姜块、骨渣，肉块过滤澄清后即为火锅原汤。

2. 熵味

原料：郫县豆瓣 100 克、干朝天椒 60 克、料酒 20 克、豆豉 70 克、牛油 200 克、菜籽油 100 克、花椒 10 克、老姜 60 克、大蒜 80 克。

制作方法：将干辣椒去蒂放入锅中，加少许色拉油以小火（微火）烘焙酥香后留少许。大部分辣椒用刀剁成碎末，郫县豆瓣用刀剁细，豆豉剁碎后加少许料酒调匀，姜洗净后铡碎，花椒去籽铡成碎瓣。锅内下牛油、菜籽油烧热混匀，待油烧至四成热时，投入豆瓣炒至香味溢出、油吐红色时，续放蒜瓣、姜米、豆豉及干辣椒末炒酥香，即成火锅底料。

3. 熬味

原料：二荆条辣椒 40 克、花椒 20 克、醪糟汁 100 克、冰糖 20 克、精盐 20 克、老姜 25 克、料酒 30 克、味精 10 克、鸡精 20 克、牛油 350 克。

制作方法：二荆条辣椒去蒂，加工成 1 ~ 1.5 厘米的节，入油锅炸至棕红色起锅。花椒拣去黑籽。老姜切成指甲盖大小。锅置于旺火上，下火锅底料，然后掺入火锅原汤烧开，放入精盐、料酒、冰糖、醪糟汁、辣椒节、花椒等调好底味。当熬煮出麻辣味，汤卤变稠冒出红亮果子泡时撇去浮沫，加牛油，调入鸡精、味精即可上席涮烫。

这种以牛油、牛骨汤为辅料的红汤火锅汤卤具有独特的牛脂、牛骨的鲜香味。由于辣椒、花椒分量较重故麻辣味道浓烈，富有刺激性，体现了早期重庆火锅的传统风味。

（二）便捷红汤卤

便捷红汤卤是预先将各种火锅调味原料炒制成火锅底料，使用时以每锅需要的底料按一定比例加调味料，掺鲜汤熬制成汤卤，这种汤卤具有味道统一、烹制快捷省时的特点。

1. 原料

火锅底料 650 克、牛油 200 克、猪油 100 克、干辣椒节 20 克、花椒 6 克、姜颗 40 克、豆母子 25 克、八角 3 克、白蔻 3 克、小茴香 5 克、草果 3 克、冰糖 10 克、醪糟汁 10 克、鸡精 10 克、精盐 10 克、料酒 50 克、鲜汤 2000 克。

2. 制作方法

猪油下锅烧热，放姜颗、干辣椒节、花椒等炒香，再放火锅底料炒化。

下香料略炒，即掺入鲜汤烧开，下牛油、料酒、醪糟汁、冰糖、精盐、鸡精入锅调味。

三、清汤火锅汤卤

清汤是咸鲜本味、无色或汤汁呈乳白色的汤料，是制作清汤火锅、海鲜火锅、药膳火锅和鸳鸯火锅的原汤。清汤的另一个用途就是用来制作红汤，或烫火锅中途汤卤黏稠味咸时作加汤用。

清汤按其使用原料档次的高低和用途，有高汤、奶汤、毛汤之分。高汤，使用的原料新鲜高档，制作工序繁复，一般用于高档火锅汤卤制作；奶汤，多用鸡鸭骨、猪筒子骨、火腿骨、猪排、猪肚、猪肉等原料，汤色乳白、汤味鲜香，广泛用于清汤火锅汤卤制作；毛汤，为一般的肉汤或骨头汤，汤味鲜香醇正，使用广泛。

（一）原料

老母鸡 1000 克、老鸭 1500 克、火腿骨 500 克、猪里脊肉 500 克、猪肋排 1000 克、老姜 60 克、料酒 150 克、胡椒 10 克、精盐 10 克、大葱白 25 克、红枣 15 克、枸杞子 5 克、西红柿 50 克。

（二）制作方法

1. 老母鸡宰杀，治净，斩成四大块，放在开水锅中汆一水，用清水冲去血沫；老鸭治净，斩成大块放在开水锅中汆一水，用清水冲去血沫；猪肋排斩成大块，放在开水锅中汆一水，捞出用清水洗净；火腿骨放在开水锅中汆一水，捞出洗净；猪里脊肉去筋膜，用清水漂去血沫，制成肉茸；姜刮去皮，洗净拍破。

2. 锅中掺清水 12 千克，将火腿骨、猪肋排、鸡、鸭放入锅中，用中火烧开撇尽浮沫，下姜块、料酒，改小火细煨慢熬，直至汤吊出鲜味后熄火，捞出骨渣、鸡块、猪排、姜块。

3. 取吊好的 500 克汤冷却，将肉茸用冷汤搅散。重新开火，使汤料保持微沸状态，下精盐，将肉茸倒入汤中，并用勺轻微搅动，待肉茸浮于汤面时，用漏勺捞出肉茸压实成肉饼。

4. 将压实的肉茸坨重新放入汤锅中，下胡椒粒、料酒用微火熬炖 2 ~ 3 小时，直至汤味鲜香异常后取出肉茸，滤清即可。

5. 大葱白洗净，切成节。西红柿去皮，切成片。红枣、枸杞子洗去泥沙。

6. 把高汤舀入火锅锅子，加入葱节、西红柿片、红枣、枸杞子、盐即可上桌。

四、鸳鸯火锅汤卤

鸳鸯火锅，是以红汤火锅汤卤和清汤火锅汤卤两者合并改制而成的“双味火锅”。这种火锅用铜片隔成两半，形成一个太极图形，一边放清汤卤，一边放红汤卤，入锅烫涮的原料可随人意。风味别致，颇有特色。

（一）红汤制作

1. 原料

精制火锅底料 450 克、原汤 1500 克、火锅红油 200 克、花椒颗 15 克、油酥辣椒节 10 克、精盐 15 克、冰糖渣 10 克、料酒 25 克、醪糟汁 20 克、鸡精 10 克、味精 10 克、大葱段 25 克。

2. 制作方法

（1）火锅底料入锅后，加原汤熬煮约 15 分钟，待火锅底料完全溶于汤中后滤去渣，放入花椒碎粒、油酥辣椒节、精盐、冰糖渣、料酒、醪糟汁、鸡精、味精等调味。

（2）在调好味的红汤汤卤中放入火锅红油及大葱段，舀入鸳鸯锅中一侧。

（二）清汤制作

1. 原料

鸡鸭 500 克、猪肋排 500 克、猪筒子骨 1000 克、猪大肚 500 克、老姜块 100 克、葱段 100 克、胡椒粉 6 克、鸡精 15 克、精盐 10 克、料酒 80 克、西红柿片 50 克、红枣 15 克。

2. 制作方法

（1）鸡鸭骨、猪肋排、猪筒子骨、猪肚分别洗净，氽水；放入锅中加清水，烧开后撇去浮沫，下姜块、料酒用旺火熬炖，直至汤汁乳白鲜香时，捞去骨渣和姜块。

（2）把奶汤倒入鸳鸯锅另一侧，放入葱段、西红柿片、红枣、花椒粉、鸡精、盐即可。

五、海鲜火锅汤卤

（一）原料

鲫鱼300克、鸡鸭骨500克、猪排骨500克、猪肚300克、火腿骨500克、老姜100克、大葱白100克、胡椒粉6克、鸡精10克、精盐10克、料酒80克。

（二）制作方法

1. 鸡鸭骨、猪肋排洗后分别入沸水锅中氽一水捞出，冲洗去血沫猪肚刮洗干净后也入锅煮一下捞出，然后放入炖锅中加水淹没，烧开后撇去浮沫，下姜块（拍破）、黄酒用旺火猛炖，直至汤汁乳白鲜香时，捞去骨渣和姜块。

2. 鱼头劈开，鱼骨斩大块，用少许白酒腌制一会儿，即以清水冲漂沥干，然后放入炖锅内加水淹没，用大火炖开撇尽浮沫，下姜、葱、料酒，以中火炖至鱼散架、汤稠色白时熄火，滤去骨渣、姜葱，与熬制好的骨肉汤和匀，下盐、胡椒粉、鸡精调味即成。

六、干锅红汤卤

干锅汤卤既可当菜品尝，吃后又能加火锅汤卤涮烫。因此这干锅的汤卤就要适应它原有风味，既要麻辣适度又要香鲜味足。

（一）原料

清油火锅底料500克、干锅红油300克、鲜汤2000克、干辣椒节40克、鸡精15克、青花椒70克、味精10克、姜片60克、精盐5克、五香料15克、料酒200克、醪糟汁15克。

（二）制作方法

净锅烧热，下干锅红油，投入干辣椒节、姜片、五香料，以小火炒香，然后放进火锅底料炒散，再放青花椒略炒一会儿，掺鲜汤熬煮出味。烹入料酒，加盐、醪糟汁、鸡精、味精等调好味。烧开后撇去浮沫，并滤去料渣，将汤卤装入壶中，待吃尽干锅中菜肴后，注入锅中即可开涮。

Food

ingredients

第五章

食材

毛肚

鸭肠

黄喉

火锅食材，又叫火锅原料，是指火锅煮烫时使用的菜品。重庆火锅的特点及性质决定了食材的重要性，火锅的材料好坏、新鲜与否是决定火锅味道的基础，过去重庆火锅的对食材有很多限制，土豆、莲藕、菠菜、藤藤菜、豆腐等含有淀粉、铁元素、碱性的、容易使汤卤浑浊发黑、影响汤汁外观和口感的食材是不能入锅的。

现在，重庆火锅可用食材很多，天上飞的，地上跑的，水里游的，土里长的，许多动植物甚至有些矿物都可以作为煮烫的原料。火锅食材的食用价值是由原料自身的属性所决定的，原料的属性包括原料的种类、结构、外形、产地、品质特点、上市季节、营养价值以及化学成分、理化性质等。火锅原料又是火锅烹调的对象，要想显示火锅的特色就必须了解各种原料性质、特点，根据煮烫的需要选择原料。*

* 本章节相关图片来源于渝大狮、朝天门、巴九门、 珮姐、洞子老火锅等火锅企业和渝中区火锅协会。

第一节　动物类食材

火锅用动物性原料（即荤菜）主要有畜肉、禽蛋、野味、水产品，以及动物干货制品。动物性原料还包括家畜、家禽、水产品的经加工后复制品和再产品。动物性原料在火锅食材中占有非常重要的地位。

一、畜类食材

畜类食材主要是指牛、羊、猪等动物的内脏（包括：心、肝、肺、肾、大肚、小肚、大肠、小肠）、血液、骨骼、肌肉、脂肪、肌腱（筋头）、头蹄，这些是重庆火锅荤菜的重要组成部分。

（一）牛肉类食材

牛肉蛋白质含量高，脂肪含量低，味道鲜美，有“肉中骄子”的美誉。牛肉分黄牛肉、水牛肉和牦牛肉。黄牛肉的肉质较结实，肌肉呈棕红色，肌肉纤维较为粗长，结缔组织为白色，脂肪为淡黄色至深黄色，肌肉间无脂肪杂质，肉味鲜香纯正。水牛肉肌肉纤维粗而松弛，肉色比黄牛暗，呈棕红色，光亮较强并有紫色光辉，脂肪为白色，干燥而黏性少，肋骨宽阔扁平，臀部肌肉不如黄牛肉厚，肉质较老，烹调时不易煮烂。火锅一般很少用水牛肉。牦牛肉呈鲜红色，肌肉间脂肪沉积较多，肉质细嫩肥美。牦牛肉的品质优于黄牛肉和水牛肉。牛身各个部位及内脏是重庆火锅的主要食材之一。其常见菜品如下：

1. 毛肚

学名重瓣，俗称“百叶肚”。毛肚是牛胃的瘤胃部分，富含蛋白质、脂肪、钙、磷、铁、硫胺素、核黄素、尼克酸等营养元素，其性味甘平，色泽洁白、口感脆爽、易于消化；具有补益脾胃、补气养血、补虚益精、消渴、风眩等功效。毛肚分为肚叶（俗称“上庄”）和肚梗（俗称“下庄”）两部分，其中肚叶为主要食用部分，是传统重庆火锅不可缺少的原料，因此人们常把重庆火锅称作毛肚火锅。毛肚以肚叶（上庄）片张厚实质脆、肚梗（下庄）薄者为佳。

毛肚有水牛毛肚和黄牛毛肚之分，烫火锅水牛毛肚是品质最好的毛肚，叶片厚、有韧劲、表面颗粒也比较粗，富有弹性，入口化渣。不管是水牛毛

肚还是黄牛毛肚，都分为鲜毛肚、干毛肚、盐渍毛肚和冰冻毛肚，其中鲜毛肚的质量好于其他毛肚。鲜毛肚，口感不仅爽脆，而且也比较有弹性。

干毛肚（包括盐渍毛肚）要经过水发才能入烫。随着科技的进步，市场上有一种毛肚发制新技术——采用生物酶对干毛肚进行嫩化处理的绿色毛肚，使毛肚增加脆嫩的口感。

毛肚用于火锅应尽量保持叶片大张完整，肚梗要打上“花刀”，再斜刀切成大片，这样入锅烫食就比较脆爽。

2. 牛腰

牛腰即牛肾。牛腰富含锌、铁等微量元素，是很好的火锅食材，牛腰一般加工成腰片入烫。

3. 牛肝

黄牛或水牛的肝，含有丰富的营养物质，具有营养保健功能，是最理想的补血佳品之一。加工时应先剔尽牛肝上白色的筋络，否则烫熟后口感老绵。肝片切好后，需加少许鸡蛋液、水淀粉上一层薄芡，然后入锅烫食，这样才细嫩适口。烫涮之后，还可配以干油碟食用。

4. 牛筋

牛筋取材于牛肌腱或骨头上的韧带，含有丰富的胶原蛋白质，脂肪含量也比肥肉低，不含胆固醇。牛筋在我国食用历史悠久，口感淡嫩不腻，质地犹如海参。牛蹄筋分为许多种，牦牛最好，黄牛次之，再次是水牛；壮年牛最好，小牛和老牛次之。一般前腿蹄筋比后蹄筋口感好。

5. 牛鞭

牛鞭是雄牛的外生殖器，又叫牛冲，富含雄激素、蛋白质、脂肪，可补肾扶阳，其中胶原蛋白含量高达 98%，具有美颜的功效。牛鞭以干燥质轻、色黄褐、粗壮为好。

6. 牛肚梁

牛肚梁是牛大肚中横着长的一绺肚梗，煮后烫食粑软入味，柔糯略韧，历来是烫火锅的上等原料。牛肚梁以宽阔厚实为佳。以中火煮至筷子可以穿透后，捞出晾冷用正斜刀切成厚约半厘米的大片，吃时下锅煮烫。

7. 牛黄喉

牛黄喉来自牛的大血管，一般为主动脉，又称心管，烫涮之后比较爽脆。牛黄喉较厚，口感比猪黄喉口感更好。但牛黄喉处理起来较为麻烦，若处理不好，口感很绵，嚼不动。

8. 牛肉片

牛的不同部位肉质是不一样的，牛肉片一般选择肉质比较嫩的部位，比如牛里脊、牛眼肉，这些部位的牛肉腌制出来之后比较细嫩。在牛肉切片之后，有的还加入蛋清和淀粉腌制一会，这两种物质可以在牛肉的外面形成一层保护膜，从而减少牛肉中水分的流失，涮出来的牛肉也会更嫩更好吃。

9. 牛肉丸

选择新鲜牛后腿肉，剔去筋膜、油脂后，切成块状，用铁制方锤将牛肉捶成肉泥，放入木盆内，加入水、淀粉、精盐、味精和适量的佐料，挤成丸子，放入温水中定形，再入锅煮熟，捞起即成。牛肉丸的种类众多，在制作的过程中，还可以加入香菜，做成香菜牛肉丸；还有著名的潮汕牛肉丸、撒尿牛肉丸、

牛肉贡丸等。

10. 麻辣牛肉

选择新鲜牛里脊，横着纹路切成薄片，打入鸡蛋清，少许盐、芝麻油、花椒油，拌匀让肉吸收油分，再加入淀粉和适量水，拌匀，蛋清和淀粉使牛肉口感更嫩，最后加入辣椒面，腌制。在火锅中，一般烫煮几分钟，食之麻辣鲜香，回味无穷。

（二）猪肉类食材

猪肉也是火锅的主要原料之一，含有丰富的蛋白质及脂肪、碳水化合物、钙、磷、铁等成分，具有补虚强身、滋阴润燥、丰肌泽肤的作用。猪肉包括皮、肥肉和瘦肉，猪肉肉质细嫩，滋味鲜美。猪的各个部位，包括猪头、槽头肉、前胛（又叫“上脑”）、肘子、前爪、中方（又叫“宝肋肉”，俗称“三线肉”“五花肉”）、奶脯、里脊、后腿、弹子肉、猪尾；以及猪内脏，包括猪心、猪肚、猪肝、猪腰、猪肺、猪大肠。这些在重庆火锅中都有相应菜品呈现。

1. 猪腰

猪腰富含蛋白质、脂肪，另含碳水化合物、各种维生素、钙、磷、铁等成分，具有补肾壮阳、固精益气的作用。用于火锅一般加工成腰片、腰块、腰花。猪腰鲜嫩，特别容易熟，一般烫涮数秒即可食用，有的火锅店还专门配以干海椒碟。

2. 猪黄喉

猪黄喉是猪心管的软组织部分，具有久烫不绵、爽脆可口的特性，是最受欢迎的火锅涮烫原料之一。为使其入锅涮烫时受热均匀，还应对黄喉进行刀工处理，用荔枝花刀剞出花纹，能使黄喉达到入锅涮烫受热均匀成熟一致，易于上味，翻花蜷曲美观的效果。

3. 猪大肠

猪大肠即猪肥肠，属于猪的内脏。猪肠是用于输送和消化食物的，有很强的韧性，不像猪肚那样肥厚，含有适量的脂肪，具有润燥、补虚、止渴、止血之功效。用于火锅，一般需先煮（卤）断生，再加工成短节。猪大肠口感软糯，脂香浓郁，很受食客喜爱，成为火锅原料中的佳品。

4. 老肉片

老肉片一般取材于猪身的“眉毛肉”，又称梅花肉的位置，一般一只猪身的这块肉只有五六斤重，大约有二十厘米长，横切面瘦肉占90%，其间有数条细细的肥肉丝纵横交错，所以吃的时候特别嫩而且香，更是一点也不油腻，搭配火锅底料的麻辣鲜香，非常入味，肉质鲜美可口。

5. 猪脑

猪脑，又称猪脑髓、猪脑花。肉质细腻，鲜嫩可口，含钙、磷、铁、维生素 B1、维生素 B2 和烟酸等，具有丰富的营养价值。猪脑一般是整个或半个入锅煮 10 ~ 20 分钟后食用。

6. 猪舌

猪舌头，又称口条。新鲜猪舌在滚水中略烫一会儿，见其舌膜变色起层时即捞入冷水中，用刀刮去舌苔洗净后，煮至断生后切大片，即可入锅涮烫。

7. 猪肚

猪肚即猪的胃，味甘，性微温，含有蛋白质、脂肪、碳水化合物、维生素及钙、磷、铁等。猪肚分为肚头和肚身两部分，肚头用作生烫，而肚身则作为熟烫原料。肚头剞十字花刀，下锅可迅速成熟，吃起倍觉脆爽质细。肚身煮熟，切片入锅涮烫。口感软嫩香醇，别具滋味。

8. 猪蹄筋

猪蹄筋即连接关节的腱子，由胶原蛋白与弹性蛋白构成，因富含胶质，质地较为柔软，在火锅中烫煮之后，又麻又辣，劲道Q弹。

9. 猪牙梗

猪的上颚软骨，外形很像一级级的梯子，也被称为猪天梯，在火锅中烫煮之后，富有嚼劲。

10. 猪血

猪血，又叫血旺。猪血的营养十分丰富，素有“液态肉”之称。猪血中的蛋白质所含的氨基酸比例与人体中氨基酸的比例接近，非常容易被机体利用，猪血含脂肪量极少，属低热量、低脂肪食品。猪血色泽暗红，细腻滑爽，是火锅的主要食材之一。

11. 三线肉片

三线肉片是选择猪腹部的肉切片而成。猪腹部脂肪组织多，又含有丰富的肌肉组织，肥瘦相间，瘦肉非常嫩和多汁。

12. 脊髓

猪脊骨髓，味甘、性平，一般用砍刀轻轻在猪脊骨间接缝处剁破可将脊髓取出，置于水中用剪刀剪去外筋皮后，再剥去里层筋膜后即可食用。

13. 猪肉香菜肉丸

选择肥瘦适中的新鲜猪肉切碎搅拌成泥，另外将豆腐蒸熟放凉之后，压成泥，二者混合，加入剁碎的香菜，加入各种配料，用筷子往一个方向搅打上劲，搅拌均匀，最终用勺子挖成小球，即可在火锅中烫煮食用。

14. 香肠

香肠一般是将猪肉绞碎成条状，再灌入肠衣制成的长圆柱体管状食品。在重庆火锅中，既有辣味的川式香肠，也有甜味的广式香肠。

15. 腊肉

腊肉进入火锅具有悠久的历史，在当代也有以腊肉为题材的主体火锅，如腊排骨火锅。

16. 其他猪肉制成品

（1）脆皮肠

脆皮肠是一种肉类食品，以畜禽肉为主要原料，辅以填充剂（淀粉、植物蛋白粉等），然后再加入调味品（食盐、糖、酒、味精等）、香辛料（葱、姜、蒜、豆蔻、砂仁、大料、胡椒等）、品质改良剂（卡拉胶、Vc 等）、护色剂、保水剂、防腐剂等物质。

（2）午餐肉

午餐肉是一种罐装压缩肉糜，主要是以猪肉等为原料，加入一定量的淀粉、香辛料加工制成的。主要是猪肉、淀粉、食盐、香辛料、亚硝酸钠和少量的水。富含蛋白质、脂肪、碳水化合物、烟酸等，矿物质钠和钾的含量较高，这种罐装食品方便食用，午餐肉切片是各种火锅惯常食用的菜品之一，尤其是清汤之中，煮熟之后肉质细腻，口感鲜嫩，风味清香。

（3）火腿肠

火腿肠是肉类加工制品，以畜禽肉为主要原料，辅以填充剂（淀粉、植物蛋白粉等），然后再加入调味品、香辛料、品质改良剂（卡拉胶、Vc 等）、护色剂、保水剂、防腐剂等物质，采用腌制、斩拌（或乳化）、高温蒸煮等加工工艺制成。切成片状，在火锅中烫涮，食之肉质细腻、鲜嫩爽口。

（4）酥肉

酥肉是一种南北都食用的油炸食品，老少皆宜。一般选择肥瘦相间的精肉，切成条状，加入花椒、精盐、白酒、姜末、淀粉，再加入鸡蛋等炸制而成。既可直接食用，也可蘸椒盐或者孜然食用，还可以在火锅中烫煮之后再食用。

（三）羊肉及羊杂

羊肉与牛肉肉质相近，肉味浓郁，较之猪肉的肉质更加细嫩，脂肪和胆固醇比牛肉和猪肉含量少，是肉中佳品。冬季进补多食羊肉，在重庆火锅食用菜品中，羊的各个部位及内脏都是重要的菜品。

1. 羊肉

将羊宰杀后取出内脏，用沸水淋烫羊身，烫至羊的毛孔松弛时刨去羊毛，再用火燎去残毛刮洗干净。剁下羊头劈成两半，羊蹄剁去蹄壳。羊身开边后去骨分割成大块，以上各料用清水浸漂（夏天 1 小时，冬季 4 小时）。

2. 羊杂

羊肠内外翻洗干净；将羊肉、头蹄、心舌、肚肠、肺等放入开水锅中氽一水捞出，另换锅依次放入头蹄、肉、心舌、肚肠、肺等，然后注入清水（以淹没原料三指深为宜），下姜块、葱结、花椒、草果、砂仁、豆蔻等用纱布裹好，用旺火烧开撇尽浮沫，烹入料酒，加盖以中火焖煮至绵软过熟后捞出，分别晾凉后切片（块），即成羊肉火锅原料。

二、家禽类食材

禽主要是指鸡、鸭、鹅等。家禽主要以肌肉、骨骼、脂肪、蛋及部分内脏（心、肝、肠、胗、肾、血液）用于火锅。重庆火锅中主要菜品包括以下几种：

1. 鸭（鹅）肠

鸭（鹅）肠，即为鸭（鹅）的肠。鸭（鹅）肠富含蛋白质、B 族维生素、维生素 C、维生素 A 和钙、铁等微量元素。对人体新陈代谢、神经、心脏、消化和视觉的维护都有良好的作用。是很多菜肴都会用到的食材。用鸭（鹅）肠烫火锅，只需“七上八下”十来秒钟即可，香脆细嫩，鲜美可口。毛肚、鸭肠、黄喉是重庆火锅传统食材的“老三篇”。

2. 鸭肫（鹅肫）

鸭肫（鹅肫）即鸭（鹅）的胃部，主要营养成分有碳水化合物、蛋白质、脂肪、烟酸、维生素和钙、镁等矿物质。因其色泽红艳，又叫“橘红”，鸭肫肉质紧密。对其改刀之后，呈现花瓣状，故称鸭菌花。在火锅中烫煮之后，紧韧耐嚼，滋味悠长，无油腻感，老少皆喜。

3. 鲜鸭舌

鸭舌，即鸭的舌头，富含蛋白质、钙、维生素 E、钠、核黄素等营养元素。在火锅中涮后的鸭舌滑嫩鲜香，弹牙爽口，嚼劲十足。

4. 鸭掌

鸭掌，又称作鸭爪，含有丰富的胶原蛋白，和同等质量的熊掌的营养相当。鸭掌筋多，皮厚，无肉，富含蛋白质，低糖，少有脂肪。烫煮之后，筋多有嚼劲，皮厚含汤汁，肉少易入味。

5. 鸭血

鸭血为家鸭的血液。味咸，性寒。能补血、解毒。鸭血中含有钴、铁等多种微量元素，并含有丰富的维生素K。鸭血色暗红、弹性好，细腻、嫩滑，是火锅传统食材。

6. 鸡翅

鸡翅，又名鸡翼、大转弯，肉少、皮富胶质，又分“鸡膀”“膀尖”两种。鸡膀，连接鸡体至鸡翅的第一关节处，肉质较多。鸡翅有温中益气、补精添髓、强腰健胃等功效。

7. 鸡肾

鸡肾是鸡的内脏之一，切成片烫食，非常鲜美，但营养较低，主要为蛋白质和脂肪。

8. 凤爪

凤爪，又称鸡掌、鸡爪、凤足等。它多皮、筋，胶质丰富，富含谷氨酸，胶原蛋白和钙质，多吃不但能软化血管，同时具有美容功效。在火锅中烫煮熟之后，鸡爪吸满了汤汁泛着油润的光，轻轻一抿就肉骨分离，麻辣鲜香。

9. 鹌鹑蛋

鹌鹑蛋是鹌鹑的卵，营养非常丰富。在火锅中，一般煮熟去壳之后烫涮数秒即可食用。

三、水产品类食材

水产品类食材，主要是指生长在江河湖海、塘库涧溪中的鳞甲类。火锅用水产品繁多，分为淡水水产品和咸水水产品两大类，以及干货水产品。火锅中常用的淡水水产品主要有：草鱼、鲫鱼、花鲢（鳙鱼）、白鲢、江团、鲶鱼、鲤鱼、鳜鱼、鲈鱼、钳鱼、罗非鱼、乌鱼、黄辣丁、鳝鱼、泥鳅、团鱼、牛蛙等。火锅中常用的咸水水产品主要有：带鱼、耗儿鱼、鳗鱼、基围虾、鲜贝、海螺、鱿鱼、墨鱼等。火锅干货水产品原料以清汤火锅和海鲜火锅为主，有鲍鱼、海参、鱼肚、鱼翅、墨鱼、鱿鱼等。其相关菜品如下：

（一）河鲜类食材

河鲜泛指江河湖泊、堰塘水库中野生或人工饲养的淡水鱼、虾、鳖、鳗等。入烫火锅的鱼分有鳞鱼和无鳞鱼。有鳞鱼包括草鱼（鱼）、花鲢、白鲢、鲤鱼、罗非鱼（非洲鲫鱼）、岩鲤、青鲅、鲫鱼、鳜鱼等；无鳞鱼包括江团、鳗鱼、黄辣丁等。

1. 鲫鱼

鲫鱼，又名鲫壳、鲋鱼。肉质极嫩，鲜醇度高，是涮烫火锅的上等原料。选择鲫鱼应以每尾体重在 50 ~ 100 克之间的鲜活品为佳。削尖的竹筷从鱼嘴中穿入至鱼尾，然后放入滚沸的火锅卤汁中涮烫。

2. 鳜鱼

鳜鱼，又名桂花鱼、桂鱼。肉质丰厚坚实，味道鲜美，是鱼中上品，鳜鱼有细小的鳞甲，鱼皮较厚实，但一经烹煮至熟，其鱼皮软糯入味，异常可口。

3. 武昌鱼

武昌鱼，学名团头鲂，俗称鳊鱼、草鳊等。毛主席曾题写诗句“才饮长沙水，又食武昌鱼”，让其声名大振。武昌鱼含肉率高、有较高的营养价值、味道鲜美。

4. 黄辣丁

黄辣丁，又名黄颡鱼，是重庆火锅的传统原料之一。少刺多脂，肉质细嫩，味道鲜美。加工方法较简单，只需剖腹去内脏后，以食用鱼叉或竹筷从嘴至尾穿起即可入锅烫食。

5. 鳝鱼

鳝鱼，又名黄鳝。用于火锅一般是现杀现剖，带着鲜红的血，又称“血片”。入锅前可加少许盐与姜片，揉搓后再以清水冲洗，即可除去淤血。

6. 白鳝

白鳝，又名鳗鱼、河鳗，因其食用价值高而有“水中人参”之称。在海鲜火锅中，白鳝是备受食客喜好的名贵鱼类之一。

7. 鱼鳅

鱼鳅，又名泥鳅、鳅鱼。有沙鳅、真鳅、黄鳅之分，泥鳅营养丰富，富含蛋白质，还有多种维生素，具有药用价值，泥鳅被称为“水中人参”，肉质鲜美，是火锅常用的水产佳品。

8. 甲鱼

甲鱼，又名水鱼、脚鱼、团鱼。具有鸡、鹿、牛、羊、猪 5 种肉的美味，故素有“美食五味肉”的美称。不但味道鲜美、高蛋白、低脂肪，而且是含有多种维生素和微量元素的滋补珍品，是餐桌上的美味佳肴，更是一种用途很广的滋补药品和中药材料。甲鱼一般用于高档清汤火锅和滋补药膳火锅。

9. 牛蛙

牛蛙，是一种大型食用蛙。牛蛙营养非常丰富，肉质细嫩，味道鲜美。是一种高蛋白、低脂肪、低胆固醇的健康食品；用于火锅，口感软柔黏糯，别有风味。

（二）海鲜类食材

用于火锅的海味原料主要有海参、鱿鱼、墨鱼、鱼肚、鲜贝、大虾、基围虾、海蟹、带鱼、马面鱼、海蜇等。

1. 海参

海参，味咸性温，有补肾、补血、润燥、滑肠的功效。海参发好入锅前，如参肉厚实肥大可开成厚约 0.5 厘米的片；若是个小体薄的小海参只需对剖就行。海参本是无味之物，下入锅中可煮久些，直至粑糯入味。

2. 鱿鱼干

鱿鱼，是海产“八珍”之一，鱿鱼味感鲜脆爽口，蛋白质含量高，具有较高的营养价值，被公认为海产补品、席上佳肴。市场出售的鱿鱼干还需经过发制加工，才能成为火锅原料。

3. 冻墨鱼

加工时将冻墨鱼头、身分开，除去鱼骨，把椭圆形鱼体中的墨鱼乌汁挤出，再以清水冲净，撕去筋膜，用刀将鱼身改成块后，即成火锅原料。与冻鲜鱿鱼的加工方法相似，但更简单。

4. 鱼肚

鱼肚，又名花胶。鱼肚是用海鱼的鳔（内肚）加工制成的干制品，常见的有整肚、黄鱼肚、胱肚等。它的主要成分为高级胶原蛋白、多种维生素及钙、锌、铁、硒等多种微量元素。

鱼肚主要用油发和水发。油发的鱼肚柔软松泡，易于入味灌浆，水发的鱼肚软嫩滑爽。鱼肚是清汤火锅的上等原料。

5. 鲜贝

在市场上出售的鲜贝多为冻制品，食用前须用水解冻后捞出，用手轻轻挤压一下，再放入碗内加鸡蛋清、生粉或淀粉拌匀，投入锅中烫至断生即可食用。鲜贝作为火锅原料，主要用于海鲜火锅和清汤火锅。

6. 虾

用于火锅原料的虾主要是大虾和基围虾。大虾只需将虾须剪去洗净，整齐摆入盘中即可上桌。基围虾买回后需用净水养一下，以去其泥腥气。

虾作为火锅原料既可用于清汤，也可用于红汤，如涮烫火候得宜，其味鲜美，虾肉脆爽回甜。

7. 冻海鱼

海里的鱼有多种，有带鱼、马面鱼、鲳鱼等。冻鱼都要解冻，再根据鱼的不同来处理。

冻海鱼一般肉质都较紧实、味道也较鲜美，作为火锅原料具有耐煮增鲜的作用，因此很受欢迎。

8. 小海鲜

小海鲜包括带子、青口、扇贝、文蛤、蛏子皇、鲍鱼、小象拔蚌等属于贝壳类的海鲜原料。由于这些原料形体小，故被称作小海鲜。这些贝类的海鲜原料肉质嫩脆、味道鲜美，是海鲜火锅中的主要涮烫原料。

第二节　植物类食材

植物性食材是火锅菜品中的另一大类，即为“素菜”。它不仅带给人们清新自然的风味，还能丰富食者的口感，供给多种维生素和营养素，起到平衡膳食的作用。植物性原料种类繁多，有蔬菜、食用菌、豆制品、水产品、干副食品等。

一、蔬菜类食材

在重庆火锅的菜品中，可以入菜的蔬菜品种繁多。蔬菜含有丰富的维生素、蛋白质、淀粉和矿物质，是人类不可缺少的食物资源。重庆火锅根据蔬菜的特性，充分利用了不同蔬菜的不同部位，包括菜叶、菜茎、菜根、瓜果、花朵等。

（一）叶菜类

叶菜是以蔬菜肥嫩菜叶、菜柄作为食用部分。叶菜品种多，在重庆火锅中主要涉及以下菜品：

1. 大白菜

大白菜，又名黄秧白。以柔嫩的叶球、莲座叶或花茎供食用。大白菜营养丰富，质地细嫩，味道鲜美，有“百菜不如白菜”的说法。是重庆火锅传统食材之一。

2. 甘蓝

甘蓝，又名莲花白、包包白、卷心菜、结球甘蓝。基生叶多数，质厚，层层包裹成球状体，扁球形，直径 10 ~ 30 厘米或更大，莲花白富含多种维生素、叶酸和钾、胡萝卜素等，是四季的佳蔬。莲花白口感鲜嫩清甜，是重庆火锅传统食材。

3. 生菜

生菜，又名莴仔菜。按叶的生长状态区分，则有散叶生菜、结球生菜两种，可生食，脆嫩爽口，略甜。

4. 豌豆苗

豌豆苗，又名豌豆尖、龙须菜。为豌豆枝蔓的尖端而得名，豌豆尖，味甘、性寒，具有清热解毒的功效。豌豆尖富含维生素 A、维生素 C、钙和磷等营养成分。食用时只需入锅略烫一下即可，久煮将失去其清香和柔嫩的风味口感。

5. 香菜

香菜，又名芫须。其性味温辛，可避腥膻，在火锅中既可把它作为调味的香料，又可将它作为一种单独的火锅原料涮烫。其质纤细柔嫩，不可在锅中久烫。

6. 菠菜

菠菜，又名赤根菜、鹦鹉菜等。是一种常年供应市场的绿叶蔬菜。菠菜茎叶柔软滑嫩、味美色鲜，含有多种维生素、胡萝卜素、蛋白质和多种微量元素矿物质。菠菜按叶形可分为尖叶和圆叶两个类型。

7. 油菜

油菜，又名油白菜、苦菜。其茎颜色深绿，帮如白菜，四季均有供产。茎呈圆柱形，多分枝，叶互生。含有大量植物纤维素、胡萝卜素、钙、铁、维生素 E、维生素 A 和维生素 C 等。质地脆嫩，略有苦味。

8. 油麦菜

油麦菜，又名苦菜、莜麦菜。以茎、嫩叶为食用部分的尖叶型叶用莴苣，质地脆嫩，口感极为鲜嫩、清香，具有独特风味，是生食蔬菜中的上品，有“凤尾”之称，既能生吃又能熟吃，用于烫火锅，带点特有的清甜味道。

9. 木耳菜

木耳菜，又名落葵、潺菜。茎肉质，基部木质，叶子形似木耳，故称木耳菜。富含蛋白质、碳水化合物、钙、磷、铁、胡萝卜素、维生素 C 等营养成分。木耳菜以幼苗、嫩茎、嫩叶芽梢供食，用于火锅，其味清香，鲜嫩软滑，清脆爽口，别有风味。

10. 小葱

小葱，又名香葱、火葱。具有辛香软嫩、易于上味的特点，小葱内所含的挥发性芳香物质又能起到除腥增香的调味作用。烫食火锅的小葱以那种细如小筷子尖、茎白叶绿者为好。

11. 蒜苗

蒜苗，又名青蒜。含有丰富的维生素 C 大蒜素、维生素 B1 等营养成分。具有的蒜香能增加菜肴的香味，以其柔嫩的蒜叶和叶鞘供食用。蒜苗质细嫩、味鲜甜，是最受欢迎的火锅食材之一。

12. 茼蒿

茼蒿是火锅清汤中常用烫食蔬菜之一，味甘、辛，性平，无毒，可清血养心，润肺消痰。富含维生素及多种氨基酸，有养心安神、降压补脑等功效。其有特殊香味的挥发油，有助于宽中理气、增进食欲，腹泻者不宜多食。

（二）茎菜类

茎菜是以蔬菜肥嫩健壮的茎为食用部分，重庆火锅中主要食用莴笋、茭白（篙笋）、棒菜、儿菜、藤藤菜、土豆、藕等。

1. 莴笋

莴笋，又名青笋。茎皮白绿色，茎肉质脆嫩，幼嫩茎翠绿，嫩茎（莴笋头）和嫩叶是火锅的重要食材之一。

2. 冬笋

冬笋是立秋前后由毛竹（楠竹）的地下茎（竹鞭）侧芽发育而成的笋芽，为多年生常绿草本植物，食用部分为初生、嫩肥、短壮的芽或鞭。因尚未出土，笋质幼嫩，以其笋体肥大、洁白如玉、肉质鲜嫩、美味爽口被誉为“菜王”，又被称为“山八珍”。

3. 藕

藕，又名莲藕、玉玲珑。莲的地下茎，富含淀粉、蛋白质、维生素等成分。藕的品种有两种，即七孔藕与九孔藕。藕还分为红花藕、白花藕和麻花藕三种。其中，白花藕表面细嫩光滑，呈银白色，肉质脆嫩多汁，甜味浓郁，用于火锅食材肉质细嫩，甘甜粉面，落口消融，食而无渣。

4. 土豆

土豆，又名马铃薯、洋芋。土豆营养丰富，淀粉含量高，香味浓，用于火锅口感细软，绵甜香糯，是深受食客喜欢的火锅食材之一。

5. 藤藤菜

藤藤菜，又叫蕹菜、空心菜。藤藤菜的叶片形状、大小有变化，有卵形、长卵形、长卵状披针形或披针形，其梗中心是空的，故称“空心菜”。藤藤菜是碱性食物，并含有钾、氯等调节水液平衡的元素和烟酸、维生素C、胡萝卜素、叶绿素、粗纤维素，以绿叶和嫩茎供食用，是火锅的常用食材之一。

（三）根菜类

根菜是以蔬菜肥大的变态根为食用部分，主要有白萝卜、胡萝卜、山药、地瓜等。

1. 白萝卜

白萝卜，又名莱菔。白萝卜是一种常见的蔬菜，生食熟食均可，其味略带辛辣味，性凉，为食疗佳品，本草纲目称之为“蔬中最有利者”。白萝卜肉质脆，味甜多汁，用于烫火锅肉质细密，口感极佳。

2. 胡萝卜

胡萝卜，又名红萝卜。胡萝卜的品种很多，按色泽可分为红、黄、白、紫等数种，我国栽培最多的是红、黄两种。按形状可分为圆锥形和圆柱形。胡萝卜肉质细密，质地脆嫩，有特殊的甜味，并含有丰富的胡萝卜素、维生素 C 和维生素 B。胡萝卜多用于清汤火锅和药膳火锅。

3. 芋头

芋头，又名芋、芋艿。芋头口感细软，绵甜香糯，营养价值近似于土豆，易于消化，是一种很好的碱性食物。

4. 山药

山药，又名薯蓣、土薯、怀山药。山药肉质细嫩，含有极丰富的营养保健物质。补而不腻，香而不燥。历代医家盛赞山药为“理虚之要药”。山药用于火锅口感细腻，味道清甜。

（四）花菜类

花菜是以蔬菜的花朵（花球）为食用部分，主要有花椰菜、西兰花、黄花菜（金针菜）等。

1. 花椰菜

花椰菜，俗称花菜，以花球肥大坚实、质地脆嫩为佳。作为火锅原料具有入汤至熟快、清鲜嫩脆、口感好的特点。其加工方法是将花球掰成 3 厘米大小的均匀小朵，并撕去花球下的茎端后，洗净即可。

2. 黄花菜

黄花菜，又名金针菜。黄花菜的食用部位是其花蕾，花蕾呈细长条状，呈黄色，有芳香气味。黄花菜味鲜质嫩，营养丰富，含有丰富的花粉、糖、蛋白质、维生素 C、钙、胡萝卜素，氨基酸等人体所必需的养分，食之清香、鲜嫩、爽滑，被视作火锅桌上的珍品。

（五）瓜果类

瓜果菜是以植物的果实或种子为食用原料，主要有西红柿、黄瓜、南瓜、冬瓜、丝瓜等。

1. 冬瓜

冬瓜，又名白瓜。冬瓜含蛋白质、糖类、胡萝卜素、多种维生素、粗纤维、钙、磷、铁，且钾盐含量高，钠盐含量低。冬瓜果肉厚，白色，多汁，肥软入味，嫩瓜或老瓜均可用于火锅。

2. 丝瓜

丝瓜，果实圆柱状，丝瓜所含各类营养在瓜类食物中较高，所含皂苷类物质、苦味质、瓜氨酸、木聚糖和干扰素等特殊物质具有一定的特殊作用。用于火锅柔嫩清香，鲜甜滑口。

3. 黄瓜

黄瓜，又名青瓜。黄瓜味道脆爽清甜，是火锅烫涮常用食材，既可以切成片状，也可以切成块状，也是入锅“生烫”，以保持其清鲜自然的风味。

4. 南瓜

南瓜，又名荒瓜，是夏秋季节的瓜菜之一。南瓜含有淀粉、蛋白质、胡萝卜素、维生素、钙、磷等营养成分。南瓜老嫩均可用来烫火锅，嫩南瓜水分多，瓜肉薄而脆：老南瓜果肉呈黄色，肉质细密甜粉，口味香甜，品质极佳。

5. 西红柿

西红柿，又名番茄。富含多种维生素以及胡萝卜素和多种微量元素，还含有蛋白质、糖类、有机酸、纤维素。西红柿果色火红，肉厚，味甜，汁多爽口，风味佳，生食、熟食均可。一般用于清汤火锅的调味增色。

二、食用菌类食材

食用菌是孢子类型植物的“子实体”，食用菌品种较多，有野生的，也有人工栽培的，有鲜品，也有干品。中国已知的食用菌约 657 种，它们分属于 41 个科、132 个属，食用菌味道鲜美，被人们称作健康食品，不仅含有丰富的蛋白质和人体必需的各种氨基酸、矿物质、微量元素，还具有降低血液中的胆固醇、治疗高血压的作用，含有增强人体抗癌能力的物质。火锅中常用食用菌有：竹荪、金针菇、香菇、平菇、草菇、蘑菇、猴头菇、鸡腿菇、松茸、鸡枞菌、白灵菇、茶树菇、牛肝菌、木耳等。

1. 草菇

草菇，又名兰花菇。草菇因常常生长在潮湿腐烂的稻草中而得名，肥大，肉厚，柄短、爽滑，味道鲜美，故有“兰花菇”“美味包脚菇”之称。草菇营养丰富，是煮火锅的一道佳品。

2. 香菇

香菇，又名花菇、香蕈。香菇是世界上著名的食用菌之一，它含有一种特有的香味物质——香菇精，形成独特的菇香，素有“菇中之王”“蘑皇后”“蔬菜之冠”的美称，为“山珍”之一。香菇是上等食用菌，与鸡肉、火腿、冬笋搭配是增鲜提味的绝好原料。

3. 平菇

平菇，又名侧耳、蚝菇、黑牡丹菇。平菇含丰富的营养物质，蛋白质、氨基酸成分种类齐全，矿物质含量十分丰富。平菇的品种繁多，按子实体的色泽，平菇可分为深色种（黑色种）、浅色种、乳白色种和白色种四大品种类型。用来烫火锅的上好平菇表现为肉厚、鲜嫩、滑润、味浓、组织紧密、口感好。

4. 金针菇

金针菇，又名毛柄小火菇，因其菌柄细长，似金针菜，故称金针菇，金针菇具有很高的药用食疗作用。据测定，金针菇的氨基酸含量非常丰富，高于一般菇类，尤其是赖氨酸的含量特别高。金针菇不仅营养丰富，而且味道鲜美，是重庆火锅主要食材之一。

5. 竹荪

竹荪，又名竹笙、竹参。是寄生在枯竹根部的一种隐花菌类，被人们称为“雪裙仙子”“山珍之花”“真菌之花”“菌中皇后”。竹荪营养丰富，质地柔软，香味浓郁、滋味鲜美，是名贵食用菌，自古就列为“草八珍”之一。它具有延长汤羹等食品的存放时间、保鲜的作用，菌裙和菌柄作食用，是高级的素食材料。

6. 杏鲍菇

杏鲍菇，菌肉肥厚似鲍鱼，质地脆嫩，特别是菌柄组织致密、结实、乳白，可全部食用，且菌柄比菌盖更脆滑、爽口，被称为“平菇王”“干贝菇”，具有令人愉快的杏仁香味和如鲍鱼的口感，因而得名杏鲍菇。

7. 茶树菇

茶树菇，又名茶薪菇、柳松茸、柱状田头菇。菌盖细嫩、柄脆、味纯香、鲜美可口，因野生于油茶树的枯干上得名茶树菇。茶树菇营养丰富，蛋白质含量高，是当前可开发的十种珍稀菇之一。用于烫火锅清脆爽口、

味道鲜美、口感极佳。

8. 鸡腿菇

鸡腿菇，又名毛头鬼伞。菌冠呈长圆形，有灰色斑点，菌柄肥壮，且颀长，以菇体形如鸡腿，肉质肉味似鸡丝而得名。肉色白，菇肉细嫩味淡，口感清脆滑嫩清香，口感极好，是火锅开发的珍稀菌品，被誉为火锅食材新秀。

9. 木耳

木耳，又名木菌、树耳。火锅用木耳，主要有两种：一种是腹面平滑、色黑，而背面多毛呈灰色或灰褐色的，称毛木耳，通称野木耳；另一种是两面光滑、黑褐色、半透明的，称为光木耳，也称黑木耳。

三、豆制品食材

火锅用豆制品原料主要是黄豆（大豆）经加工制成的豆花、豆腐、豆腐干、腐竹、豆芽等。因大豆经过加工的豆制品，不仅蛋白质含量不减，还提高了消化吸收率。豆制品所含人体必需的氨基酸与动物蛋白相似，同样也含有钙、磷、铁等人体需要的矿物质，含有维生素 B1、维生素 B2 和纤维素，豆芽中还含有丰富的维生素 C，而豆制品中不含胆固醇。

1. 豆腐

豆腐营养丰富，含有铁、钙、磷、镁等人体需要的多种元素，还含有糖类、植物油和丰富的优质蛋白，素有“植物肉”之美称。豆腐是中国的传统食品，味美而养生。豆腐生产是将大豆浸泡磨浆，过滤、煮浆，再加入凝固剂等，使大豆蛋白质胶凝成形得到豆腐。

2. 豆腐皮

豆腐皮，又名豆皮或腐皮，是煮沸的豆浆表面凝固的薄膜，可鲜吃或晒干后吃。是很受欢迎的一种火锅食材。

3. 豆腐干

豆腐干，又名豆干，是豆类的再加工制品。豆干营养丰富，含有大量蛋白质、脂肪、碳水化合物，以及钙、磷、铁等多种人体所需的矿物质元素。豆干咸香爽嫩，口感细腻，黏中带韧，是烫火锅最佳食品之一。

4. 腐竹

腐竹，又名腐衣，是豆浆烧沸后上面浮凝的薄膜干制而成。其形类似竹枝状，称为腐竹。腐竹含丰富的蛋白质、谷氨酸、卵磷脂、钙质、膳食纤维及碳水化合物。营养价值高、易于保存、食用方便，具有浓郁的豆香味，同时还有着其他豆制品所不具备的独特口感，是很受欢迎的一种火锅食材。

5. 豆芽

豆芽，又名巧芽、豆芽菜、如意菜、掐菜、银芽、银针、银苗、芽心、大豆芽，是各种豆类的种子培育出的可以食用的“芽菜”，也称“活体蔬菜”。黄豆芽是一种营养丰富，味道鲜美的蔬菜，是重庆火锅的传统食材之一。

四、干菜副食品食材

干菜副食品是火锅原料的重要组成部分，它包括淀粉制品、脱水干菜、腌菜、干（坚）果。火锅常用的有粉条、红薯粉丝、土豆粉皮、贡菜、笋干、烟笋、黄花、榨菜、大头菜、萝卜干、干豇豆、莲米、百合、花生、板栗等。

1. 苕粉

苕粉，又名红苕粉，是选取优质红薯经过研磨、制条等工序而成的红薯粉条。主要成分是淀粉，富含碳水化合物、膳食纤维、蛋白质、烟酸，钙、镁、

铁、钾、磷、钠等矿物质。苕粉具有晶莹剔透、柔韧性强、附味性好等特点，作为火锅食材柔润嫩滑，口感筋道，能吸收各种麻辣鲜美汤料的味道。

2. 笋干

笋干是以竹笋为原料，通过多道工序精制而成。笋干色泽黄亮、肉质肥嫩，含有丰富的蛋白质、纤维素、氨基酸等微量元素，其低脂肪、低糖、多膳食纤维的特点有助食、开胃之功效。笋干经泡发加工用于火锅脆嫩清香，是深受广大消费者欢迎的纯天然健康食品。

3. 贡菜

贡菜，又名苔干、响菜。为菊科莴苣属，秋季取其梗剥皮劈条晒制而成。含有谷氨酸、维生素C、维生素D、锌、铁、钙、硒等，对人体发育、抗衰老、防癌有一定食疗功效，栽培历史悠久，是一种纯天然的绿色高档脱水蔬菜。贡菜肉质肥厚，质地脆嫩。食用起来清脆可口，清香沁脾，是上好的火锅食材。

六、水产品原料

1. 海带

海带，又名昆布，有“长寿菜”“海上之蔬”“含碘冠军”的美誉。海带含有丰富的碘等矿物质元素，是一种营养价值很高的火锅食材。

2. 海白菜

海白菜，又名海菠菜、海莴苣。海白菜含有多种矿物质和维生素以及蛋白质、粗纤维等营养物质。海白菜营养价值丰富，烫火锅口感滑而嫩。

另外，能作为常用火锅原料的海味制品还有海蜇丝、虾丸、蟹柳等，这些原料都是能入锅即食的海味制品。

第六章

油碟和小吃

第一节　油碟

油碟，也叫味碟，把油脂等味料盛装在小碗或碟盘中，用于蘸食刚经过煮烫至熟出锅的食物。油碟是重庆火锅产品的重要组成部分，不管是红汤还是清汤，重麻辣还是重五香，老火锅还是新派火锅，小小的油碟扮演着不可或缺的角色。重庆火锅最典型的油碟为芝麻油碟。

自助调料

油碟的作用一是可以增加火锅的风味，二是能降温清热、滋润滑口，三是能消毒杀菌。火锅常见的油碟有以下几种：

一、芝麻油油碟

用料：小磨麻油、熟芝麻、味精。

制作：将麻油舀入碟中，然后放入味精调匀，再撒上炒香的熟芝麻即成。
特点：香味浓郁。

二、蒜泥油碟

用料：大蒜泥、小磨麻油、味精。
制作：大蒜去皮后捣成泥状，将麻油放入碟中，下蒜泥、味精，吃时调匀。
特点：蒜味浓郁、辛香可口。

三、鸡蛋油碟

用料：鲜鸡蛋（也可只用鸡蛋清）、小磨麻油、味精。
制作：鸡蛋磕破后放入油碟中，用竹筷略微调散，再下麻油、味精调匀即可。
特点：鲜香滑口，祛热、败火。

四、椒油油碟

用料：花椒油、小磨麻油、味精。
制作：将麻油舀入碟中，下花椒油和味精，吃时调匀。
特点：鲜香而麻，味道悠长。

五、红油油碟

用料：辣椒红油、小磨麻油、蒜泥、味精。
制作：将麻油、辣椒红油、味精、蒜泥依次放入碟中，吃时调匀。
特点：鲜香微辣。

六、干油碟

原料：干辣椒、调味盐、味精、花椒粉、熟芝麻。
制作：干辣椒用微火焙脆焙香，舂成细末，加调味盐、味精、花椒粉、熟芝麻拌匀即可。

特点：辣香十足，既可用于红汤火锅，也可用于清汤火锅。

七、干椒油碟

用料：干辣椒、调味盐、味精、鸡精、熟芝麻、油酥花生仁、榨菜碎、香菜末、小葱花。

制作：将干辣椒用小火焙烤焦脆，或用油炸酥香后铡成末，加入上述调料，吃时舀入火锅原汁油汤拌匀即可，也可加适量腐乳，另有一番风味。

特点：酥脆香浓，辣味十足。

八、麻酱油碟

用料：芝麻酱、红豆腐乳、韭菜花、花椒油、芝麻油、熟芝麻、盐、白糖、味精、鸡精、啤酒、香菜末。

制作：芝麻酱加啤酒调成稠状，将韭菜花滗去原汁，红豆腐乳压碎成泥，加入芝麻酱中调匀，然后加入麻油、花椒油、盐、白糖、鸡精、味精调匀，撒上熟芝麻、香菜末即可。

特点：辛香鲜醇，味厚柔，麻酱香味浓郁。

九、油酥豆瓣油碟

用料：郫县豆瓣、永川豆豉、姜米、味精、小葱花、菜籽油、芝麻油。

制作：将郫县豆瓣、永川豆豉分别铡成茸，放入锅中加适量菜籽油、姜米炒酥香，加味精调匀起锅，吃时淋入麻油，撒上小葱花；也可加入猪肉末、牛肉末与豆瓣、豆豉同炒，味更鲜。

特点：酥香鲜美、辣味适中柔和。

十、蚝油油碟

用料：上等蚝油、豆豉茸、味精、芝麻油、色拉油、姜汁。

制作：先下适量油，用小火将豆豉茸、姜汁炒酥香，起锅与蚝油、味精调匀，淋入少许麻油拌匀。

特点：蚝豉味浓，鲜香。

十一、青椒油碟

用料：鲜青椒、姜汁、盐、味精、芝麻油、小葱花、香菜末、油酥黄豆、熟芝麻。

制作：将青椒洗净铡成碎末，加入盐、姜汁、味精、麻油调匀，撒入小葱花、香菜末、油酥黄豆、熟芝麻，吃时拌匀。

特点：清香微辣，爽口解腻。

重庆火锅中还有许多特色油碟，如：用芝麻油、姜末、精盐、味精、醋制成的麻油姜末碟；用花椒粉、蒜泥、精盐、味精、芝麻油制成的花椒蒜泥碟；用芝麻油、蒜泥、香菜末、碎花生末、精盐、味精制成的香菜碟；用水豆豉茸、小米辣茸、野山椒茸、姜汁、蒜泥、野葱末、调味盐、味精、菜籽油制成的水豆豉油碟；用芝麻油、芝麻面、葱花、精盐制成的芝麻葱花碟；等等

此外，也有火锅店采用自助调配油碟的形式，把各种调味料摆放在调料台上，供客人自由搭配，这种崭新的自助式服务，极尽自助搭配的乐趣，让每一个客人都可以尽情地“随心所味”。

第二节　小吃 *

* 本节相关图片来源于渝大狮、朝天门、巴九门、珮姐等企业。

小吃，用于早点、夜宵、茶食或席间的点缀，以及茶余饭后消闲遣兴的小型方便食品。早期的重庆传统火锅店没有点心供应，20 世纪 80 年代初期，有些火锅店在餐后加送给食客银耳汤或醪糟小汤圆，这种既可调剂食客口味，又能显示店家热情待客之

道的小吃很受食客的追捧。到了20世纪80年代中期，一些火锅店从超市购进袋装小馒头、小花卷、水饺配合火锅，随后这种方式就大行其道，小吃品种也逐渐多了起来。20世纪80年代末期，“云龙园火锅”创制推出了把火锅与冷菜、点心结合在一起的火锅小吃宴。许多火锅店（特别是自助火锅店）在经营火锅的同时也附带制作一些小吃点心供食客选择，在品尝火锅美味的同时，各式小吃点心穿插其中，甜咸交错，浓淡相间，让宾客从富于变化、有节奏感的菜品安排中享受美食。

一、现炸酥肉

酥肉不仅是火锅的一道烫涮菜品，也是一种重要的小吃。选择肥瘦相间的精肉，切成条状，加入花椒、盐、白酒、姜末、淀粉和鸡蛋炸至金黄。既可直接食用，也可蘸椒盐或者孜然食用，还可以在火锅中烫煮之后再食用。

二、红糖糍粑

红糖糍粑是用红糖、糯米制作的一道川渝地区传统的小吃。红糖营养丰富，释放热量快，营养吸率高，除含蔗糖以外，还含有少量的铁、钙、胡萝卜素等物质。

三、南瓜饼

南瓜饼是一种以南瓜为主材的食品。一般将南瓜去皮蒸熟，用勺子压成南瓜泥，并拌入适量白糖、糯米粉揉成南瓜面团，在平底锅放少许油，将南瓜饼煎至两面金黄即可。

四、醪糟小汤圆

醪糟小汤圆是川渝地区的一道著名小吃，主要材料包括汤圆粉、醪糟，还可以加入红枣、枸杞、桂圆等，耙糯香甜，酒香味浓郁，是解腻、助消化的一道佳品。尤其是食用麻辣火锅之后，解腻解咸，非常可口。在醪糟小汤圆的基础上，夏天还开发出了一系列的冰汤圆。

醪糟小汤圆

冰汤圆

五、冰粉、凉虾

冰粉是夏天的一道风味美食，主要原材料是凉粉草、大米、红薯和豌豆，成品清凉、透明、爽滑，具有减肥、润肠通便、增进食欲、解腻等功效。凉虾是用大米制浆配石灰水熬成糊状，用漏勺漏入凉水盆中而成，因头大尾细形似虾而得名，用它配入红糖水，是夏季解渴佳品，香甜软嫩，入口冰凉，滑糯清爽，柔软清甜。冰粉、凉虾是夏天食用火锅的绝佳搭档。

六、银耳汤

银耳汤是以银耳、红枣、枸杞为主要材料制成的一道甜品小吃，口感滑润，香甜醇美，具有极高的营养价值和保健作用，同时还具有美容功效。

七、蛋炒饭

把鸡蛋调成蛋液，迅速翻炒，下米饭使鸡蛋与米饭融合，配以葱花、盐、酱油、芝麻油等，再充分翻炒，出锅即成。

第三节　饮品

一、酸梅汤

食用酸梅在中国具有悠久的历史，酸梅汤是以乌梅、山楂、陈皮、桂花、甘草、冰糖等材料制成的消暑饮料。酸梅汤清爽爽口，去油解腻、健脾开胃。民国时期，酸梅汤就是火锅店食客喜欢的饮品之一。

二、老荫茶

老荫茶是一种树叶，并非正规的茶叶，在川西一带较多，多生长在高山密林之间，其树大而叶茂，叶子比一般茶叶厚、大，枝可入药作清热解毒用。

沸煮后，茶汁变成了红褐色。老荫茶含芳香油很多，也含多酚类化合物，泡饮时较清香，滋味厚实，味道独特，能生津解渴。夏天饮用可消暑解渴、提神助兴，既败火又解渴，老荫茶含一定的茶碱，能有效调节机体代谢，同时还具有清热解毒、防暑化食、清理肠胃、消炎利便等功能。

老荫茶的最大特点是透凉，最大功用是解渴。很多店家都给火锅配上一杯老荫茶，重庆火锅麻辣的刺激口感加上一杯能够起到解辣败火、去除油腻功效的老荫茶，好吃不上火。

三、啤酒

啤酒含有丰富的糖类、维生素、氨基酸、无机盐和多种微量元素。在夏天吃火锅时，冰镇啤酒被誉为火锅的最佳搭档。创牌于 1958 年的山城啤酒在相当长的时间里都是重庆人吃火锅酒水饮品的首要选择。

四、其他饮品

（一）碳酸饮料

可乐、雪碧等是吃火锅时常饮用的饮品，虽然它们除糖分外，含其他营养成分较少，但其中的二氧化碳可以助消化，并能促进体内热气排出，产生清凉爽快的感觉，补充水分的效果也较好。

（二）鲜榨蔬果汁

随着人们对健康的要求越来越高，鲜榨蔬果汁越来越受到食客喜欢。花生浆、豆浆、芹菜汁、黄瓜汁等蔬果汁中含有极其丰富的维生素和膳食纤维。花生浆、豆浆属植物蛋白饮料，含有丰富的蛋白质和多种维生素，可以美容、养胃、助消化。在吃火锅前先喝些蔬果汁，提前摄入部分维生素，既能开胃助消化，又有利于营养吸收。

（三）炒米糖开水

抗战时期，炒米糖开水也是大街小巷盛行的一种饮品，也是吃火锅时的一种饮品。一封米花糖放在碗里，开水冲下去，米花糖软软的，糯糯的，泛起星星点点油珠。

（四）酸奶

随着生活水平的提高，奶制品越来越普及。酸奶也与火锅有机地结合起来。酸奶不但营养丰富，而且可以保护胃肠道黏膜。对于一边烫火锅一边喝酒的人来说，开餐前喝点酸奶或植物蛋白饮料，能给胃肠道黏膜加个“保护伞”，可以减轻喝酒吃辣对胃肠的刺激。酸奶中的乳酸菌还能减弱一些有害菌在肠道中产生的毒素危害，预防因火锅的油腻以及其他因素引起的腹泻、腹痛等。

（五）鲜榨果汁

鲜榨果汁是以水果为原料经过物理方法如压榨、离心、萃取等得到的汁液产品。果汁甜甜的味道，有利于缓解火锅麻辣的刺激。

第七章

进食方法

重庆火锅具有鲜明的特点，以味浓鲜香、麻辣见长，麻、辣、嫩、烫、鲜、脆、爽、香尽在其中。各种菜品汇集于滚沸的汤卤之中，边烫边吃，充分保持了菜品的热度，又热又鲜，十分可口。重庆火锅的汤卤，无论是红汤还是清汤，其所用原料如鸡、鱼、棒骨等都十分鲜美并含多种谷氨酸和核苷酸，这些物质在汤汁中相互作用，产生十分诱人的鲜香味。俗语称“众口难调”，但是，重庆火锅荤素搭配、选料丰富，各种油碟、清汤、红汤自由选择，营养丰富，可以满足各种口味和各种层次的需求。重庆火锅做法考究，选料上乘、新鲜，原料主次分明，从备料到烫食有条不紊。

重庆火锅味道鲜美，但是要深得其中“三味”，还是有一定的科学烫食技巧，否则吃在嘴中的菜肴或者半生不熟，或者老得咬不动；吃的人要么喊辣得要命，要么被烫得直叫，吃后还可能肚痛腹泻。

第一节　烫食顺序

重庆火锅与其他餐饮一样，在烫食的过程中，不仅要掌握哪些原料适合烫食，哪些原料适合煮食，对于菜品的食用顺序，也存在一定的讲究和技巧。

一、荤菜

在重庆火锅中，从营养、餐饮烹饪的角度，一般对于原料食用和烫煮顺序有一些约定俗成的规则。根据各种食材的特征，选择烫涮时间和方式，这样才能吃得有味，吃出情趣，也显示出食者的烫食水平。吃重庆火锅一般先吃荤菜，再吃素菜，或兼而有之，不疾不徐，悠然自得，谓之乐趣。一般而言，质地鲜脆、柔嫩的荤菜宜先吃，这样更能体现原料的鲜美、脆嫩，如鱼片、肉片、羊肉、腰片、鸭肠、活虾等。但是香肠、腊肉等荤菜，一般相对靠后食用，因为这些食材具有比较特殊的味道，如果较早放于锅中，会影响汤卤的味道，进而影响烫食其他菜品的口感。

二、素菜

素菜一般要放置于荤菜之后烫食。一方面，蔬菜提前烫煮，会很快“刮”去汤料中的油层，使汤料口感淡薄，寡而无味；另一方面，一些素菜，诸如土豆、粉丝、苕皮、藕片这些素菜本身含有丰富的淀粉，下锅之后，容易使汤卤浑浊，影响汤汁的口感。所以，在重庆火锅烫食过程中，一般将素菜靠后烫食，除了考虑到对汤汁的影响之外，前期烫食了大量的荤菜，最后补充一些青菜，可以起到解腻的作用，使人的肠胃更加舒服，也有利于吸收和消化。

三、米饭、泡菜和甜点

在烫食过各种火锅荤素菜肴后，最好吃少许米饭或者蛋炒饭、洋芋焖饭、豆角筌饭等。吃过油腻的火锅，吃点米饭，叫上一盘正宗的重庆泡菜，就着泡菜，既可以饱腹，又可以解除火锅的油腻，非常惬意。或者来一碗银耳汤、醪糟小汤圆，麻辣鲜香之后，甜糯的银耳和小汤圆进入肠胃，也可以将此之前的油腻一扫而光，让人回味无穷。

第二节　烫食技巧

重庆火锅的就餐方式很独特，锅子既是炊具又是餐具，将炉火置于桌上。炉上置锅，锅内烧汤卤，火锅食材有荤有素。食者要根据食材的不同质地，拿准食材在锅里煮烫的火候，掌握好入出锅的时间，使烫煮的食材该脆的则脆爽不绵，应细嫩的能入口化渣。因此，吃火锅时烫、涮、煮的技巧，就显得尤为重要。

一、烫食技巧

吃重庆火锅，将汤卤烧沸之后，不是将食材一下子全部倒入锅中，而是采取直接烫食、边烫边吃的方式，其营养素大部分未损失，既鲜嫩可口，又有益于健康。涮烫，即夹好食材，在锅中烫熟。重庆人烫毛肚、黄喉有“七上八下”之说，还有“鸭肠打卷，毛肚起泡”就可以食用的经验之谈。在烫食的时候，要注意识别所烫食材的质量，即大小、厚薄程度、水泡时间、质地软硬等，应根据情况不同分别对待。烫煮菜品时，大部分菜品需要汤卤滚沸。如汤卤不滚沸，则烫的菜品质地不脆。当然，也有一些菜品需要冷锅就下放，诸如鸭血。在烫食火锅时，重庆本地人还非常注意利用和控制温度来处理食材，例如，在烫毛肚、鸭肠时，浸入卤汁后，一般不离筷子烫一会儿，取出，再烫一会儿，再取出，反复几次，这种烫法，其实是在调节温度，避免质地发韧。

涮烫的关键，首先要弄清哪些用料适宜烫（涮）。一般来说，质地嫩脆、顷刻即熟的用料适于烫，如荤菜中的鱼片、肉片、腰片、肝片、鸭肠等，这些菜品一般切得非常的薄，在滚烫的卤汁中涮烫片刻，在锅中上下翻腾数秒，即可食用；蔬菜中的豌豆苗、菠菜、藤藤菜等，取材非常鲜嫩，非常易熟，也宜烫；而一些质地紧密、顷刻间不易熟的食材，则要多烫一会儿，如鸡（鸭）肫、黄喉、藕片、海带等；一些不易烫熟的用料，如荤菜中的鸡爪、鸭掌、肉丸、海参、蹄筋，素菜中的花菜、土豆片、莴笋头等，则必须煮食才行。

其次，要观察汤卤的变化。当汤卤滚沸时，可烫食；当汤齿上油脂充足时，可烫食，这样烫食味美又可保温。

再次，要控制好火候。火候过头，食物则老，火候不到，食物则生。什么样的火候才恰当，只要烫煮几次，体会汤卤变化、食材大小和性质及成熟时间等情况，就可掌握。

最后，烫时必须夹稳食物。否则掉入锅内，一是煮老，二是煮化，三是容易糊锅。毛肚烫煮久了之后，就萎缩变小，口感不再脆嫩；鱼片煮久之后，就融化于汤汁之中，捞不起来；土豆、苕皮煮久之后，沉于锅底，容易糊锅。

在重庆火锅中，毛肚和鸭肠是非常具有代表性的经典菜品，食用历史也非常悠久，一般重庆本地人吃火锅，毛肚和鸭肠基本是必须食用的菜品。

在长期食用毛肚的过程中，人们提炼出了“读秒”烫毛肚的方法。当然，用于重庆火锅的毛肚品种很多，有水牛毛肚，黄牛毛肚；有本地毛肚，外地毛肚；有水发毛肚、“绿色毛肚”和鲜毛肚。品种不同、质量不同，口感也就不同，烫涮需要的时间也就有差异，可以采用直接观察法，下锅后将其全部浸入卤汁中烫制，将毛肚从汁中取出时，用眼观察毛肚的表面是否已起了不规则的水泡，如果已有水泡出现，说明火候已经到了。

鸭肠也是重庆火锅传统菜品之一，烫煮的火候和时间掌握恰当，食之麻辣爽脆。鸭肠的烫法和烫毛肚的方法一致，即烫即食。如果烫煮太久，则会失去脆爽的口感，但多了软糯的弹性。一般而言，鸭肠只需烫至呈螺旋的圈状即可食用。

二、煮的技巧

火锅食材中，一些食材需要煮食，烫煮时间较长。一般来说，鲫鱼、鳝鱼、泥鳅、海参、带鱼、墨鱼、肉丸、蹄筋、冬笋、平菇、香菇、魔芋、粉条、鸡块、鸭掌、鸡爪等适于煮食，这些食材质地紧密，必须经过长时间加热才能食用。但是，在煮的过程中，也需要掌握好火候，有的煮久了，要散、要化、要糊，如海参、银耳等。只有血旺、蹄筋、魔芋、鸡爪、鸭掌、鳝鱼等可煮得久一些。

一些食材既可久煮，还可以增加汤汁的鲜味，如鸡爪、肉丸、鱼类食材等，愈煮愈入味。对于这些不易熟的菜品，一般在锅底沸腾时放入锅里煮着。虽然火锅讲究菜肴尽量不混淆，以免影响锅底原来的口感，但是鸡爪和肉丸这些本身就是提鲜的食材，能将锅底熬得更为鲜美，所以开锅就煮着不仅能让食客享受到久煮后美味的口感，还能为锅底平添一份鲜味。鳝鱼同样也是调鲜食用两不误，早早放入锅中，自身的鲜美会在久煮的过程中完全与汤底融合，让汤底更为鲜甜美味。

脑花也是重庆火锅中的代表菜品之一，煮的时间相对较长，但是由于其易烂，一般煮熟即食。脑花细腻爽滑的口感和嫩豆腐有几分相似。

血旺也是受欢迎度堪比毛肚的经典火锅菜品。猪血、鸭血均可食用，鸭血的口感更为细嫩。“毛肚鸭肠要旺火，血旺猪脑久为可。”冷锅时，鸭血即可下锅，随着卤水翻滚，鸭血越煮越嫩，全无血腥味，嫩滑爽口。

三、烫食“口诀”

长期食用火锅，人们对于食材属性和火锅火力有了很好的掌握，逐步积累了诸多火锅烫涮经验，形成火锅烫煮“口诀”，人们把它们编成了顺口溜，读来朗朗上口，便于记忆，广为流传。诸如“老火锅，嘿霸道，男女老少都喊要；麻辣鲜香好齐整，锅底香润不干燥。”“毛肚香脆才搞着，轻抖轻提是策略；心中默念十五下，七上八下最适合。”“毛肚鸭肠求本味，时间把握最宝贵；绝招就是烫几下，咧嘴一嚼嘎嘣脆。”“毛肚要起泡，鸭肠要起圈。”“鸭肠乃是寻常物，火锅一烫成口福；挽起圈圈蘸油碟，麻辣脆爽嘿突出。”“黄喉本是老三篇，下锅数秒起圈圈，此时拈起送入口，又脆又香味道鲜。”“鱿鱼烫起卷边边，拈起一坨放舌尖；麻辣脆嫩海鲜味，重庆火锅新食篇。”

一些较为常见的比较长的烫涮“口诀”摘录如下：

火锅吃出好味道，涮烫经验有一套；
先下荤菜后下素，油碟还可加点醋；
下鱼头、下鳝片，加点大葱和蒜头；
烫毛肚、涮鸭肠，素菜调味来帮忙；
鸭肠毛肚和腰片，旺火滚汤是关键；
鱼肚牛筋与鸭掌，微沸水中要煮长；
粉丝海带及冬瓜，半沸久煮才能粑；
血旺暴煮就很怪，微沸水中多等待；
别说已经全掌握，尚有天机还未说；

毛肚要起泡，鸭肠要起圈；鲍鱼烫至卷边边；
鱼片肉片和肝片，挺直身板就起锅；
虾金贵，它不同，煮到尾张壳变红；
涮好火锅并不累，多吃才能深体会。

肉类先下汤味鲜，海鲜蔬菜在中间；
带血粉类易浑汤，只好放在最后边；
不宜一次多投放，食物生熟难分辨；
保持中火小开状，随烫随食味更鲜。
水发薄片夹着涮，大约十秒脆又鲜；
倘若久煮体缩小，嚼不烂且味道老；
熟食烫透即可食，厚大生块煮松软；
脑花盛在漏勺煮，以免搅得满锅翻；
白汤不辣味鲜美，宜烫海鲜与蔬菜；
红汤麻辣味鲜浓，刺激过瘾汗涟涟；
周边提取味道重，开处起锅味稍淡；
祛风除湿防感冒，亲朋团聚合家欢。

先荤后素，先烫后煮；
汤料宜多，防止干锅；
土豆后涮，切忌浑汤；
随吃随烫，慢慢享用；
选用油碟，润肠败火；
同锅涮食，其乐陶陶。*

* 范春、李爽、杨卫东：《重庆火锅文化研究》，中国文史出版社，2005 年，第 47—48 页。

第三节　吃出健康

吃火锅要合理搭配营养，采用健康进食方式。

一、科学选择锅底

吃重庆火锅首先便是选择锅底。重庆传统火锅锅底可以分为红汤锅底和清汤锅底。红汤锅底又细分为微辣锅底、中辣锅底和超辣锅底，可供消费者根据自己的口味轻重进行选择。重庆火锅中的红汤锅底油脂重、热量高、味浓厚，清汤锅底不仅低脂又清淡味美，而且同等重量的火锅锅底，其热量是红汤锅底的五十分之一。因此，吃火锅选择清汤锅底更健康。即便口味较重的消费者，也建议点个鸳鸯锅，麻辣与清醇交替食用，可以减少油脂等的过多摄入。

二、合理搭配食材

吃重庆火锅的菜品选择，应按照膳食平衡原则进行，一般来说可按三份荤菜五份素菜两份主食来配搭。

重庆火锅中动物性食材（荤菜）永远是主角：毛肚、鳝鱼、黄喉、鸭肠、老肉片、海鲜等。根据有关数据，火锅中动物性食材消耗占火锅食材的 80%，牛肉、猪肉、羊肉都是高热量食材，大部分人都可轻松吃下 300 ~ 400 克肥牛肉片，其中所包含的热量竟然高达 1000 千卡以上，相比之下，鸭血的热量就低多了，每 100 克仅 50 多千卡。所以身体较胖的人，对肉类最好浅尝辄止，多选择鸡肉片、海鲜、血片、毛肚等低脂肪品种吃；而身体虚寒的人，则应当多选牛羊肉片，以达到祛寒滋补的效果。

植物性食材（素菜）是重庆火锅必不可少的选择，几乎所有的蔬菜品种都可以用于重庆火锅，但其中对身体最有益的，当属绿叶蔬菜。油菜、菠菜、白菜、菜心等绿叶蔬菜可以供应维生素 C 和胡萝卜素，这些营养素有消火作用；凉性的蔬菜还有冬瓜、丝瓜、蘑菇、金针菇、莲藕、竹笋等。在火锅汤卤中脂肪的作用下，蔬菜的营养容易被人体吸收，蔬菜中的纤维素有助于打扫肠道中黏附的脂肪和蛋白质废物。红薯、土豆、香菇等是甘平性的蔬菜，它们可以帮助人吃肉以后保持体液的酸碱平衡，适量吃些豆腐不仅能补充多种微量元素，还可起到清热消火、除烦止渴的作用。

三、正确掌握烫食顺序

品尝重庆火锅时，掌握正确的烫食顺序，对身体健康也是十分有益的。能入锅煮烫的食材有数百种，水陆杂陈，品种繁多。传统吃火锅的顺序是先吃荤菜，荤菜中的鲜味物质在煮烫中不断析出，可以使汤卤更加鲜美。其实很多汤卤的味道足够鲜美了，因此，最好是边吃荤菜边吃蔬菜。开烫之初将鳝片、泥鳅、鲫鱼等放入锅中，然后下少许青蒜段、葱节，再煮些豆芽、海带等蔬菜，待至煮熟后，才开始各取所好烫毛肚、鸭肠、黄喉、腰片或素菜中的豌豆尖、白菜、竹笋及其他脆嫩易熟的原料等，这样不仅有助于身体的有效吸收，而且越吃到后面汤卤越鲜。

四、巧妙配制油碟

火锅的蘸油碟有多种，除了重庆火锅传统的麻油蒜泥碟、干油碟外，还有由食客自己配料的自助式蘸油碟，其实，吃重庆火锅最好用芝麻油蒜泥碟，因为芝麻油具有减辣、润肠、败火等功效。蒜泥具有消毒杀菌的作用，可以消除部分食材煮烫时间不够带来的不利影响。减肥的人一定要控制蘸料的量，因为芝麻油中的脂肪的负面影响不可低估。若选择少加芝麻油而添加调味盐和醋，那蘸料的热量就可以大大降低。

五、多饮茶少喝饮料

吃火锅需要喝大量的饮料补充水分，喝饮料虽然能解渴降热，但大多数饮料含糖，糖具有压味的作用，饮用过量会令人腻口。另外，冰冻饮料与滚烫的火锅温差甚大，凉热同食虽令人惬意，长期如此会有损肠胃。过去的重庆火锅店为客人备有老荫茶，现在代替老荫茶的是浓郁的沱茶或香气扑鼻的花茶。茶具有解腻清口、开胃消滞、转换味觉的作用。如果在品尝火锅的间隙中饮用一杯花茶或沱茶，既可清口解腻，又能振奋食欲。

另外，吃火锅要保证膳食平衡，切忌暴饮暴食。吃火锅如果只吃荤菜、蔬菜，不吃主食，是一种很不好的习惯，这样的结果是：身体摄入的蛋白质、脂肪过量，而碳水化合物又严重不足。

第八章

器具

重庆火锅的器具是指烹制和食用火锅的工用具和餐用具。一般家庭烹制食用火锅也许不需要什么特殊的设备、用具和餐具，但作为专业火锅店就需要有相应的专业器具来加工、烹制食品以及提高服务水准。这些器具分为厨房器具和前厅器具，厨房器具包括：加热设备、制冷设备、厨房机具和厨房用具。前厅器具包括：炉灶具、炊具（火锅锅子）、餐具和其他用具。

第一节　厨房器具

专业火锅店一般是根据经营规模和经营特色来确定选用什么厨房设备、器具，以方便实用、提高劳动效率为原则。

一、加热设备

火锅厨房加热设备主要有炒料、吊汤、兑锅的炉具、灶具以及煲仔炉、蒸煮炉、煎炸炉、电饭锅、高频电磁灶、微波炉、微波（远红外线）烤箱、电热开水器、电子消毒柜等。

火锅厨房加热设备使用的能源，一般有柴油、管道天然气、液化石油气和电能。

二、制冷设备

火锅厨房制冷设备主要包括冻库、冷藏柜、保鲜操作台、保鲜食品陈列柜等。

三、厨房机具

火锅厨房机具主要有切肉机、刨片机、多功能食品切碎机、磨浆机、打蛋机、和面机、压面机、蔬菜清洗机、洗碗机等。

有些大型火锅企业的炒料、吊汤、兑锅工作实行机械化操作。

四、厨房用具

（一）大锅、中锅、炒锅、鼎锅（吊子）、压力锅、蒸笼、操作台、橱柜、多层货架、大小不锈钢汤桶、瓦缸等。

（二）大小锅铲、瓢、炒瓢、漏瓢、丝舀子、抓钩（厨手）等。

（三）菜墩、菜筛、菜筐、盆、钵、调料钵、码味盅等。

（四）切刀、片刀、砍刀、尖刀、刮刀、竹刀等。

在火锅食材的准备过程中，要处理各种食材，这就需要一些专业的刀具，这些刀具形状各异，功能不一。

片刀，长方形，刀叶较长，体薄而轻，刀口锋利，一般用于片腰片、鱼片、牛肉片等。

刮刀，体形较小，用于刮鱼鳞和给莲藕、土豆等去皮。

尖刀，前尖后宽、体轻而长，刀口锋利，主要用于剖杀鱼、黄鳝、蛇等。

竹刀，用竹片做成，一般采用楠竹制成似水手刀样的竹片，体薄口钝，主要用于将豆腐、血旺、魔芋等质极细嫩的原料划成块状。

第二节　前厅器具

火锅店前厅器具是为客人提供菜品服务时的工具，包括炉灶具、炊具、餐具和其他用具。不同的经营特色以及不同的经营品种，前厅器具选择和要求也有差异。

一、炉灶具

作为热源的炉具是火锅必备的基本设备，随着生产力的发展，火锅的炉灶从燃煤（木、木炭）逐步过渡到使用煤油、乙醇、天然气、电等多种热源。一般来讲，火锅的炉灶要根据用途来配置，家庭要求小巧灵便。专业火锅店则要求型号大一些，热源充足、燃烧充分、火力调节方便、美观实用、安全保险。

（一）泥（砂）炉

泥（砂）炉是一种传统的火锅炉具，用黏性很强的泥土，掺和适量炉灰揉匀后，敷成一个中间成凹形，如泡菜坛一样的小火炉，内架炉桥，便于燃烧时通风和漏掉煤灰（也有用土陶烧制成的小砂炉）。主要燃料是无烟块煤、蜂窝煤、煤球或焦炭等。在使用时易产生呛人的煤气和烟尘，在城镇家庭中已较少使用。但因其有取材广泛、使用方便的特点，在停气（天然气）断炊时可用它来应急。

（二）木炭暖锅

暖锅，是炉具与炊具的结合体，主要由锅座、锅身、锅耳、炉桥、火筒（烟囱）组成，木炭为燃料。在使用时先将炭烧红放入锅中心的火筒内借火筒导热烧沸锅中的汤汁。这种木炭暖锅有用黄铜、铝、不锈钢等多种材料制成的，具有造型古朴美观、传热快、使用方便卫生的特点，常用于筵席中，如海味什锦锅、梅花清汤锅等。

（三）煤油炉

煤油炉是火锅店中最常见的炉具，主要使用煤油或柴油为燃料。它主要以炉芯的多少来区别火力的大小，炉芯少火力要小一些，炉芯多燃烧时火势要猛一些。使用时可根据需要来调节火势的强弱，煤油炉具有移动灵活、使用方便的特点。但煤油炉在发生故障时，会因为燃烧不充分产生难闻的煤油味，影响对美食的品尝。

（四）酒精炉（焰锅）

酒精炉主要使用固体酒精为燃料。酒精在燃烧时，会产生一种飘逸的淡蓝色火焰，因此也称焰锅。酒精炉的造型有多种，有用铝或不锈钢制成的一般酒精炉，也有用紫铜镂空成花饰图案、造型古朴高雅的宫廷焰锅。无论何种酒精炉，都是由锅座、盛装酒精的金属盏（盘）及锅三个主要部分组成。酒精炉具有燃烧时无烟尘、干净卫生、使用方便、火势适中、便于涮烫的特点，因此出现在一些较高档次的筵席中，如著名的菊花焰锅、三鲜焰锅、鸳鸯焰锅、生片焰锅等。但因为燃烧液体酒精存在较大安全隐患，后来大多改为使用固体酒精。

（五）卡式液化气炉

卡式液化气炉是一种设计新颖的火锅炉具，使用时将液化气筒嵌入卡子中旋紧，然后自动点火将液化气引燃。卡式液化气炉具有使用方便、卫生、雅致的特点，但受液化气筒的容量限制，火力较小，且燃烧时间有限，最宜3～5人使用。

（六）天然气（液化气）炉

天然气（液化气）炉是火锅店中使用最普遍的一种炉具。以管道天然气或液化石油气为燃料，在桌面正中开一个洞，将天然气灶置于洞中放平稳，通过胶管把燃气灶与天然气管（或液化气罐）连通，使用时只需打开气管（气罐）用火引燃即成。天然气或液化气炉灶有使用方便卫生、调节火力随意、热源稳定等优点。

（七）电炉（电磁炉）

电炉（电磁炉）是以电力为热源的炉具，这种炉具火力的大小可以调节，使用方便、安全、卫生、无污染。同时电磁炉热效率高，加热快，能够相对缩短就餐时间，降低服务员劳动强度。

二、炊具

火锅使用的锅子种类很多，从材质上分有铁锅、铝锅、铜锅、砂锅等；从形状上看，分耳锅、钵、盆、鸳鸯锅、煲等。尽管锅子的种类很多，但不同的锅子具有不同的特点，使用的场合和用途也各不相同。

（一）耳锅

耳锅有铁锅、不锈钢锅、铝合金锅、铜锅等多种。这种锅子的锅口大，能同时涮烫多种原料，锅中的卤汁涨沸面较大，能区分不同的原料，因此烫食也比较方便。由于锅底小，且火力较集中，铁耳锅具有传热稳定、保温性能好的优点。但铁锅与汤卤接触过久，易使火锅卤汁翻黑。不锈钢耳锅具有化学性质稳定、不影响汤卤色泽，清洁美观的优点。铜、铝合金耳锅具有传热快、卫生清洁的优点，但因其化学性质不甚稳定，易与汤卤中的盐发生化学作用，而影响食者健康。因此汤卤不宜在铜、铝锅中长期存放或隔夜保存。

（二）盆、钵、煲

金属的搪瓷盆、钵、煲是一般家庭常用的餐饮用具，也可用它作火锅锅子。由于它们的造型都是四周呈垂直面、锅底平坦，因此与热源和汤卤的接触面积大，开锅后沸腾的汤卤易将鱼肉、脑花等食材冲烂。由于锅底呈平面，原料容易煳锅，因此吃时要经常搅动，防止粘锅。

砂钵瓦煲是一种土陶盛器，在部分火锅店或者汤锅店使用，代替了传统的金属锅子。这种土陶盛器不仅给火锅增添了古朴自然的色彩，还具有传热稳定持久、保温、不易坏汤卤等优点。在使用新的砂钵瓦煲前，一般用米汤煮一下，以防止汁从那些细小的孔隙中渗出。

（三）鸳鸯锅（子母锅）

传统的火锅是一锅一个味道。但随着人们需求的变化，出现了“鸳鸯锅”。就是在金属耳锅或不锈钢面盆中央，用S形金属片焊接，使其一分为二呈太极图形。一边装“清汤”，一边装“红汤”，由于中间有一道“屏障”将两个味道的汤卤隔开，因此互不串味，并能保持各自的口味特色。有的甚至将锅子用金属片分割成三个部分：红汤、清汤、酸菜汤，形成了最时髦的“三味火锅”。“子母锅”则是在锅中央用金属片焊接成严实的圆形，成为大圆套小圆的形制，分装两种味型的汤卤。

（四）框格

火锅中的框格是与锅子配套的用具，框格呈井字形（又称九宫格）、梅花形或菊花形。这种金属质或木质的框格置于锅中，把一锅汤卤分成若干个区域，这些区域由于受热不同，汤卤的涨沸程度也就不一样，食客可以根据食材的不同选择不同的框格。中央格（菊花形框格没有中央格）被称为“共烫格”，火力最旺，汤温最高，那些要求急火短烫的脆爽的食材，如毛肚、鸭肠、腰片由食客自己用筷子夹着在此格中烫，自行掌握火候。四周的格子火力稍弱，最适宜煮烫那些需久煮入味、质地软嫩的原料，如血旺、鳝鱼、鲫鱼、脑花、平菇、苕粉等。火锅的框格具有方便食客、分隔不同质地原料涮烫、自行掌握火候增添食趣的作用。

三、餐具

火锅餐具，是用于分发或拈取食物的器皿和用具，如碗、碟、筷子等。不同档次、不同特色的火锅所用餐具也各有不同。

（一）油碟

油碟，又叫味碟，主要用于盛麻油、味精、蒜蓉等调味料，供蘸食火锅食材用。

（二）食盘

食盘，又叫接食盘、骨渣盘、骨碟。有不锈钢和瓷器两种，它既可用于分装涮烫的原料，也可以用来盛放骨渣等弃物。

（三）竹筷及筷架

竹筷是用竹子为材料加工而成的用来夹取食物的工具，是火锅必备用具（火锅店一般不用金属筷、骨筷或塑料筷）。普通竹筷一般长约 20 厘米，火锅用竹筷可长 25 厘米以上，便于从容从锅中拈取食物而无需担心烫手。

（四）饭（汤）碗

一种必备的用于盛装食品（饭或汤）的器具，碗口宽而碗底窄，下有碗足，高度一般为口沿直径的二分之一。

（五）菜盘（框）

用于盛装生熟火锅食材的器具。

（六）汤匙

汤匙，又叫调羹。是用来舀（喝）汤的小勺儿。

（七）小汤勺

小汤勺，又叫餐勺。用不锈钢制成，用于舀（分）汤的工具。

（八）小漏勺

小漏勺是一种在不锈钢勺底打孔或以金属丝网缕空制成的勺子。是在火锅锅子里捞取食物的工具。

（九）水杯

用多种材质制成的装啤酒或饮料的杯子，其中以玻璃材质水杯的用途最广。

（十）茶杯（茶壶）

茶杯是盛茶水的器具，水从茶壶而来，倒进茶杯，之后供客人饮用。茶杯有多种，其中盖碗茶杯是中国传统茶具，包括茶托、茶盅、茶盖。盖碗茶体现了东方独有的食韵和饮食文化。

（十一）酒杯

酒杯，用来饮酒的器具。基本器型大多是直口或敞口，口沿直径与杯高近乎相等。

（十二）果盘

多为玻璃的磨花或蚀花制品，主要用于盛装水果，供食者调节口味，消暑解渴时用。

四、其他用具

餐车、菜牌（点菜单）、调料盅、烟缸、多层小菜架、台布、餐巾、餐巾纸及纸盒、果签、牙签及牙签筒、小毛巾及毛巾盘。

第九章

品牌

第一节　新中国成立之前

一、萌芽时期的知名重庆火锅

（一）马记老正兴

在民国初年，马氏兄弟在渝中南纪门宰房街开启了马记老正兴毛肚火锅店。马氏兄弟原本经营北方火锅，他们极具商业眼光，看到码头上、巷子里的“水八块”广受人们追捧，他们认为这种饮食方式极有发展前途，根据自身店铺临近川道拐屠宰场的便利条件，将发端于船工生活之中的“水八块”移植到了店堂之中，并开始将屠宰场的牛毛肚、牛血旺等牛下水运用于火锅之中，广受食客好评。

（二）白乐天

在民国十年（1921年）后，白乐天火锅店诞生于较场口，由于相关记载不详，创始人也未可知，主要经营平民化的毛肚火锅。

（三）桥头火锅

桥头火锅由李文俊创建于长江南岸海棠溪的通济桥桥头，因地理区位而得名。初始，位于通济桥的西端桥头，店面简陋，主营毛肚。由于老板豁达开朗，对待食客和气，人气一直较高，回头客较多，生意一直都很好。门店一直都无招牌，直至新中国成立后公私合营，其店铺仍然位于桥头，故命名为桥头火锅。桥头火锅在重庆火锅中传承比较久远，始终坚持“五味中求平衡，清鲜中求醇厚，麻辣中求柔和，口感中求层次”，形成了麻、辣、烫、嫩、鲜、香的鲜明特色，深受美食界及广大顾客的喜爱，有“食在重庆，味在桥头”的佳话口碑。桥头火锅是诸多历史名店中唯一传承保留下来的老牌子，为中华老字号企业和火锅著名品牌，2014年被评为重庆市非物质文化遗产。该店毛肚火锅还被选入1960年由重庆市饮食服务公司编写、重庆人民出版社出版的《重庆名菜谱》中。

（四）划得来

江北划得来餐馆，创始人不详，20世纪20年代开始兼营毛肚火锅，其店名源于重庆习语“划得来”，即为比较划算，在众多火锅店中独树一帜，诸多的名人，如李劼人、欧阳平等都对其有深刻印象。

二、抗战时期的重庆知名火锅

全面抗战爆发之后，国民政府西迁，重庆成为战时首都。这一时期，重庆名流荟萃，各方人士云集，各种饮食习惯交会碰撞，是重庆餐饮史上的一个繁荣时期，重庆火锅也进入历史上的高度发展时期。人口猛增，尽管经济残破不堪，但是，民以食为天，吃饭问题始终是人们生活中的大事，这一时期各种餐馆应运而生，重庆火锅的繁荣和发扬光大也成为必然，涌现了诸多很有影响力的火锅店。

（一）云龙园

20 世纪 30 年代后期，厨师杨海林在渝中临江路（今重医大附二院对面）创办“临江路毛肚火锅馆”。杨海林亲自调味，其火锅有“能吃出麻辣烫嫩鲜香略带甜”的味道的传说，他调制的红汤火锅麻辣鲜香，汤色红亮，受到许多喜嗜麻辣的顾客的追捧，也包括许多上流社会的人士。据传说，当年刘湘随秘书慕名前往品味，但见锅内红浪翻滚，热气弥漫，香气扑面，食物在锅中忽上忽下，如游龙在云中戏玩，刘湘吃得高兴，吃得痛快，于是借景挥写下“云龙园”三字，于是“临江毛肚火锅”改名“云龙园”。

（二）一四一

20 世纪 30 年代，兰树云在渝中原保安路（现八一路）创办一四一火锅。之所以命名一四一，有多种传说，其一，该铺位于 141 号，因此以其所在位置命名；其二，店主主张诚信经营，童叟无欺，“本店一有说一，一就是一，绝不会二”；其三，这一时期流行以数字命名，诸如“一四七”“二五八、“三六九”等店名，店主追随潮流，也以数字命名。一四一火锅店主营毛肚火锅，几十年不变，火锅口味不咸不淡，麻、辣、烫、鲜、嫩，在重庆众多的火锅店之中，很受食客喜欢，是最早获得“重庆火锅名店”“四川火锅名店”称号的火锅店之一。

（三）不醉无归

不醉无归，店名很有文化底蕴，源于《诗经·湛露》：“厌厌夜饮，不醉无归。”不醉无归也是以经营毛肚见长，号称“毛肚大王”。而且，不醉无归还对火锅的食材进行了发展，增加了火锅烫煮的内容。将鲫鱼、青蛙、香菇及牛腰纳入火锅食材范畴，不局限于毛肚、鸭肠，它对菜品的开发独树一帜，尤其是烫牛腰非常独到。并且，其广告语也非常耐人寻味：“山城毛肚遍地有！

不醉无归第一家！美味不厌百回吃！不醉无归毛肚锅！”

（四）述园

述园火锅，由杨述林开创，也是一家毛肚火锅。抗战时期，重庆火锅众多，但是留下记载的却不多，述园火锅在新中国成立之后，有许多档案记载，由此推断，在当时应该具有一定的影响力。

（五）心心

心心火锅，20 世纪 30 年代，由田常柏、田常松兄弟共同开办，本身是一家咖啡馆。高档餐厅、咖啡馆都做毛肚火锅生意的风潮下，心心咖啡馆未能免俗，也顺水做起了火锅生意。当年，许多在渝的文人都喜欢光顾心心咖啡，诸如白杨、张恨水等，而且在此还发生过孔二小姐掌掴重庆市警察局局长徐中齐的故事，因此，此火锅店也非常有名。

三、抗战胜利之后至新中国成立之前的重庆知名火锅

（一）汉宫

1946 年，广东人周游在渝中民权路精神堡垒附近创办汉宫毛肚火锅。汉宫本是一家咖啡店，后来经营范围扩大，包括冷饮、西餐、毛肚火锅等。汉宫在广告营销上独具特色，从 1946 年 5 月开业，到 1950 年前后无“迹”而终，短短四年左右的时间里，开创了“毛肚火锅”广告强度及密度的先河。在 1946—1950 年出版的相关报纸中，很多都可以看到汉宫“毛肚火锅”的宣传，汉宫通过在多家报纸上不停以“毛肚火锅”或“火锅毛肚”宣传刺激，在社会各阶层中都有广泛的影响，以至于人们认为：“重庆市当时最好的一家毛肚火锅餐馆，是位于精神堡垒附近的‘汉宫’，一切设备和服务都很现代化……”所以，很多的名人在回忆重庆解放前的火锅时，言必称汉宫火锅，其广告语“日暮汉宫吃毛肚，家家扶得醉人归”，脍炙人口、深入重庆火锅迷心扉。

（二）夜光杯

夜光杯位于下半城林森路的新丰街口。夜光杯装修非常精致，在店门上方，安装了一个比较时髦的艺术雨篷，店内悬挂了电风扇。并且老板杜云安曾以店名拟一上联“夜光杯中，夜光杯酒，夜夜光杯”刊登在报纸上，广泛征集下联，此联难度极高。后来有人对出下联“烫毛肚好，烫毛肚汤，烫烫毛肚”，虽算不上对仗工整，但是与店内经营的业务非常贴切，一时传为美谈。开店后，

夜光杯登在报刊上的广告也非常有意思，其广告语曰：“初秋吟毛肚，把酒‘夜光杯’”。

（三）皇宫和白宫

除了汉宫、夜光杯等知名火锅外，皇宫和白宫两家火锅也颇有名气。

第二节 新中国成立后

一、改革开放前的重庆知名火锅

新中国成立之后，到改革开放之前，重庆火锅处于一个相对比较低潮的时期，抗战时期重庆火锅遍地开花的景象突然不复存在。在公私合营之后，重庆仅有少数几家国营（集体）火锅店经营。

（一）山城火锅

社会主义改造过程中，“云龙园”“一四一”“桥头”等火锅店公私合营之后成为国营（集体）企业。1963 年，云龙园迁至七星岗金汤街路口（现城墙公园下马路边），更名为山城火锅馆。这时吃火锅，食客都需要先买票，再凭票取菜，不讲份数而是称重量，食客可以拼桌，用的是木质九宫格，一人一格，互不打扰。

（二）一四一

除山城火锅之外，“一四一”是这一时期重庆市中区（今渝中区）少数几家专门卖火锅的餐馆之一，位于解放碑八一路好吃街。1966 年，云龙园原来的主厨杨海林被调往“一四一”当主厨，不仅杨海林把山城火锅馆的调味技术带到了“一四一”，而且原来云龙园的很多老顾客也跟随至此。

（三）夜光杯

夜光杯火锅位于中华路，这时被划归集体所有，也仍然在经营。

（四）川道拐火锅馆

川道拐火锅馆位于南纪门，也是一家划归集体经营的火锅馆。

二、改革开放之后的重庆知名火锅

改革开放之后，国营的桥头火锅、山城火锅、一四一火锅店，集体的夜光杯火锅仍继续经营。而且，小洞天、颐之时等著名中餐馆也有传统火锅售卖。随着经济的发展和人民生活的需求，重庆火锅如雨后春笋般地蓬勃发展起来。从改革开放之初的数十家火锅，到 2020 年发展到接近 3 万家。尤其是在 2000 年以后，无论是主城九区还是周边区县，火锅餐饮均发展迅速。

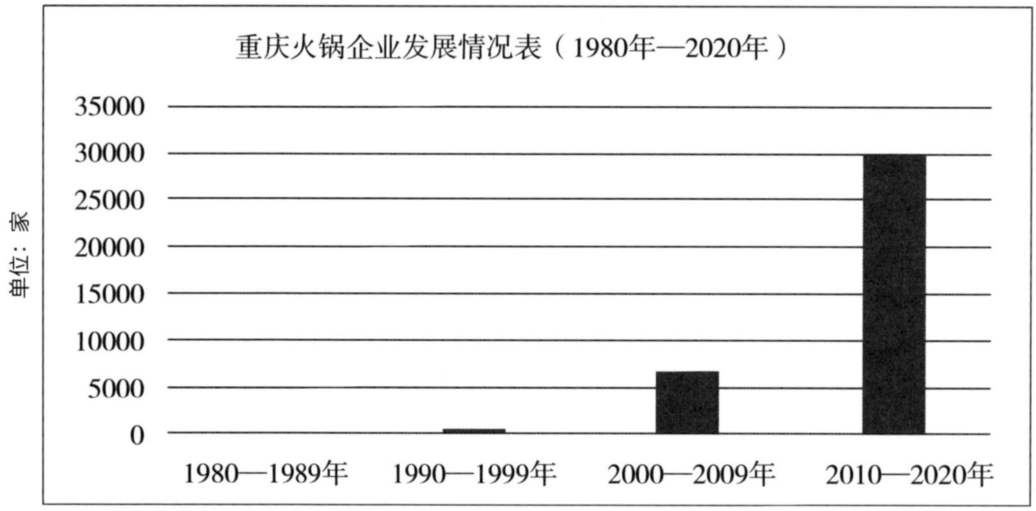

在重庆数以万计的火锅企业中，在不同的时期都涌现出了一些知名品牌企业，在全国餐饮行业中都有一定影响力。

（一）川东片区名优火锅

1995 年，受四川省商业厅、四川省烹饪协会、四川省保护消费者权益委员会、四川省烹饪协会火锅文化交流工作委员会、“首届四川省名优火锅评比”组委会的委托，市第二商业局、市烹饪协会、市饮食服务公司、市个体劳协、市消费者协会、市防疫站、市旅游局、重庆日报社、重庆电视台、重庆广播电台、厂长经理日报、渝中区饮食服务公司等 12 个单位组成了“川东片区组委会”，负责川东片区名优火锅的评比工作。由市烹协会牵头组织的专家评审组，由有关部门派员参加的综合评审组，经过近两个月的工作，完成了评比工作。重庆市（川东片区）评出名优火锅 15 个，优质火锅 7 个，风味火锅 4 个。

名优火锅：桥头火锅（南岸区）、云龙园火锅（渝中区）、阳光火锅城（沙坪坝区）、重庆火锅城（南岸区）、凌汤圆大酒楼火锅厅（渝中区）、重庆宾馆火锅厅（渝中区）、扬子江假日饭店巴人火锅（南岸区）、一四一火锅（渝中区）、重庆药火锅（渝中区）、韵苑饭庄火锅厅（北碚区）、露凝香火锅城〈九龙坡区）、西郊大酒楼火锅厅（九龙坡区）、九二九火锅大酒楼（九龙坡区）、棠城饭店火锅城（永川市）、巴人火锅城（涪陵市）。

优质火锅：西南兵工万友火锅（大坪）、嘉陵火锅城（双碑嘉陵厂）、渝北风味羊肉火锅（江北区）、金满楼大酒店火锅厅（江北区）、露凝香火锅馆（石坪桥）、四季春火锅（九龙坡区）、秋霞火锅（九龙坡区）。

风味火锅：上桥大酒楼火锅厅（沙坪坝区）、红珊瑚火锅（南岸区）、巴王火锅大酒家（渝中区）、船舶大酒楼火锅厅（江北区）。

（三）重庆首届名优火锅

1998 年 5 月 10 日，由重庆市商委主办、重庆商报社承办的首届重庆名优火锅评比活动，是重庆直辖市成立以来第一次以政府名义对餐饮企业举办的专项活动，旨在扩大影响，弘扬餐饮美食文化。60 余家火锅企业报名参加，整个评定过程历时半年。经过市烹饪协会专家按火锅特色、菜品质量、汤质、规模等十项标准打分，结合 5 万多市民投票，最终评出重庆名火锅 13 家，分别是小天鹅、桥头、维也纳、露凝香、牛魔王、韵苑、龙阁、青风、武陵山珍、秋霞、台北石头、曾火锅、Y 火锅；重庆优质火锅 12 家，分别是清华、巴人（涪陵）、金嗓子（万州）、奔吃土灶、宝全、重庆㵲儿、点式鱼头、华生园、景苑、金马、小小（江津）、金叶（黔江）火锅。

（四）重庆火锅入选市级非物质文化遗产名单

2007 年，重庆市开始进行市级非物质文化遗产认证，先后审批认定了 6 批。2019 年 12 月，市文化旅游委印发《关于重新确认市级非物质文化遗产代表性项目保护单位的通知》（渝文旅发〔2019〕308 号），开展了市级非遗代表性项目保护单位检查调整工作。经区县文化旅游委、相关市级单位申报，市文化旅游委对市级非遗代表性项目（1—6 批共 707 项）的保护单位进行了重新认定，760 个市级非遗项目中有 7 个火锅项目入选（见下表）。

重庆火锅入选市级非遗代表性项目保护单位名单

序号	所属区县 / 单位	项目类别	项目名称	现保护单位
1	渝中区	传统技艺	重庆火锅传统制作技艺（巴将军火锅制作技艺）	重庆巴将军实业（集团）有限公司
2	渝中区		巴江水毛肚火锅制作技艺	重庆市巴江水饮食文化有限公司
3	南岸区		桥头火锅烹饪技艺	重庆桥头火锅饮食服务有限公司
4	南岸区		重庆火锅传统制作技艺	重庆市王一汉餐饮发展有限公司
5	高新区		三耳火锅底料酿造技艺	重庆市三耳（集团）有限公司
6	重庆市火锅协会		重庆火锅	重庆市火锅协会
7	市商务委		重庆火锅传统制作技艺（朝天门火锅制作技艺）	重庆朝天门餐饮控股集团有限公司

（五）重庆名牌产品

根据重庆市质量技术监督局的认定，重庆市一些火锅企业所生产的火锅底料或调料产品入选了重庆市名牌产品（见下表）。

重庆火锅相关产品入选重庆名牌产品情况表

时间	产品名称	注册商标	生产企业
2004 年	火锅佐料、调料（袋装、瓶装）	三五牌	重庆市渝中区大坪三五火锅馆
2004 年	麻辣香水鱼（鸡、鸭、兔）超浓缩调料	周君记南山牌	重庆三九火锅底料厂
2005 年	火锅浓缩底料	红 99	重庆红九九食品有限公司
2007 年	火锅佐料、调料系列	三五牌	重庆市渝中区三五火锅佐料厂
2013 年	火锅底料	周君记	重庆周君记火锅食品有限公司
2013 年	火锅底料	秦妈	重庆秦妈食品有限公司

（六）中华老字号

1994 年，桥头火锅被商业部命名为中华老字号。2006 年，通过商务部中华老字号复审，并被作为非物质文化遗产项目上报。桥头火锅是中华老字号企业中唯一入选的火锅企业。

（七）“中国餐饮百强”火锅企业

2000 年以来，中国烹饪协会联合中国商业联合会、中华全国商业信息中心对中国的餐饮企业进行了统计分析，在一些年份发布了“中国餐饮百强”企业。在“中国餐饮百强”榜单中，重庆的火锅企业占据着比较重要的分量，在历年的榜单中，重庆火锅企业均有入选（见下表）。

2001—2020 年重庆火锅相关企业入选“中国餐饮百强”名单

时间	企业
2001 年	重庆小天鹅饮食文化（集团）
2001 年	重庆市德庄饮食文化有限公司
2002 年	重庆小天鹅饮食文化（集团）有限公司
2002 年	重庆市德庄饮食文化有限公司
2002 年	重庆秦妈餐饮文化有限公司（老火锅）
2004 年	重庆小天鹅饮食文化（集团）有限公司
2004 年	重庆市德庄饮食文化有限公司
2004 年	重庆秦妈餐饮文化有限公司
2004 年	重庆市汇源火锅研究所（奇火锅餐饮连锁机构）
2004 年	重庆苏大姐餐饮文化有限责任公司
2004 年	重庆市毛哥食品开发有限公司
2004 年	重庆市巴将军饮食文化发展有限公司
2004 年	重庆市君之薇餐饮文化有限公司
2005 年	重庆德庄实业（集团）有限公司
2005 年	重庆小天鹅饮食文化（集团）有限公司
2005 年	重庆秦妈餐饮文化有限公司
2005 年	重庆市汇源火锅研究所（奇火锅）
2005 年	重庆市毛哥食品开发有限公司
2005 年	重庆孔亮饮食文化有限公司
2005 年	重庆刘一手饮食文化有限公司
2005 年	重庆苏大姐餐饮文化有限责任公司
2005 年	重庆骑龙饮食文化有限责任公司
2005 年	重庆市巴将军饮食文化发展有限公司

续表

时间	企业
2005年	重庆君之薇餐饮文化有限公司
	重庆五斗米饮食文化有限公司
2007年	重庆小天鹅饮食文化（集团）有限公司
	重庆市德庄实业（集团）有限公司
	重庆秦妈餐饮文化有限公司
	重庆市汇源火锅研究所（奇火锅餐饮连锁机构）
	重庆苏大姐餐饮文化有限责任公司
	重庆市毛哥食品开发有限公司
	重庆骑龙饮食文化有限责任公司
	重庆市巴将军饮食文化发展有限公司
	重庆市君之薇餐饮文化有限公司
2008年	重庆小天鹅投资控股（集团）有限公司
	重庆市德庄实业（集团）有限公司
	重庆秦妈餐饮文化有限公司
	重庆苏大姐餐饮文化有限责任公司
	重庆市毛哥食品开发有限公司
	重庆骑龙饮食文化有限责任公司
	重庆市巴将军饮食文化发展有限公司
	重庆市君之薇餐饮文化有限公司
2009年	重庆德庄实业（集团）有限公司
	重庆刘一手餐饮管理有限公司
	重庆市毛哥食品开发有限公司
	重庆秦妈餐饮管理有限公司
	重庆孔亮饮食文化有限公司
	重庆骑龙饮食文化有限责任公司
	重庆奇火哥快乐餐饮有限公司
	重庆巴将军饮食文化发展有限公司
	重庆五斗米饮食文化有限公司
	重庆苏大姐餐饮文化有限责任公司
	重庆市武陵山珍经济技术开发有限公司

时间	企业
2010年	重庆市毛哥食品开发有限公司
	重庆德庄实业（集团）有限公司
	重庆孔亮饮食文化有限公司
	重庆巴将军饮食文化发展有限公司
	重庆五斗米饮食文化有限公司
	重庆奇火哥快乐餐饮有限公司
	重庆市武陵山珍经济技术开发有限公司
	重庆苏大姐餐饮文化有限责任公司
2011年	重庆市毛哥食品开发有限公司
	重庆刘一手餐饮管理有限公司
	重庆德庄实业（集团）有限公司
	重庆秦妈餐饮管理有限公司
	重庆巴将军饮食文化发展有限公司
	重庆市巴江水饮食文化有限公司
	重庆佳永小天鹅餐饮有限公司
	重庆奇火哥快乐餐饮有限公司
	重庆市武陵山珍经济技术开发有限公司
	重庆苏大姐餐饮文化有限责任公司
2012年	重庆市毛哥食品开发有限公司
	重庆刘一手餐饮管理有限公司
	重庆德庄实业（集团）有限公司
	重庆五斗米饮食文化有限公司
	重庆秦妈餐饮管理有限公司
	重庆佳永小天鹅餐饮有限公司
	巴江水饮食文化有限公司
	重庆奇火哥快乐餐饮有限公司
	重庆市武陵山珍经济技术开发（集团）公司

续表

时间	企业
2013年	重庆市毛哥食品开发有限公司
	重庆刘一手餐饮管理有限公司
	重庆德庄实业（集团）有限公司
	重庆五斗米饮食文化有限公司
	重庆巴将军饮食文化发展有限公司
	重庆秦妈餐饮管理有限公司
	重庆市巴江水饮食文化有限公司
	重庆佳永小天鹅餐饮有限公司
	重庆奇火哥快乐餐饮有限公司
	重庆武陵山珍经济技术开发（集团）有限公司
2014年	重庆刘一手餐饮管理有限公司
	重庆德庄实业（集团）有限公司
	重庆朝天门餐饮控股集团有限公司
	重庆顺水鱼饮食文化有限公司
	重庆巴将军饮食文化发展有限公司
	重庆秦妈餐饮管理有限公司
	重庆骑龙饮食文化有限责任公司
	重庆市巴江水饮食文化有限公司
	重庆佳永小天鹅餐饮有限公司
	重庆奇火哥快乐餐饮有限公司
	重庆武陵山珍经济技术开发（集团）有限公司
2015年	重庆刘一手餐饮管理有限公司
	重庆朝天门餐饮控股集团有限公司
	重庆市铁哥们企业管理服务有限公司
	重庆德庄实业（集团）有限公司
	重庆巴将军饮食文化发展有限公司
	重庆秦妈餐饮管理有限公司
	重庆秦妈餐饮管理有限公司
	重庆骑龙饮食文化有限责任公司
	重庆奇火哥快乐餐饮有限公司
	重庆武陵山珍经济技术开发（集团）有限公司

时间	企业
2016年	重庆五斗米饮食文化有限公司
	重庆朝天门餐饮控股集团有限公司
	重庆刘一手餐饮管理有限公司
	重庆秦妈餐饮管理有限公司
	重庆巴将军饮食文化发展有限公司
	重庆德庄实业（集团）有限公司
	重庆市巴江水饮食文化有限公司
	重庆骑龙饮食文化有限责任公司
	重庆奇火哥快乐餐饮有限公司
	重庆佳永小天鹅餐饮有限公司
	重庆香锅年代餐饮管理有限公司
2017年	重庆五斗米饮食文化有限公司
	重庆顺水鱼饮食文化有限公司
	重庆朝天门餐饮控股集团有限公司
	重庆刘一手餐饮管理有限公司
	重庆秦妈餐饮管理有限公司
	重庆德庄实业（集团）有限公司
	重庆骑龙饮食文化有限责任公司
	重庆市巴江水饮食文化有限公司
	重庆奇火哥快乐餐饮有限公司
2018年	重庆五斗米饮食文化有限公司
	重庆朝天门餐饮控股集团有限公司
	重庆顺水鱼餐饮管理有限公司
2019年	重庆刘一手餐饮管理有限公司
	重庆秦妈餐饮管理有限公司
	重庆朝天门餐饮控股集团有限公司
	重庆五斗米饮食文化有限公司
	重庆守柴炉餐饮管理有限公司
	重庆顺水鱼餐饮管理有限公司

续表

时间	企业
2020 年	重庆朝天门餐饮控股集团有限公司
	重庆刘一手实业管理有限公司
	重庆秦妈餐饮管理有限公司
	重庆五斗米饮食文化有限公司
	重庆守柴炉餐饮管理有限公司

第十章

经济

火锅是重庆一张靓丽的城市名片。改革开放以来，火锅是重庆发展最为迅速的行业之一，2003 年，被重庆市政府确定为重庆的支柱产业之一。截至 2020 年，重庆火锅餐饮企业接近 3 万家，火锅底料生产企业达到数百家。重庆火锅产业在发展壮大的同时，也助推着其他关联产业。火锅产业在解决富余劳动力就业，促进经济发展方面做出了重要贡献。

第一节　市场营销

一、独体经营

改革开放之初，重庆火锅开始复苏，但是，这一时期的火锅店规模一般都比较小，诸如小天鹅火锅起始只有三张桌子，苏大姐火锅在江北大石坝的半山坡有 4 张桌子、16 把椅子，秦妈火锅创业之初也仅有 6 张餐桌、8 名员工。重庆火锅的营销处于比较原生的状态，主要以生产为中心，重点考虑“能生产什么”。

二、连锁加盟+直营

经过十多年的发展，到 20 世纪 90 年代，重庆火锅进入扩张期。一些火锅店推出了荤素搭配，采取“三拖一”“四拖二”等营销方式，即荤菜 3 元，素菜 1 元，或者荤菜 4 元，素菜 2 元。

同时，重庆市区和其他区域，开始尝试直营模式。1992 年，重庆小天鹅火锅进军成都，在成都衣冠庙附近开设直营店。1994 年，小天鹅火锅落户天津，开启了合作加盟火锅连锁经营模式。在此之后，其他火锅品牌也纷纷效仿，全国各地出现了重庆各种火锅品牌的直营店或加盟连锁经营店。2000 年以后，虽然重庆火锅的市场扩张遭遇与诸如皇城老妈、谭鱼头、热盆景、东来顺、大胖涮、昆明大滇园、北京金山城、武汉怪味楼、济南云婷、东北肥牛、小肥羊、小背篓等的竞争，但是依然保持稳定增长，取得了可喜的成就。截至 2011 年，秦妈火锅有 9 家直营店、460 多家连锁店、3 万多员工；德庄火锅仅仅 2011 年一年的时间，新开自营店 16 家，新增加盟店 120 多家；而成立于 2000 年的重庆刘一手餐饮管理有限公司，截至 2012 年拥有近 500 家分店，遍及中国 29 个省、区、市及美国、阿联酋、新加坡、澳大利亚等多个国家和地区，在 2011 年中国餐饮百强企业中名列第 9 位，年营业总额超过 20 亿元。

此外，重庆火锅还开展系列活动带动市场营销。在这一时期，根据不同的节庆或者节点事件，有针对性地开展促销活动。有结合新春开展的“火锅团年宴”，结合中考高考开展的“谢师宴”“同学珍情宴”“亲友欢聚宴”等促销活动。

三、“互联网＋火锅”

2016 年，第八届中国（重庆）火锅美食文化节通过官方微信平台火锅天下 HOT，与百度糯米联手呈现全网火锅节，10 月 1 日至 10 月 23 日，销售额达 4800 余万元，网络曝光频次超过 5000 万次。

2017 年，第九届中国（重庆）火锅美食文化节官方新媒体平台火锅天下 HOT 和微信支付联手开展 2017 全网火锅节活动，10 月 23 日至 11 月 30 日，持续一个月多时间。通过火锅霸王餐、千万代金券免费派发、微信支付随机立减、8 折起全城通吃、2017 年度最具人气火锅品牌评选、2017 年度最佳火锅食材评选、重庆火锅达人评选三大评选等精彩纷呈的活动，充分利用互联网平台，联动全城上千家火锅门店，打造了一个无地域限制、更多企业参与、更多市民关注的网上火锅节，让火锅节成了一个全国人民都能参与的品牌节日盛会。

2019 年，根据重庆市火锅协会的统计，整个大重庆范围内，火锅门店的数量达到了 2.6 万多家，从业人数大概为 40 多万人，由此推算出全市火锅行业的直接从业人员接近 56 万人。如果对火锅全产业链产值加以估算，包括最上游的原料生产基地、中游的火锅调味料及底料制品、最下游的火锅门店和新兴方便火锅在内，重庆火锅的全产业链产值已接近 500 亿元。2019 年底，全国大约分布着 50 多万家重庆火锅店，从业人员近 3000 万人，每年接待超过 100 亿人次的消费者，创造了超过 8000 亿的市场容量，重庆火锅走进了世界

22 个国家和地区。在火锅文化节期间，线上活动成效明显，共有 20400 家火锅门店参与，从 9 月 13 日至 10 月 22 日，销售额 6380 余万元。

2020 年初，新型冠状病毒肺炎疫情来袭，给餐饮行业带来了巨大影响。火锅行业积极利用互联网开拓市场，重庆市火锅协会展开了自救，一方面积极开展了零接触火锅外卖服务，从 1 月 26 日到 3 月 24 日，全市有 200 余家火锅门店通过开设火锅外卖，获得订单 13 万份，销售额 1785 万元。另一方面开展了为期一个月的云端“宅家火锅节”，组织 186 家火锅门店开展“2020 重庆宅家火锅节”活动，通过火锅天下 HOT 微信公众号、口碑 APP、饿了么 APP、永辉生活 APP 线上推送，以“爱、购、晒、趴”为主题，平均每天每家门店外卖订单 30 份，销售额 2500 余万元。

2020 年 10 月初举行的全网火锅节，联动重庆全城 200 家火锅门店，带来了“1 元吃招牌菜”“百万火锅优惠券、代金券抢不停”等优惠活动，吸引了众多网友的打卡参与。主办方联动京东物流开展线上火锅美食主题促销活动，辐射全国，100 余个品牌携火锅底料、食材、饮品及调味品等 3200 余件商品参与。“互联网 + 火锅”模式在此次会展期间效果非常显著。美团点评集结 210 家老字号、非遗特色、知名品牌的火锅企业打造线上重庆火锅品牌馆，充分发挥美团外卖、大众点评、快驴、美团优选等数字经济生态资源作用，同步打造线上火锅节，从 10 月 1 日至 10 月 18 日，销售额达 2.3 亿元，网络曝光频次 1.2 亿次。由市火锅协会联合重庆银联分公司、市交通银行共同建设的“火都惠”火锅电商文化平台也在火锅节期间亮相发布。

第二节　经营管理

火锅在重庆餐饮中占据着重要的份额，对重庆经济也有非常重要的影响。重庆市政府和相关部门高度重视重庆火锅的发展，从火锅市场经营开发、质量提升、品牌建设、原材料基地建设等各个层面着手，推动重庆火锅的发展。

一、规范市场经营

改革开放之后，重庆火锅发展迅速，成为重庆市的“城市名片”，并且迅速在全国各地开花结果，其“麻、辣、鲜、香”的口味受到许多消费者的追捧。但是在发展的历程中，重庆火锅在市场经营方面也存在一定的问题，尤其是四次危机事件。

1987 年，“福尔马林浸泡毛肚”事件。毛肚是重庆火锅中的主打食品，随着重庆火锅开始兴盛，食客暴增，本地牛肚供不应求，一些经营者选择到内蒙古、新疆等地购进。但由于路途遥远及运输条件限制，鲜牛肚运到重庆后多变成了干巴货，味道既差，卖相也不好。为了防腐和保鲜，一些不法经营者竟用福尔马林浸泡牛肚，这样浸泡后的干牛肚颜色鲜亮，味道细嫩。一时间许多火锅店纷纷效仿。

1988 年，“罂粟壳风波”。重庆火锅在“福尔马林浸泡毛肚”事件之后，经过政府整顿，开始复苏，竞争加剧。一些火锅店的经营者为了留住顾客，竟将罂粟壳熬水置于火锅汤中，使火锅味道“鲜美可口”，一些顾客食用后，逐渐产生无法抗拒的依赖心理。

2004 年，火锅底料添加石蜡事件。2004 年 2 月 1 日，中央电视台《每周质量报告》曝光重庆部分食品生产厂家在火锅底料中添加石蜡的新闻，在社会各界引发轩然大波。

2011 年，火锅“老油”风波。中央电视台曝光了成都“重庆老堂客火锅”将顾客吃剩的火锅底料进行简单过滤、烧制、重新包装后，又当作“一次性锅底”返回餐桌。事件曝光后，老油火锅被推到舆论的风口浪尖，“老油”被一些别有用心的人污蔑为“地沟油”“潲水油”，对重庆火锅的形象和品牌影响力造成了危害。

针对以上火锅市场经营中出现的问题，重庆市政府高度重视，多次主持召开专题座谈会，听取餐饮企业、餐饮行业协会和商会关于加快餐饮业发展的意见和建议，出台了一系列的政策和措施。支持火锅行业成立火锅协会，充分发挥其在政府与重庆火锅企业之间的桥梁作用。

2017 年，在重庆市商委及相关部门的支持下，重庆市火锅协会发布全国首个火锅经营行为规范——《重庆市火锅经营行为规范》，从管理体系、场所、人员、原料和安全等方面进行规定，规范重庆火锅行业经营活动。

二、加强火锅质量监管

产品质量是企业生存的基础，为了壮大重庆火锅产业和扩大重庆火锅在全国的影响，政府与火锅企业合作成立火锅原材料、菜品和调味品标准化研究中心，制定火锅相关地方标准，召开专题研讨会，提升重庆火锅产品的质量。

2001 年 8 月 26 日，重庆市产品质量监督检验所、重庆市卫生局卫生监督所、重庆市德庄饮食文化有限公司、重庆市质量技术监督局共同研究出台了重庆火锅主要食材——毛肚的地方标准——《重庆火锅毛肚》(DB50/37—2001)，规定了重庆火锅毛肚的要求、试验方法、检验规则、标志、标签、包装、运输、贮存，为重庆火锅毛肚的使用提供了准绳，2001 年 10 月 10 日，正式开始实施，2014 年 4 月 11 日已废止。

2008 年，开展“重庆火锅品质升华年”活动，该年度是“重庆火锅品质升华年”。3 月 21 日，全市火锅行业企业在江北区观音桥召开诚信经营誓师大会，成立行业督促委员会，要求全体会员单位率先建立“优品质、优服务、优环境、优价格”的火锅经营模式，规范经营，诚信经营。当年，全市火锅行业没有发生有损重庆火锅行业声誉的事件。

2008 年，针对重庆火锅在成都市场份额遭遇瓶颈、经营档次降低的问题，及时召开品牌火锅企业和市商委负责人参加的重庆火锅在蓉发展研讨会，研究重庆火锅的相关竞争对手，总结自身经验，提升重庆火锅的品质。

2009 年 12 月 9 日，重庆市质监局与重庆德庄（实业）集团有限公司合作，建立了重庆火锅标准化发展研究中心，推动火锅标准化探索和实践。双方建立项目科研合作机制，联合开展餐饮标准化项目研究和成果推广，内容包括：火锅原材料（配料）标准化、火锅食品（菜品）加工标准化、火锅物流标准化、火锅食品（菜品）安全卫生及营养标准化、火锅企业管理标准化、火锅服务质量标准化等六大方面。这意味着重庆火锅产业从底料到服务都将有标准可依。底料炒制与配送，从原材料进货、生产工艺、产品质量等各方面形成了标准化操作；在毛肚、鸭肠、鹅肠等大宗火锅产品的卫生、保管方面有标准可依；火锅相关产品储藏、运输、生产全过程有标准可依。

2011 年 8 月 19 日，重庆市标准化研究院、重庆市计量质量检测研究院、西南大学、重庆德庄实业（集团）有限公司、重庆火锅标准化发展研究中心共同制定的重庆市地方标准《食品安全地方标准重庆火锅毛肚》(DBS50/001—

2011）和《食品安全地方标准重庆火锅鸭（鹅）肠》（DBS50/002—2011）出台，规定了重庆火锅毛肚、鸭（鹅）肠的术语与定义、产品分类、要求、检验方法、检验规则、标志、标签、包装、运输和贮存。10月1日，正式开始实施。以上两个标准均于2018年5月1日起废止。

2017年2月，重庆市火锅调味品及菜品工程技术研究中心正式成立。该中心致力于重庆火锅调味品及菜品应用技术及标准化的研究开发及服务工作，包括：研究火锅调味品标准化生产控制关键技术，以及原料质量对品质的影响，原料预处理及生产过程对品质的影响；重庆火锅调味品标准化的研究开发及行业技术人才的培训、培养等服务工作；重庆火锅调味品工业4.0系统技术开发及应用等。

三、推动火锅品牌建设

1998年5月10日，由市商务委主办、重庆商报社承办的首届重庆名优火锅评比活动，是重庆直辖市成立以来第一次以政府名义对餐饮企业举办的专项评比活动，旨在扩大影响，弘扬餐饮美食文化。60余家火锅企业报名参加，整个评定过程历时半年。经过市烹饪协会专家按火锅特色、菜品质量、汤质、规模等十项标准打分，结合5万多市民投票，最终评出重庆名火锅13家。

随着火锅产业和火锅店数量、种类增加，重庆市加大火锅品牌建设力度，组织和选拔企业参与全国性和重庆地方性评选活动，重庆多个火锅企业荣获"中国火锅十佳著名品牌""中华名火锅""中华餐饮名店""全国绿色餐饮企业""重庆市著名商标""重庆十大创新特色火锅""中国名火锅宴""重庆名火锅""重庆健康放心火锅""放心火锅底料""最具市场推广价值奖""重庆火锅名宴""全国行业质量示范企业""中国烹饪大师大赛金奖""中国火锅调味大师""重庆火锅调味大师"等称号，在行业中产生了一定的影响力，起到了带头和示范的作用，推动了火锅产业的发展。

2008年，为光大和保护重庆火锅品牌，重庆市火锅协会组织重庆火锅企业申报"重庆火锅"集体商标。

四、推进餐饮业原辅材料本地化

2005 年，根据相关统计，重庆市餐饮企业使用的原料 80% 由本地提供，使用的主要辅料、调料 70% 是外地产品。重庆市盛产辣椒、花椒等主要辅料，推进餐饮企业原辅材料本地化的空间较大。市商委向市政府报送提高餐饮业原辅材料地产化的专题报告，市领导高度重视并作出指示。市商委搭建平台，会同市农办、市农业局举办 2005 年中国石柱辣椒订购会，组织 52 家餐饮企业的 300 多人参会，签订购销合同 8.75 万吨。有 5 家餐饮企业在石柱县建辣椒加工厂。

鼓励火锅企业自主创新，增加产品附加值。一批餐饮龙头企业着手建基地、建原料加工厂，进行产品深加工和技术创新，加工各种餐饮底料、原料，壮大延伸企业发展的产业链条，建设产销一体的现代餐饮企业。德庄、小天鹅等火锅企业共建设原材料基地 200 个。

2009 年，在石柱县建设的火锅原辅材料生产基地种植辣椒等火锅原材料 1.4 万公顷，加工原辅材料 3 万吨，产值 6000 万元。綦江县（今綦江区）商品蔬菜种植面积 2.67 万公顷，木瓜种植面积 5333 公顷。重庆餐饮原辅料生产加工基地初具规模，共种植辣椒、花椒、生姜等 1.67 万公顷。以小天鹅、陶然居、德庄、秦妈、阿兴记等 60 余户为代表的餐饮龙头企业分别建成农副产品种植、养殖、屠宰和精深加工基地，形成“公司 + 基地 + 农户 + 供销链”的经营模式。

五、加强人才培训

为了提升重庆火锅质量，政府依托科研院所和相关火锅企业，成立了重庆市火锅学院，鼓励企业开办火锅培训学校，加紧人才培训和技术的研发。据不完全统计，火锅企业先后开办了重庆小天鹅学校、重庆德庄职业培训学校、苏大姐火锅学校、重庆清华火锅培训学校、巴江水职业培训学校、大西南厨师职业培训学校等各类培训学校，培养火锅经营管理人员。

2004 年 9 月，市政府办公厅转发市商委《关于进一步加快餐饮业发展的意见》（以下简称《意见》），提出了重庆市近期餐饮业发展的总体要求、目标、政策和措施。《意见》提出，为加强对餐饮业工作的领导，成立由分管餐饮业工作的副市长为组长，市商委、市财政局、市工商局、市劳动局、市税务局、市环保局、市质监局、市公安局、市规划局、市卫生局等部门参加的重庆市餐饮行业发展领导小组，定期研究发展餐饮业的重大措施和解决存在的主要问题；对到市外、国外发展餐饮连锁经营的企业，在商业结构调整资金中安排经费给予贷款贴息扶持；市财政预算中设立餐饮业发展基金，专项用于美食街建设和餐饮企业技术改造贷款贴息。《意见》要求各区县（自治县、市）政府为开拓农村市场发展连锁经营的餐饮企业创造宽松的政策环境。《意见》的出台对重庆市餐饮业持续健康发展发挥了重要的作用。

第三节　经济效益

一、重庆火锅恢复期

改革开放以后，在敞开国营、集体、个体办饮食业的三扇大门后，火锅店骤增，重庆火锅店迎来大发展。

凡到过山城重庆的人，无不惊叹重庆的火锅店多。从偏僻的小巷到热闹的大街，处处可闻火锅香。在市中区（今渝中区）的青年路、八一路、五四路，都形成了火锅摊群，一个连一个的火锅摊有十几家之多。火锅夜市也是人头攒动，生意火爆。在居民家里，也经常是亲朋围炉吃火锅，有的家庭甚至是“每周一锅”。火锅，成为重庆人的重要食俗。

1987 年，据相关统计，重庆火锅店增至近 5000 家，相当于全市饮食店总数的 1/4。在仅 10 平方千米的市中区（今渝中区），就有五六百家火锅店，其中 80% 左右为个体经营。重庆南岸的“桥头火锅”，是全市最大的国营火锅店，设有 25 张火锅桌，火锅别具风味，享有“味在桥头”的美誉。国内的一些知名人士，国外的来宾，都慕名而来，乘兴而归。它生意兴隆，每年营业额近百万元。1987 年，重庆火锅店的发展势头虽然减缓，但仍在稳步增加。一四一火锅在重庆众多火锅店中独树一帜，麻辣烫鲜，回味悠长，1987 年全年销售额达80多万元。重庆火锅随着发展，有了一定的创新。在味道上，麻辣味在淡化，突出鲜，以适应多种口味的需要。有的还设有清汤火锅、荔枝味火锅，并配有爽口的甜食。在烫食的品种上，越来越多样化。家畜内脏，各种肉类，海味、水产品、罐头食品、干菜、豆制品、蔬菜都可入烫。吃火锅的人多了，火锅的原辅料价格扶摇直上，几年间，毛肚、鳝鱼、鸭肠、血旺等的价格上涨了一两倍。

二、重庆火锅扩张期

20世纪90年代，重庆火锅得到较快发展，大量的火锅店开始涌现，主要呈现以下特点：一是经营味别多样化，除麻辣味的“毛肚火锅”“红汤火锅”外，还相继推出了“清汤火锅”“鸳鸯火锅”“海鲜火锅”“酸菜火锅”“药膳火锅”“山珍火锅”“鱼头汤锅”“羊肉汤锅”等；二是原辅材料多样化，从单纯的下脚料、低档菜到较高档的鱼、虾、蟹、龟、鳖等，凡能食者均可入锅烫食；三是经营方式多样化，从传统的食客点菜制到包水酒和多菜品的自助火锅、歌舞伴餐等，形成了集吃、娱乐于一体的格局。一些火锅企业取得了非常好的经济效应，以南岸桥头火锅为例，其因特色突出，名气越来越大，经营蒸蒸日上，1993年营业收入446.59万元，利润74.49万元，分别比1992年增长30.96%和20.32%。

20世纪90年代中期，重庆火锅进一步向高档次、大规模方向发展，出现了一批有一定规模、有一定装修档次的专业火锅店，如可以一次性容纳成百上千客人的会仙楼皇后火锅、大众火锅、维也纳火锅、龙阁火锅城等。这些火锅店提供舒适高雅的就餐环境，采用大排档式的收费价格，推出包水酒和若干菜品的自助火锅，价廉实惠，客人各取所需，还推出歌舞表演、时装表演、音乐伴餐等，丰富了就餐氛围，适应了消费潮流。这些店以合理收费、规模经营占领市场，形成重庆火锅经营的新热点，推动了火锅市场的发展。

三、重庆火锅繁荣期

直辖后的重庆，经济发展加快，重庆火锅发展也进入了一个繁荣时期，火锅产业呈井喷式发展。

2003年，全市有规模以上火锅企业203家（其中火锅连锁品牌企业21家），门店1260家，在全国发展加盟店673家，有从业人员13万人。全市火锅业营业额43亿元，比上年增长19.7%，占全市餐饮业营业额的40.2%。

2005年，重庆市有14家餐饮企业进入全国餐饮企业百强，小天鹅、德庄进入全国餐饮连锁企业十强。陶然居、苏大姐、秦妈等6家企业进入全国餐饮百强企业前二十强。

2006年，全市火锅餐饮年营业收入78亿元，占全市餐饮业营业总额的40.2%；火锅企业从业人员达43万人，占全市餐饮从业人员的60.4%。重庆火锅在重庆以外开店3000多家，遍布北京、上海等城市和美国、英国、澳大利亚等10多个国家和地区。出现了德庄、小天鹅、秦妈、苏大姐、骑龙、巴将军、君之薇等火锅餐饮大型品牌企业。获得中国驰名商标和著名商标的火锅企业10家，年营业额超亿元的火锅企业有17家，先后进入全国餐饮百强企业14家。在2005年度全国餐饮百强的20强火锅企业中，重庆占到11家，可以说重庆已成为名副其实的中国火锅美食之都。因此在成功举办了两届中国（重庆）火锅美食文化节的基础上，重庆市政府与中国烹饪协会联手主办“第三届中国（重庆）火锅美食文化节”，是应运而生的，也是顺应形势要求的。既是为了进一步打造重庆火锅整体形象，促进地方经济建设和构建和谐社会，同时也通过火锅之都的龙头作用带动全国大众化火锅餐饮的发展与进步。

2008年，在中国烹饪协会白皮书《2008中国餐饮产业运行报告》中，重庆市有20家餐饮企业进入中国百强餐饮企业行列，其中德庄、小天鹅、陶然居排名前10位。重庆市有规模以上火锅企业200余家，在国内31个省、自治区、直辖市和美国、澳大利亚等国家和地区发展火锅连锁经营店3000多家，火锅业从业人员50多万人。进入全国百家重点餐饮企业的16家重庆火锅企业营业收入182亿元，比上年增长21.3%，占全国百家重点餐饮企业营业收入的18.2%，占全国23家重点火锅企业营业收入的70%，其市场份额占全国火锅市场的54%。

2009年，据统计，重庆市火锅餐饮年营业额达到130亿元，从业人员43万人，有10家火锅企业获得中国驰名商标和著名商标，有13家火锅企业进入全国餐饮百强。涌现了“小天鹅”“德庄”“秦妈”“苏大姐”等一大批火锅品牌企业，重庆火锅企业在全国开店3000多家，遍布北京、上海等国内大中城市和美国、英国等10多个国家和地区。

四、重庆火锅新时代

2010 年以来，互联网的飞速发展给重庆火锅产业带来了非常大的影响，线上和线下合作的模式推动了重庆火锅产业发展。社交媒体形态快速变化，用户了解信息的渠道从过去到店才能了解品牌的单一化体验变成了更多元化的触达体验。多元的社交平台兴起，直播、打卡、拼团等新兴购物形态出现，用户的消费方式从被动搜寻变成了主动寻找、主动参与、主动分享，传统餐饮品牌也需要顺应时代和用户群体的变化。

2016 年，第八届中国（重庆）火锅美食文化节通过官方微信平台火锅天下 HOT，与百度糯米联手呈现全网火锅节，10 月 1 日至 10 月 23 日总计销售额达 4800 余万元，网络曝光频次超过 5000 万次。

2018 年，重庆市餐饮住宿业零售额突破 1300 亿元。根据辰智餐饮数据库数据，全国餐饮行业中火锅销售额占比为 22%，大致推算出重庆火锅行业 2018 年营业额约为 286 亿元。重庆市火锅协会统计，如果对火锅全产业链产值加以估算，包括最上游的原料生产基地、中游的火锅调味料及底料制品、最下游的火锅门店和新兴方便火锅在内，重庆火锅的全产业链产值已接近 500 亿元。根据重庆市商务委的数据，重庆共有 258 家企业实行了商业特许经营备案，而其中涉及重庆火锅连锁加盟的企业就有 57 家，他们在全国开设连锁加盟门店超过 2000 家。小天鹅、秦妈、苏大姐、德庄和刘一手等多家本土火锅企业，已累计在海外开店 200 多家，分布在美国、新加坡、俄罗斯、澳大利亚、加拿大、老挝等国家及中国香港、中国澳门、中国台湾等地区。

2019 年，根据重庆市火锅协会的统计，整个大重庆范围内，火锅门店的数量达到了 2.6 万多家，重庆火锅行业从业人数为 437855 人，由此推算出全市火锅行业的直接从业人员接近 56 万人。2019 年底，全国大约分布着 50 多万家重庆火锅店，从业人员近 3000 万人，每年接待超过 100 亿人次的消费者，创造了超过 8000 亿的市场容量，重庆火锅走进了世界 22 个国家和地区。在火锅文化节期间，线上活动成效明显，共有 20400 家火锅门店参与，从 9 月 13 日至 10 月 22 日总计销售额达 6380 余万元。

2020 年，据不完全统计，重庆市火锅店约有 29950 多家，占全国火锅门店的 6% 左右，直接从业人员近 80 万人，占全国从业人员的 2.7% 左右。有 4 家企业获得中国驰名商标称号，1 家被认定为“中华老字号”，获得重庆市著名商标和老字号的企业多达 180 家。重庆火锅门店占据全国火锅业、重庆餐饮业半壁江山，并以每年 15% 的速度增长；全年营业收入近 600 亿元；火锅全产业链收入超千亿元。以“麻辣火锅”为特色的重庆火锅，遍布全国、走向世界，餐饮营业额达 5000 亿元以上，成为餐饮业增长最快、营业额最大的品类。

exchange

第十一章

交流

重庆火锅产生于两江交汇的朝天门码头，从一开始，就借助当时的交通系统向两江沿岸进行传播和渗透。初始的传播交流是凭借比较落后的交通——船行和传统的营销方式——吆喝来缓慢展开。随着现代交通的发展、网络技术的应用和现代市场营销理念的推广，重庆火锅在全球范围内扩展开来。

第一节　国内交流

一、省内、市内传播渗透

清末民初，重庆朝天门码头附近的码头工人、苦力，结合自己的生活环境，创造性地将辣椒、花椒等佐料与猪牛等牲畜的内脏有机结合，再加上菜蔬烩煮一锅，香气四溢。船工的生活及祭祀方式为一些精明的商贩所借鉴，小贩将船工的此种吃法和北方火锅涮煮的方法相结合，将购得的廉价牛肉、牛杂、牛油渣等切成块片加入烫食，挑担沿街叫卖，形成了重庆火锅的前身"水八块"。他们挑着担子，一头是烧着炭火的泥炉子，炉子上放着一个大铁盆，铁盆之中盛放着卤水，卤水由花椒、辣椒、生姜、蒜头、牛油、猪油等熬制而成；而另一头的担子则挑着几张小凳子和篮子，篮子里面装着已经处理好的牛的内脏，诸如牛心、牛舌、血旺等，还有当季的时蔬。这样的担子在江边、码头、街头随处可见，小贩的一声声吆喝和散发出的麻辣香味，吸引了过往的路人和贩夫走卒。在小贩的吆喝声中，这种做法迅速扩展到重庆两江四岸广大区域，并沿着长江和嘉陵江水道，向上游的泸州、宜宾、合川和滇、黔地区，以及长江下游传播。

随着"挑子"逐步向"摊子"过渡，最终登堂入室，在20世纪20年代初，真正意义上的火锅店开始在母城渝中产生。在抗战时期，火锅在重庆城内到处飘香，并且在这一时期传播到川内各地，在成都也可以吃到地道的重庆火锅。这可以说是重庆火锅的第一个扩展时期。

改革开放之后，重庆火锅再度崛起，重庆火锅如雨后春笋般在重庆迅速发展起来，在20世纪90年代开始进军成都。1990年11月，成都衣冠庙郊野，重庆小天鹅的创始人何永智，拿下一栋2000平方米的三层独体餐厅，小天鹅迈出了重庆火锅扩张的第一步。

二、全国范围扩展交流

2001年，重庆市火锅协会成立。在此之后，重庆火锅迅速在全国扩张，同时开始了产业化探索。重庆市火锅协会首任会长何永智谈及当时的情况，“那时候加盟太好做了，光是接全国要求加盟的电话都忙不过来”。苏兴蓉也深有感触地说，山东、河南一天可以同时开几家店。而在邻近的成都，重庆火锅连锁也大获全胜，重庆火锅几乎占了成都火锅市场70%的份额，小天鹅、苏大姐、德庄、秦妈、清华、刘一手等品牌纷纷杀入成都。

为了加快火锅的推广和与餐饮界的交流和合作，2004年开始，重庆市人民政府、中国烹饪协会主办中国（重庆）火锅美食文化节，集中展示重庆美食特色，开始是每年举办一届，从2007年以后改为每两年举办一届。火锅节期间，开展美食展览展示、推介交易，论坛峰会、餐饮大赛、文艺演出等活动，全国火锅行业和相关餐饮行业的客商广泛参与，大大促进了重庆火锅与全国餐饮的交流。不仅在重庆举办火锅文化节，重庆火锅业界在政府的支持下，还积极走向全国，广泛参与全国餐饮交流活动。中国餐饮博览会，重庆每年都要组团参加，火锅行业就是其中的主力军。以第五届中国餐饮博览会为例，2015年10月18日，“2005中国餐饮博览会”在成都开幕，重庆22家餐饮企业及政府代表组成了134人的代表团赴蓉参加美食展。在中国餐饮业发展成就展上，重庆揽下了90平方米的展厅，集中展示重庆餐饮业的发展成就，前去参展的都是重庆知名餐饮企业，火锅有小天鹅、秦妈、奇火锅等，代表了重庆餐饮的最高水平。

2009年10月31日至11月1日，由中国烹饪协会火锅专业委员会举办的“全国火锅产业峰会”在重庆举行，中国烹饪协会以及来自全国各地的专委会成员和火锅企业代表近百人参加了峰会。针对火锅餐饮业的发展特点，参会代表们就连锁经营、行业标准与诚信体系建设、融资引资、企业文化建设等话题进行了研讨，小肥羊、德庄、武陵山珍、奇火锅、巴将军等企业代表介绍了自己的经验体会，并就相关内容进行了交流。代表们还先后考察了重庆德庄生产加工基地、秦妈火锅南滨路店、周君记火锅底料厂、南山养生美食街，并参加了第四届中国（重庆）火锅美食文化节开幕仪式、万人火锅宴、全国创建美食名城高峰论坛等活动。峰会期间，专委会成员还对申请加入专委会的企业进行了表决，一致同意重庆武陵山珍、奇火锅、巴将军、周君记、河北大胖、江苏九鼎香、江苏金地肥牛府、云南老渔翁等 8 家企业加入火锅专委会。

2013 年 12 月，重庆市政府驻北京办事处、北京重庆企业商会和相关火锅餐饮企业共同在京举办了首届北京重庆火锅文化节，开展了“重庆火锅文化知识大赛”“读者明星试吃活动”“在京重庆餐饮企业高峰论坛”及“北京十大重庆火锅名店”评选活动。此次火锅文化节让更多的北京市民了解火锅、认识火锅、喜欢火锅，从而进一步加强京渝两地饮食行业的交流与合作，促进了重庆火锅在北京市场的繁荣和发展。在此之后，还在京陆续举办了多届重庆火锅文化节，推动了京渝之间的饮食文化交流。

《2018 中国火锅产业餐饮大数据研究报告》通过对全国地方特色火锅的商户数量进行分析，得出全国普及程度最高的火锅主要有四大派系：重庆火锅、川系火锅、粤系火锅和北派火锅，其中重庆火锅位居各种火锅之首。

2019 年，重庆有火锅连锁加盟企业约 57 家，比如知名的刘一手、秦妈、巴将军等，这些企业已在全国开设连锁加盟门店超过 2000 家。在全国，重庆火锅门店超 10 万家，年营业收入超 4000 亿元。在全国范围内，县级城市基本上都可以吃到重庆火锅，甚至在有些省份的乡镇也可以看到重庆火锅店，重庆火锅可谓在全国遍地开花。

第二节　国际交流

中国与世界上其他国家之间的饮食文化交流具有悠久的历史，通过陆上丝绸之路和海上丝绸之路，很多餐饮调料和食材得以互相传播。抗战时期，重庆火锅就与国外友人产生了初步碰撞。作为战时首都，外国政府驻重庆使领馆多达 30 余家，还有一些外国记者也常驻重庆，这些长期在渝的外国人和一些来访的外国使团最早感受了重庆火锅的魅力。而重庆火锅走向世界，为更多的国际友人所认识，则在改革开放之后。重庆火锅走向世界，主要分为三个阶段。

一、第一阶段：20 世纪 90 年代

20 世纪 90 年代，重庆火锅开始走出国门。

重庆火锅特级厨师许远明先生曾东渡日本献艺，其所主理的毛肚让怕辣的日本人都连连叫绝，所以当地人都昵称许先生为“毛肚火锅先生”。

1993 年，重庆人朱大明将原汁原味的重庆火锅带到日本福冈，在日本开起了“大明火锅”。

1995 年，小天鹅火锅远渡重洋，在美国成立美国小天鹅文化发展总公司，并开设重庆小天鹅餐馆，经营重庆火锅，开出第一家深加工重庆火锅原料店。之后，又陆续在洛杉矶、西雅图、奥林匹亚等地开设分支机构。

二、第二阶段：中国加入世界贸易组织到 2008 年奥运会

2001 年 12 月 11 日，中国正式加入世界贸易组织，中国与世界经济联系日益紧密。重庆火锅走向海外的步伐也开始加快，其他火锅品牌也追随小天鹅的步伐，开始向海外拓展。

2006 年，谭英雄火锅连锁公司与澳大利亚金唐国际连锁公司签约，合作到海外开店。先后在悉尼和墨尔本的华人集中区开设 2 家分店，大约投资在 20 万澳元，折合人民币为 120 万元左右，每个店一天的收入大概有 7000 澳元。

2007 年 6 月 30 日，经过 8 个月的准备，澳洲第一家小天鹅火锅加盟店在悉尼艾士菲市开业。

2007 年 8 月，“秦妈”火锅首次跨出国门，和美籍华人闵华合作在美国加州苗必达市开店。其店面位于该市环球广场，面积约 600 平方米，餐桌 50 余张。开业不久，苗必达市市长和华商总会旧金山分会会长专程前去品尝，品尝之后大为称赞。

根据 2008 年 3 月 7 日《重庆商报》的报道，部分重庆火锅店分布在以下

城市：辣妹子正宗老火锅王——狮城美芝路店、沧申路店；小天鹅——美国纽约、澳大利亚悉尼艾士菲市；秦妈——美国加利福尼亚州苗必达市；苏大姐——美国纽约皇后街；重庆正宗山城火锅——新加坡狮城；谭英雄——澳大利亚的悉尼。

2008 年，奥运会在北京召开，重庆火锅企业也充分利用这一商机，加大对外交流。奥运会期间，小天鹅全国各地火锅店为来自世界各国的运动员、游客提供多种具备重庆特色的菜品，兼顾中外客人口味。此外，举行迎奥运“大练兵”活动，重金聘请专业人士加入为奥运会运动员和工作人员服务的行列中，带动和加强对火锅店管理人员的英语培训和员工的人际交往技能培训。“秦妈”火锅在北京、青岛、上海、天津、沈阳、秦皇岛等六个有奥运赛场的城市的连锁店，均推出中英双语菜单迎外宾，在经营、菜品、服务及消费习惯上，与国际接轨。据统计，“秦妈”火锅南滨路店推出规范的双语菜单后，前来用餐的外国客人比往常多了 2 倍。

截至 2008 年，重庆火锅在海外仅有数十家，发展相对较为缓慢。究其原因，主要存在四个方面的问题。其一，底料出口、汤料出关不具备资格。对国外食品卫生法规以及相关商检、环保标准缺乏了解，导致汤料无法出口配送。其二，国外开店前期申办手续很复杂，小天鹅到澳洲开店前期共筹备了 8 个月之久。其三，国外知识产权问题。其四，人才输送困难，重庆火锅到海外开店的人才问题不容易解决，不仅涉及劳务输出问题，还涉及保证金、办理签证和语言等方面的问题。

三、第三阶段：2010 年以后

随着科技发展，火锅底料技术的进步，越来越多的企业获得牛油制品出口资质备案证明，这为重庆火锅产品海外市场的拓展提供了机会。在很长一段时间里，牛油火锅底料出口受制于牛油安全标准限制，使得重庆火锅企业出口的大多数火锅底料为“清油”（类似菜籽油），虽然也有部分牛油火锅底料出口，却多由外省具有相关资质的企业代加工，这制约了重庆本土火锅企业产品“走出去”。2017 年 1 月至 10 月，重庆出入境检验检疫局数据显示，重庆火锅底料出口 129 批、重 494.7 吨、货值 188.6 万美元，同比分别增长 0.78%、26.2% 和 25%，远销 24 个国家和地区。截至 2017 年底，重庆备案出口火锅底料企业共有11家，其中新增备案企业3家。2017年，有两家火锅食品企业生产的22.2吨火锅底料还实现了首次出口，在荷兰和美国顺利通关。以牛油为代表的油脂出口和火锅底料为代表的调味品出口，正加速推进重庆火锅向外扩张的步伐。

随着“一带一路”建设的推进，中国国际影响力的提高，作为中国麻辣文化重要组成部分的重庆火锅迎来了全球粉丝的窗口期，越来越多的火锅企业开始走向海外。尤其是世界范围内的一些出境热门地区，成为重庆火锅布局的焦点。以刘一手火锅为例，从2010年至2017年，在短短几年时间里，在海外有30家门店，在迪拜，其营业额翻倍增长，消费者众多，门店拓展了多家。

此前，火锅出海企业多集中在富有经验的重庆老牌企业。包括德庄、小天鹅、秦妈、刘一手等，他们曾经在重庆深耕多年，在全国拥有数百家门店，在供应链、底料加工厂等方面有核心支撑，代表重庆率先走出去。从2017年开始，越来越多的火锅企业走出国门。2017年8月31日至9月11日，为积极响应“一带一路”倡议，并充分利用“中欧（重庆）班列”铁路的便捷优势，重庆市火锅协会组织了15家品牌会员企业，组团赴英国观摩在英国伦敦市政公园举办的第三届中国美食节，并对英餐饮市场进行了商务考察。伦敦市长和中英使馆负责人及美食节组委会接见了重庆火锅代表团一行15个品牌企业代表共21人；小天鹅、德庄、白乐天、巴倒烫、鲁西肥牛、山西晋何、牧哥等火锅企业的老板和代表团还在现场展示了火锅技艺，调兑汤料让在场领导、媒体和观众数百人品尝重庆火锅；馨田麻油、兵兵牛油、海科机械、江哥葡萄、侨林等企业的老总们在场周到服务，为重庆火锅推广宣传。

2019年末，重庆火锅在美国、英国、加拿大等国家和地区开设门店200余家，营业面积2.8万平方米，年产值2.28亿美元。全年全市火锅底料出口到22个国家和地区，出口量900吨，货值328万美元。

为了适应海外市场的需要，重庆火锅也在不断地创新。重庆小天鹅火锅在20世纪80年代末，首先推出“20元随便吃”，可谓是自助火锅的启蒙，开启了重庆火锅商业模式的潮流发展。为了让南来北往不吃辣的客人品尝到重庆火锅的美味，小天鹅推广鸳鸯锅，拉开了重庆火锅一锅包容南北的序幕，用最简单的创意做最赚钱的生意，也让重庆火锅因此而走向全国。后来又逐步推出子母锅、“美人美”单人小锅。德庄火锅尝试用标准为重庆火锅赋能，与国际接轨，潜心钻研辣度科学分级，2018 年德庄火锅推出了“李氏辣度”六级系列，从小朋友能接受的 12 度辣，到嗜辣狂人敢于挑战的 75 度爆辣，统一了衡量辣度的标准。重庆火锅在发展过程中，海外市场的目标人群不仅局限于华侨华人，还有“老外”。从降低麻辣程度、增加牛羊肉和海产品、增加小吃和面食方面着手，广泛吸引海外食客。重庆火锅在“走出去”的过程中，开始注重产品标准化，包括汤料、底料等。重庆火锅已成为重庆餐饮行业“走出去”的主力军。小天鹅、秦妈、苏大姐、德庄和刘一手等多家本土火锅企业已在海外开店 200 多家，分布在美国、新加坡、俄罗斯、澳大利亚、加拿大、老挝等国家，以及中国香港、中国澳门、中国台湾等地区。

重庆火锅在走向海外的同时，还邀请世界范围内的餐饮同行到重庆参与火锅节活动。重庆火锅节每年都吸引了韩国、日本、印度、东南亚等多个国家和地区的代表性食品商家来参展。

第十二章

机构

第一节　管理机构

火锅作为重庆重要的经济产业，也是重庆市重要文化符号。火锅行业日常经营活动，在重庆市商务委员会、重庆市文化和旅游发展委员会、重庆市市场监督管理局、重庆市质量技术监督局等部门的指导和管理下有序进行。除了这些相应的政府职能部门之外，还有一些相应的组织和机构对重庆火锅的运营进行监督和指导。

一、重庆市商务委员会

重庆市商务委员会是重庆市人民政府组成部门，2016 年 9 月，撤销重庆市商业委员会、重庆市对外贸易经济委员会，整合组建成立，是全市商务主管部门。其下设餐饮住宿业处，负责“美食之都”建设工作；承担餐饮业、住宿业行业管理工作，拟订餐饮业、住宿业发展规划和政策措施；牵头拟订餐饮业、住宿业行业标准和分等定级标准并监督实施；指导餐饮业、住宿业的行业技能技术培训和鉴定工作；指导美食街（城）规划建设工作。

二、重庆市文化和旅游发展委员会

重庆市文化和旅游发展委员会，2018 年 10 月由原重庆市文化委员会、原重庆市旅游发展委员会的职责整合组建，是市政府组成部门之一。其下设非物质文化遗产处，负责拟订非物质文化遗产保护政策和规划并组织实施。组织开展非物质文化遗产保护、传承、利用工作。开展非物质文化遗产调查、记录、确认和建立名录工作。组织开展传统工艺振兴、非遗基础设施建设和文化生态区建设工作。组织非物质文化遗产研究、宣传、传播、转化、发展工作。

三、重庆市市场监督管理局

重庆市市场监督管理局作为市政府直属机构负责市场综合监督管理。贯彻执行市场监督管理有关法律法规、规章、标准和安全技术规范，起草市场监督管理地方性法规和规章草案，拟订并组织实施市场监督管理有关政策、规划和地方标准。组织实施质量强国战略、食品安全战略和标准化战略。规范和维护市场秩序，营造诚实守信、公平竞争的市场环境。

四、重庆市质量技术监督局

重庆市质量技术监督局为市政府直属机构。负责全市质量技术监督工作，贯彻执行有关质量技术监督的法律法规、规章和方针政策，拟订提高全市质量水平的发展战略及有关政策并组织实施，起草质量技术监督地方性法规、规章，负责与质量技术监督有关的技术规范工作。

第二节　行业协会

一、重庆市火锅产业协会

重庆市火锅产业协会成立于2001年4月8日，是经重庆市民政局登记，依法建立的具有独立法人资格的非营利性民间组织。协会办公面积1000平方米。现有会员1700个，理事236个，副会长72个，成立专委会12个，工作委员会4个。先后被民政部授予“全国先进民间组织”，被中共重庆市委、重庆市人民政府授予“重庆市抗震救灾先进集体”，被中国商业联合会授予“中国商业服务业改革开放三十周年卓越组织”，被市民政局评为5A级社会组织。

近年来，协会着力加强协作、搭建平台、办好活动，展企业发展成果、助产业兴旺发达。与四川火锅协会党支部开展联建，利用双方优势资源，共同打造川渝火锅产业大会，进一步挖掘川渝两地的火锅文化，推动川渝火锅走出川渝、走出全国、走向世界。以党建引领乡村振兴为抓手，加强与全国各地火锅食材区县合作，带动当地农特产品进入重庆火锅市场，助力乡村振兴、农民致富。主办了重庆火锅年欢节暨乡村振兴名特优品展、重庆火锅全球行，宣传各区县农特产品和特色产品，提振消费信心和消费潜力，助推乡村振兴。不定期帮助企业举办各种推介会、产品发布会等活动，让好的产品卖得出、卖得远、卖出好价钱，提升企业竞争力，也推动产业的做大做强。

协会推动火锅产业法律体系不断健全，协助配合市商务委起草了《关于推进火锅产业高质量发展的意见》，牵头编制《重庆市火锅产业发展条例》《重庆市火锅产业高质量发展规划》，让火锅产业发展有了目标、方向。建立重庆火锅人才标准体系、行业标准体系，编制了 4 个团体标准、3 个地方标准。牵头编制了火锅料理师国家职业标准，以及重庆火锅认定、分等定级、金厨、服务员、职业经理人等 6 个团体标准，组织了两届火锅料理职业技能竞赛，推动重庆火锅产业发展进入标准化时代。连续举办 16 届火锅美食文化节，带动了火锅产业的不断发展，推进重庆火锅人才培养体系。

重庆市火锅协会历届会长和秘书长

届次	会长	秘书长
第一届	何永智	唐沙波
第二届	何永智	李乾惠
第三届	何永智	李乾惠
第四届	李德建	李乾惠
第五届	何永智	李乾惠

二、重庆市烹饪协会

重庆市烹饪协会成立于 1988 年 7 月，与市饮食服务业业务技术考核委员会合署办公，协会组织重庆市烹饪界先后参加了全国一、二、三届烹饪大赛，第一、二届派出厨师加入四川省代表队参赛，第三届单独组队参赛。1997 年，重庆直辖后重新组建。是由从事餐饮业经营、管理与烹饪技艺、餐厅服务、饮食文化、餐饮教育、烹饪理论、食品营养研究的企事业单位和餐饮经营管理者、专家、学者、厨师、服务人员等自愿组成的全市性的餐饮业跨部门、跨所有制的行业组织。

协会成立以来，以“提供服务、反映诉求、规范行为”为办会宗旨，积极开展行业组织、行业自律、资源整合、企业维权、工作协调、技术交流、人才培训等方面的工作，为政府、社会、会员和企业服务，对促进行业进步与发展起到了积极的作用，并帮助重庆餐饮业和餐饮文化走出了国门。

三、重庆市饮食行业协会

重庆市饮食行业协会成立于 2002 年 9 月 3 日，是由餐饮经营企业、团体、高等院校自愿组成的具有独立法人资格的社团组织，涵盖了重庆市餐饮业中有代表性、有影响的大部分企业，聚集了一大批长期从事餐饮经营、管理、研究、培训等方面的高中级专业人员。协会接受业务主管部门市商务委员会的业务指导和社团登记机关市民政局的监督管理。

市饮食行业协会本着“政企之桥、会员之家”这一根本宗旨，准确定位，规范发展，有序开展一些有行业特点的服务活动，如行业自律、质量评比、专业培训、技术鉴定、业务交流、信息发布，制订比赛标准、组织烹饪技术比赛并指导、开展各类美食节等。通过这些活动，不断增强协会凝聚力，使协会真正成为团结广大会员的“会员之家”、联系政府与企业之间的“政企之桥”。

四、重庆市总商会餐饮商会

重庆市总商会餐饮商会于 2002 年 7 月 26 日成立，是由重庆市餐饮经营企业自发组织的行业商会，是中介社团组织。

餐饮商会自成立以来，主动适应社会主义市场经济发展的需要，为重庆餐饮行业与政府之间搭起了沟通的平台，认真实施“团结、协调、维权、咨询、自律”五大功能，积极为国家服务、为社会服务、为会员服务，同时加强行业自律。餐饮商会会员单位覆盖了全市范围内的知名餐饮企业，在重庆巴南、垫江、江津、璧山、荣昌、永川等地相继建立了多个分会。

五、重庆市渝中区火锅烧烤行业商会

重庆市渝中区火锅烧烤行业商会于 2021 年 2 月 2 日成立，现已拥有会员单位近 2000 家，业务遍布全国，是由火锅行业专家学者、连锁经营企业和个体经营者自发自愿组成的行业商协会，是依法建立的非营利性民间社团组织。

商会自成立以来，在重庆市渝中区商务委员会的指导下，本着“走出去、引进来、促团结、求发展、得民心、干实事”的宗旨，充分发挥重庆火锅烧烤产业在国内餐饮产业链中的优势，促进火锅烧烤行业企业团结协作、开放发展。

商会遵守国家法律法规，践行社会主义核心价值观，遵守社会道德风尚，团结、协调、组织相关商业机构人员的智慧和力量，实现“强化交流、整合资源、优势互补、共谋发展、多作贡献”的目标，积极为行业高质量发展、高水平开放做出贡献。

第三节　研发机构

一、重庆火锅学院

2014 年 10 月 30 日，为了打造“美食之都”，弘扬重庆“火锅名片”，重庆现代职业技师学院与重庆市火锅协会、重庆市烹饪协会和酷炫时代文化传播（北京）有限公司共同努力，由重庆市火锅协会授牌，成立了重庆现代职业技师学院所辖二级学院——重庆火锅学院。

重庆火锅学院建有火锅培训基地和火锅文化展览室；成立了火锅大师工作室；参与了火锅企业食品安全课题研究；编制了《重庆火锅企业分等定级标准》及《重庆火锅餐饮服务质量标准》两个企业标准并通过专家评审验收；开发了《火锅运营与管理》《重庆火锅制作》《重庆火锅服务》等全国首批系列火锅校本教材；开展了两期重庆火锅传承人培训和多期全国火锅从业人员培训；2017 年，开设了火锅专业；先后成功举办了三届“中国意象·重庆火锅厨王争霸赛”，吸引了全国 68 家火锅企业共 256 名选手参赛。

二、王文军国家级大师工作室

2021 年 10 月，王文军大师工作室正式荣升为王文军国家级大师工作室。

王文军大师先后参与编写了《2020 年第八届全国饭店业职业技能竞赛——火锅专项赛全国决赛竞赛技术标准》《火锅学院调味标准教材》《重庆火锅制作》《重庆火锅服务》《火锅店运营与管理》等多个标准和多本专业著作，培养出了大批的火锅人才。

第十三章

文化

重庆火锅是重庆独特的自然和人文环境催生的一种饮食方式，历经百年的发展，形成了巨大的火锅产业，与老百姓的日常生活相互交融，联系紧密，在此基础上，也形成了独特的火锅文化。

第一节　文学

在重庆火锅发展的历程中，一些文化名人及消费者在吃火锅、感受火锅的鲜美之后，留下了许多关于重庆火锅的文学作品；一些火锅创业者，结合自身创业经历和火锅品牌特点，也创作了一些诗、词、文、赋。

一、诗

重庆火锅

作者：司马策风

李德建主编:《重庆火锅全书》，西南师范大学出版社，2018年，第234页。有删改。

端来一口四川盆地 / 峨眉缙云划分红白鸳鸯汤 / 冲嘉陵江之清长江之浓 / 调和阴阳 / 补养五脏 / 用重庆哥的火爆豪爽 / 引燃火炉的侠义热情 / 以重庆妹的性感漂亮 / 点亮客人眼 / 点亮霓虹灯 / 南山一坐 / 举杯鹅岭 / 山城夜景醉落了满江的群星 / 呈上巴山蜀水的碟碟七彩 / 烩一锅香飘四海的热盆景 / 渴了 / 你就叫李冰 / 提来都江堰冲泡成都平原的晨昏 / 累了 / 你可唤李白 / 一缸月光酿造的将进酒最长精神 / 锅中 / 上下聚散翻腾着苏东坡大江东去的五味 / 汤里 / 荤素杂陈 /……/ 看一团重庆雾 / 升腾着山城人麻辣烫的风采 / 夹一片天上云 / 烫出了渝州泪抚今追昔的情怀

重庆火锅

作者：郑京鹏

李德建主编：《重庆火锅全书》，西南师范大学出版社，2018年，第234页。

饮食城中 / 酒楼内 / 大街小巷 / 香气四处飞 / 精壮汉子 / 小姐妹 / 老耄孩童 / 吃得淌汗水 / “好麻哟！” / 麻得有味 / 麻是麻了点儿 / 却让人开胃 / “好辣呀！” / 辣得够劲 / 辣是辣了点 / 却让人浑身醉 / “好烫啊！” / 烫得过瘾 / 烫是烫了点儿 / 却让人暖心扉 / 重庆的火锅 / 名声蜚 / 坐下尝尝 / 就会直咂嘴 / 重庆的生活 / 实在美 / 住下看看 / 就有新体会

烫重庆

作者：林继柏

李德建主编：《重庆火锅全书》，西南师范大学出版社，2018年，第235页。

火辣辣的山 / 火辣辣的城 / 火辣辣的城里住着一群人 / 性感的酒杯 / 女人的唇 / 赤裸的臂膀 / 男人的臂 / 进得山 / 出得门 / 连着三千年的血和魂 / 血和魂 / 化精神 / 重情重义的巴国人 / 也是这座山 / 也是这座城 / 店里炉上架锅盆 / 这锅盆 / 红汤火锅很勾魂 / 勾得店里涌进人 / 围着锅 / 很虔诚 / 流着汗 / 侃着神 / 你三两 / 我九成 / 烫毛肚 / 整黄喉 / 嘴里吼着麻点辣点再辣点 / 我能我能我还能 / 重庆的山水 / 重庆的城 / 火锅之都的重庆人

重庆君之薇饮食文化有限公司火锅诗一首

作者：佚名

范春、李爽、杨卫东：《重庆火锅文化研究》，中国文史出版社，2005年，第91页。

麻在舌头心已醉，辣得汗淋不思归。
鲜味入口无穷乐，香气飘逸君之薇。

重庆刘一手饮食文化有限公司火锅诗一首

作者：佚名

范春、李爽、杨卫东：《重庆火锅文化研究》，中国文史出版社，2005年，第91页。

好个重庆城，山高路不平。
幺妹乖得很，火锅烫不赢。

樊傻儿火锅诗一首

作者：佚名

众里寻他千百度，傻儿火锅在此处。
麻辣鲜香君好求，知者常来请留步。

范春、李爽、杨卫东：《重庆火锅文化研究》，中国文史出版社，2005年，第91页。

重庆百乐牛中王餐饮文化有限公司火锅诗二首

作者：佚名

百姓欢声聚牛殿，乐在锅中捞尽欢。
牛宝佳肴香飘海，中华特色傲天下。

牛王双双下凡间，晴雨耕作它为先。
万家灯火兆丰年，唯吾江山盛世骄。

范春、李爽、杨卫东：《重庆火锅文化研究》，中国文史出版社，2005年，第92—93页。

重庆巴乡餐饮连锁有限公司火锅诗一首

作者：佚名

上帝驾御本餐厅，心舒胃爽适吾心。
请君留下良言语，共创巴乡锦前程。

范春、李爽、杨卫东：《重庆火锅文化研究》，中国文史出版社，2005年，第92页。

小天鹅饮食文化（集团）有限公司火锅诗一首

作者：佚名

曾忆当年滟滪堆，纤夫栈道霜雪摧。
素荤麻辣大杂碎，悲喜炎凉久低迴。
百年火锅英雄会，千秋巴国蔓子碑。
喜看天鹅二十岁，观日沧海展翅飞。

范春、李爽、杨卫东：《重庆火锅文化研究》，中国文史出版社，2005年，第92页。

桥头火锅诗一首

作者：佚名

锅里翻起两江水，炉火烧成红玫瑰。
龙凤朝阳云霄间，客未举箸人先醉。

范春、李爽、杨卫东：《重庆火锅文化研究》，中国文史出版社，2005年，第93页。

二、词

水调歌头·重庆火锅文化节巡礼感言

作者：周裕良

李德建主编：《重庆火锅全书》，西南师范大学出版社，2018年，第235页。

万众聚南滨，火锅盛宴会。携妻邀友同赏，歌舞戏荟萃。红汤一釜沸腾，大餐百物待烹，佳味治馋嘴。露天轮候食，品肴无贱贵。小天鹅，刘一手，巴江水。德庄第一火锅，“龙舟”天下最。此地摩肩接踵，隔岸高楼栉比，五彩霓虹醉。今宵胜过年，百姓乐忘归。

行香子·重庆火锅

作者：唐荣刚

李德建主编：《重庆火锅全书》，西南师范大学出版社，2018年，第236页。

麻辣鲜香，翻翻滚滚，一锅整，乾坤混沌。毛肚要鲜，鸭肠在嫩。七上八下，有分寸，合烫经。

古来重镇，涤荡豪情，留恋处，烟霭纷纷。小菜裹味，再来两份。豆芽小葱，细欣赏，好风景。

永遇乐·同巴渝文化学者林文郁等登南滨路锅锅筵火锅店赋

作者：唐荣刚

万里江山，苍烟落照，深情无限。才上楼头，凭轩远眺，正盆花吐艳。毛肚绿色，鳝片肥鲜，慰我多年梦断。锅锅筵，儿时游戏，如今任人尝遍。

他乡归客，飘然一叶，依旧故园心眼。人生可是，麻辣鲜香，美味弄舌尖？使酒高歌，引杯看剑，还奏铜琶铁板。须记取，扬子滩畔，沧波似染。

李德建主编：《重庆火锅全书》，西南师范大学出版社，2018年，第236页。

卜算子·火锅

作者：佚名

毛肚送春归，鹅肠迎春到。已是鸭血香豆腐，犹有肥牛俏。

俏也蒜蓉酱，还有香油料。待到酒足饭饱时，你在丛中笑。

李德建主编：《重庆火锅全书》，西南师范大学出版社，2018年，第236页。

三、文

文，多指散文和报告文学。关于重庆火锅的散文有很多，其中唐沙波先生所著《天生重庆山水一锅——中国火锅之都礼赞》一文和关于小天鹅火锅成长史散文《一个餐饮帝国的梦想》很具有代表性。《天生重庆山水一锅——中国火锅之都礼赞》对重庆火锅改革开放以来所取得的成就娓娓道来，进行了较为全面的记述；《一个餐饮帝国的梦想》则对小天鹅创始人何永智的创业经历进行了展现，记述了小天鹅火锅的成长历程。鉴于篇幅，下面对《天生重庆山水一锅——中国火锅之都礼赞》进行了摘录：

国学大师王国维有论，一个时代有一个时代的文化符号，那么，一城一地，国家民族，莫不如此！如冰封千里的哈市，泉涌万家的济南，琴声曼妙的厦门，东方之珠的上海，春色无边的昆明，花光似海的广州；还有糖城、酒乡、盐山、醋海、果市、陶都……何止万千。

长期以来，重庆曰雾都，伸手不见五指，对面不见人形，迷迷茫茫，缥缈缈缈，知向何方？如今，天清气朗，风和日畅，阴霾尽扫。

重庆曰火炉，骄阳肆掠，大地如焚，吐气欲燃，英雄志短；如今，绿树如伞，环境洁净，心境平和，虽是盛夏，如处春天。

重庆曰山城，山高路不平，见面走死人，坡坡坎坎，山山水水，曲曲弯弯；如今，大邑通都，天堑坦途，千里一日，胜似平原。

我们的重庆，年轻的直辖市，百业并举，千帆待发，方向已明，未艾方兴，三千万人，如何凝聚，精神坐标，情感歌谣，心灵皈依？

一个城市的形象，应该有几个必然的条件：一是诞生本地，个性显著，总不能把别人的土产当成我们的流行；二是历史悠久，文化深厚，那些根底浅薄，旋生旋灭的一现昙花不能入选；三是群众认可，影响巨大，城市标志，非少数人的把玩，乃全城人的共好；四是人无我有，人有我大，举世滔滔，唯我独尊。

按此标准遴选，重庆的形象代表呼之欲出，那就是人吃人爱，长吃长新，无休无止，无穷无尽的重庆火锅。亲爱的读者，你说呢！

《火锅赋》中，曾列举重庆火锅的四大特色，即无味不具，一锅卤汁，咸甜麻辣酸鲜香，囊括渝菜所有味型；无菜不烫，荤素干鲜，动植飞潜，皆可入锅一涮；无处不在，江河湖海，田野山岗，长街小巷，处处芳踪倩影；无奇不有，闻所未闻。见所未见，拍案惊奇，天方夜谭，何足道哉。

而且重庆火锅还有无闷不破、无忧不解、无欢不尽、无乐不宣的特异功能，少儿食之智慧，女孩食之靓丽，老人食之长寿，男士食之壮伟。

它居然有自己的火锅协会，声势浩大，功绩卓著，人才济济，名家辈出，其杰出代表如小天鹅、苏大姐、秦妈、德庄、巴人、怡宁之辈，皆是蜚声全国的品牌火锅，众口皆碑。

自1998年以来，重庆火锅连锁加盟横空出世，星星之火，顿时燎原，流播全国，信徒亿万。

第四届中国美食节上，组委会认定授牌“中国名火锅宴”，奠定了重庆火锅由小到大，由弱到强的永久基础，从此它由一款码头贱食成长为集小吃、凉菜、大菜一体的皇皇大宴，既包罗万象，又形式活泼，既美轮美奂，又和蔼可亲。

2004年，南滨路上，十里长街，万头攒动，首届重庆国际火锅文化节“万人品尝火锅”活动隆重开幕，席开流水，宴启不夜，二十吨毛肚，一膏馋吻，十吨鸭肠，一扫而光，十万人次，大快肝肠；

更有德庄“天下第一大火锅”、三耳“天下第一火锅大缸”、三耳66人大火锅桌、重庆三耳火锅博物馆，火锅电视连续剧等等，千奇百怪，无限风光，各尽其妍。

事实上，纵观古今中外，还没有一款食品有这么大的能耐，这么大的受众，这么大的影响，这么大的名气，它颠倒众生，刻骨铭心，相伴永远，欲罢不能。*

* 李德建主编：《重庆火锅全书》，西南师范大学出版社，2018年，第243-244页。

四、赋

赋，是我国汉魏时期流行的一种文学体裁，介于诗和散文之间，类似于后世的散文诗。它讲求文采、韵律，兼具诗歌和散文的性质。通常以短句，如三言、四言、五言或六言为主，每句末尾词排列起来有固定的平仄，念起来犹如音乐般具有强烈的节奏感和文字穿透力。在重庆火锅发展的过程中，为了展现重庆火锅发展的历程、精神，以及火锅企业的志向、源流，人们尝试借助赋这种文学体裁来表达。在诸多的火锅赋中，既有从重庆火锅整体角度书写的，也有从个体火锅企业描述的。

（一）重庆火锅整体角度的赋

火锅赋

李德建主编：《重庆火锅全书》，西南师范大学出版社，2018 年，第 239-240 页。

作者：朱墨

论巴渝饮食，尝谓得麻辣者得天下，失麻辣者失天下。任尔何方高厨，一入巴界，必谙此道，否则概难有所作为。而麻辣之经典，乃鼎鼎大名之重庆火锅。非仅强悍之巴人津津乐道，甚而轰动中华，声蜚四海。或曰，到重庆不吃火锅等于未到重庆，诚哉斯言也。兹为火锅赋云。

平生快事，把盏高歌；天下倾心，对锅一赋。扬巴味而动五湖，挟火锅而啸旷古。锥斗汤沸，团圞热暖之家；铜爨火炽，慷慨昂扬之府。效庖丁之薄刃，承伊尹之奇术；出字水之灵犀，运巴山之巨斧。大圜向风，总称毛肚；正宗巴味，舍我其孰！譬乐尊大吕黄钟，民仰猛夫翘楚。料重仙山，菜超瑶圃。鲜鸭肠、脆鱼肚；红腰花、金凤脯。海陆空一齐入锅，麻辣烫尽俘降虏。巴渝福莫大焉！无论飞禽走兽，江湖水族；海味山珍，龙凤比目，皆是锅中宠物；盐咸糖甜，椒麻酱醋，香脆嫩鲜，醇厚甘卤，悉为火上佳菇。汤中无食不鲜，无肴不膴；无味不精，无品不补。汇世上之佳肴，集古今之樽俎。锅翻四海潮，红透两江浦。万里争传，千秋同煮。

陋巷长街，遍竖大纛；旺火鼎食，以招宾主。一个火字惊乾坤，八万华筵结广铺。三餐不离辣辛，三天必问火炉。了无贵贱，不分贫富；知味停车，闻香入伍。铁汉娇娘，耄耋顽竖；大饱中囊，何须吩咐。倘遇假日周末，更是风雨无阻；宝马香车，直奔乐土。潇潇桌上风云，急急胆边鼙鼓。十八罗汉皆升堂，三十六计归一处。一将有令，百丁争赴。道旁喧喧，大厅许许。涮煮蘸，是火锅绝招；浓烫鲜，乃盆景始祖。大嚼先尝，恰似怒斩华雄；长矛共举，或如武松打虎。一腔热望，开怀狼顾。猛吃海喝，肠撑腹鼓。拳酒相交，杯盘错互；朵颐大快，怕者莫睹。鏖战金山之波，鲸吞银汉之浒。且尽个中豪情，管他身后抱土。江州壮士扬眉，天下英雄合股。笑傲硝烟，不辞寒暑；欣然同嗜，众口一谱。招之则水陆驰逐；观之则神摇意笃；闻之则烦恼净漱；食之则拍案叹服！足蹈手挥，眉开眼笑；雁唱莺啼，鸾翔凤翥。猛男多成许褚，巾帼不让行武。口中句句不输，手上拳拳自负。身外荣辱皆抛，心中得失自抚。丰俭由人，三箸凭君能入魔；浅深随客，一杯知己可达曙。赚神祇之相思，任饕餮而跛扈。谁知晨昏，何论宵午，祛病延年，排忧解毒。抵御严冬之霜，忘却六月之苦。成就多少姻缘，做成多少业务；了断多少是非，平息多少怨读。

于乎！胜筵常新，火魂如故。倾三巴之义胆，闻五岳以同声；起万古之雄风，纵九垓而独步。睥睨乎屈膝之不肖，浩然乎拔天之一怒。酣畅淋漓，阳刚大鼓。虚意不兴，真言敢吐。巴国强悍之气聚两江，渝州千古之勇会一釜。扶酩酊以蹒跚，持朦胧而踯躅。携生风之龙泉，效逐日之夸父。食玉炊桂，无非谦谦君子，吐火吞烟，造就堂堂熊虎。非一己之虚词，率万千之肺腑，玉盏当当，金釜汩汩，淡雅斯文空好音，正宗麻辣炼铮骨。颂曰：

重庆火锅，美食魁主，妙趣无穷，盛名彰着。一经品尝，大彻大悟，极尽飞扬，似得神助。老少同欢，痴心永驻，恍兮惚兮，万事长足，伟哉烈哉，天厚巴族！有此万味之味，实乃万福之福也。

重庆火锅赋

作者：秦文武

李德建主编：《重庆火锅全书》，西南师范大学出版社，2018 年，第 240-241 页。

古都重庆，西南名城。巴山竦峙，渝水奔腾。连三峡之绝而布峭壁，踞盆地之低而染润湿。山水环绕，沟壑纵横。天然水陆交汇，历来商旅兴盛；临水码头聚天涯客，依山城垣留海角民。船工涉水耐劳累，挑夫爬山靠辛勤。船头河岸，便捷食品，搭石为灶，捧碗聚盆；披蓑戴笠，避风挡淋。集麻辣鲜香于一锅，嚼酸甜咸淡品人生。美味尽享，甘酒同饮；大汗淋漓，祛湿暖身；涛声悠悠，帆船片片。人间仙境，重庆火锅也。

沧桑百年，火锅巨变。晚清辣椒多入渝，麻辣比翼独钟情；火锅鲜美烫腥膻，毛肚鸭肠聚口香。小贩九门挑担卖，食客八埠喜相迎。回民马氏砌砖炉，铜锅铁盆遇知音。抗战内迁难民携天南海北物，解放重庆古都汇千家万户味。“日暮长街吃火锅，家家扶得醉人归”。名店初露，享誉山城。过桥头云龙街，看汉宫川道拐。公私合营体制旧，“十年浩劫”人心寒。

改革劲风吹，创新枯木春。底料增减，油碟调味；浓淡口味因人异，满足需求又一村。全国烹饪大汇演，重庆火锅闹京城；鸳鸯火锅夺魁，邓公小平高兴。老灶土色土香重麻辣，鸳鸯戏汤承阴阳。鸡鸭鱼骨吊鲜汤，各地食材臻大成；猪牛羊鹅均火锅，食膳药膳锅中乐。锅中八仙过海，式样各显其能。家人团聚，朋友小酌，生意聚会，各得其所。围炉聚饮欢呼处，百味消融小釜中。

进入全新世纪登堂入室抒豪情，品尝重庆火锅盛况空前留古今。山城水天相映，民俗文化争辉；火锅筵席，别有风韵；电炉改观环境，空调冷暖称心；餐厅装潢考究，雅间包房时兴；歌舞伴餐，色香升平。重庆人是山，雄伟坚韧，豪迈热情；重庆人是水，柔中带刚，宽容深沉。重庆人闯天下，火锅是名片，天下人来重庆，名片重火锅。重庆火锅甲天下，麻、辣、鲜、烫、便、乐、养也。重庆乃华夏火锅之都，充满激情与热力；务实崇本，色香味美飨人间，心“馨”相印。

一方菜肴一方情，重庆火锅竞沸腾；“金垒中坐，肴隔四陈。觞以清醥，鲜以紫鳞”。强大火锅企业，创新连锁经营；技术改革闯新路，科技攻关定标准；原料基地布渝州，美味底料万家勤。举杯拉动餐饮发展心花怒放，迎来扩大就业富贵花开。火锅产业展宏图，衮衮诸君多践行。

壮哉！重庆火锅。诚哉！感于斯文。

重庆火锅新赋

作者：刘可

李德建主编：《重庆火锅全书》，西南师范大学出版社，2018年，第241页。有删改。

梦江神女，醉山纤夫，混沌踏来，猛锅熬情，辣透寰宇。

往昔华章，秦皇汉武千秋鼎，独尊天地间；达官布衣百年锅，温暖众生心。

今朝盛世，麻辣鲜香十五春，红染神州天；传统新尚万家店，火热人间域。

光阴似箭，弹指挥间。肩挑小灶，桌架大锅，冬去春来，沸祛岁月皱纹；西部开发，重庆直辖，南味北调，腾盈百姓笑容。

海纳百川，锅胜九鼎。串串穿南北，碟碟香东西，干锅领时尚，汤锅重滋补，鸳鸯保平衡，麻辣过把瘾。

直辖十五，山欢水笑。…… 实乃星火燎原之大势也。而今时下，陆派举旗，水派扬帆，马夫纤夫，同台竞技，盛况空前。万马奔腾，千帆竞发，新秀、新派、新型、新锐、新尚之夫，扬鞭撑船，勇往直前，笑傲江湖。

两江托山聚人气，一锅赶海扬豪情。中国一口锅，顶起一片天。以食为天，天人合一，同心、同聚、同享、同乐，人类之欢乐使者也。赞曰：

重庆火锅真霸道，天南海北都在烫；
特色菜品新样翻，老少皆宜口感爽；
红汤清汤任君选，四季鲜香你不想？

（二）重庆火锅企业赋

重庆火锅企业众多，也留下了许多关于企业的作品，诸如《天下第一大火锅赋》《桥头火锅赋》《下江人火锅赋》《重庆南方鸭肠王火锅赋》《重庆六里香饮食文化公司火锅赋》《重庆巴乡餐饮连锁公司巴乡火锅赋》《重庆巴江水饮食文化公司火锅赋》《宝全火锅赋》《奇火锅赋》等。

天下第一大火锅赋

作者：李碧清

李碧清：《天下第一大火锅赋》，《经营者》2000年第12期。有删改。

重庆火锅，源远流长。店连万家，名播八荒。溯其渊源，历经百载而繁昌；探其演变，初由寒门而膏粱。重庆地处要津，势扼两江。星聚纤夫，云拥舟樯。江风凛冽而衣不蔽体，伏岸仆行而食不饱肠。涉江浸水而湿重兮，劳苦；霜天浓雾而气郁兮，悲怆。取舟中之椒姜兮，熬汤；采猪牛之“下水”兮，涮烫。驱寒除湿而通窍，劳形顿消而气爽。由舟而埠，由埠而商，日渐扩展兴旺，终登大雅之堂。

众里独树一帜，当在今日德庄。天下第一大火锅，饮誉中外美名扬。其势恢宏，其貌堂皇。问鼎宇内，雄踞东方。似白山天池，沉星溶月，采集天地之灵光；如夔府天坑，吐雾吞云，包罗世间之万象。浩浩乎，总汇江湖之烟波；熠熠乎，遍裁云锦之霓裳。势纳千山，丝丝烟雨落樽前；气吞四海，灿灿明霞浮座上。

融眷而光顾，海外嘉宾，四方游子慕名而品尝。把酒临锅，看红浪翻卷，云燕霞蔚。鱼龙跃跃过大江开怀而到酣处，忧乐皆忘。辣乎乎，血沸中；麻酥酥，筋骨舒张；轻飘飘，如履仙乡；乐呵呵，似纳风凉。真个是重庆火锅，熬炼出耿直豪放；巴人情趣，拌和着麻辣鲜香。

红尘滚滚，岁月慌慌。难留顾客之身于永久，能留顾客之心于经常。留心必达情，情至而神往。故而尊奉顾客至上，唯恐言行乖张。两江渔火，枕清霜，记录人生之踉跄。几杵疏钟，半缕朝阳，预示创业之辉煌。弃燕雀之小志，幕鸿鹄而高翔。思千载波翻浪涌，淘尽英雄，留不住江流东去，仅剩得山低月小水茫茫。观而今星罗棋布，满城火锅，煮不尽钱财奢望，只崇尚高风亮节永流芳。

桥头火锅赋

作者：佚名

范春、李爽、杨卫东：《重庆火锅文化研究》，中国文史出版社，2005年，第88-89页。

扬子之滨，南山之麓，有美味焉。其名桥头，妇孺皆知。余常闻人言："此物只应天上有，人间那得几回尝。"是耶？非耶？疑而察之，果言之不虚也。岂麻辣鲜香耶？美哉！桥头火锅，融人间之百味，穷乾坤之春色。色味之佳，妙不可言也。

美食家云："食不厌精，味美则佳。"予观泱泱华夏，钟灵毓秀，物华天宝，味美者何其多也。有苏、鲁、川、粤四味之分，因地而异也。唯渝之火锅，雅俗共赏，历千载而不衰何也？皆大欢喜也。君不见天街陋巷，彼鳞次栉比。宾客盈门，座无虚席。流光溢彩，香飘四季。或雅士豪客，或贩夫小卒，不分酷暑寒冬，朝朝暮暮，暮暮朝朝，嗜之成癖。今逢盛世兮，民安国泰，衣丰而食足，夫如雨后之春笋，愈比昔日盛焉。吾友曰："君子步青云而思远，困逆厄而不落志，岂贪美食如斯，长奢靡之风耶？"愚以为其言谬矣。古人云："民以食为天，食色好美味，皆人之性也。"余一介寒士耳，虽无扶摇之志，亦怀拳拳赤子之情。今撰新赋，喜抒寸心。歌故土之民俗，扬巴人之豪气。不遇子期，伯牙难成流水之曲。因逢得意，相如才展凌云之笔。君子之求岂在美食乎？

呜呼！桥头火锅，渝之佼佼者也。凡水中游，地之走，天上飞者，谓之"海陆空"也。伴以鲜蔬，妙手秘方调制，烫而食之。麻辣而爽口，鲜嫩而溢芳，其味无穷也。故桥头盛名，不胫而走。翘首神州，蜚声海外。

夫装饰华美而典雅，座闹市而幽静。帘卷海棠烟雨，窗临黄桷晚渡；听涂山氏之呼归，峡口鸡鸣；亦可登文峰，鸟瞰山城万家灯火，咏南山樱华飞絮，万种风情。骚人墨客之好去处也。一觞一咏，或独酌以自娱，觥筹交错，或宴亲朋以叙情。情侣于斯，岂馨澈心扉情怀，放浪形骸，倾诉幽情。博学鸿儒或闾巷庶民，亦足以笑谈人生喜乐，红尘烦恼，古今奇闻。噫嘻，此乐何极。善食者若佐以美酒香茗，丝竹管弦之乐。悠悠然，似蓬莱赴宴，瑶池醉酒，月宫漫舞。飘飘欲仙兮神驰而意扬。

壮哉！巴人，情有独钟麻辣烫。桥头火锅，真乃一绝也。

五、楹联

楹联是中华民族传统文化之一，关于重庆火锅的楹联的数量不少。重庆三耳火锅集团还曾经在全国范围内征集过火锅楹联，并结集成书。在火锅发展的过程中，人们题写了许多关于火锅起源、火锅精神、火锅食材、火锅烫涮趣事等的楹联，让人们从另外一个角度感受重庆火锅的魅力。

（一）关于火锅起源的楹联

船夫脚力创麻辣烫始祖
雅客名师开清红烫新篇
聂赣如

烹鲜烫脆纤夫创
制辣调麻后辈新
曹科源

（二）关于火锅味道的楹联

红火金锅烹百味
醇香麻辣靓八方
严继明

鲜香漫地火锅味
麻辣弥天重庆情
王维镜

锅烹麻辣奇香出
火爆中西远客来
徐良荣

味漫三巴无人不道火锅美
香飘四海远客常称麻辣奇
李敢

重庆人来花绽俏
火锅人去桌涵香
王长均

诗仙太白千夫醉
重庆火锅四海香
吴毅

（三）关于火锅烫食的楹联

宜涮宜烫举箸齿酣鲜世界
宜麻宜辣围锅舌畅妙乾坤 **高学良**

火旺炉红辣得心花怒放
酒酣耳热烫来神采飞扬 **吴松林**

火锅立色烫出酸甜苦辣细品人生百味
水酒三杯酌来喜乐悲欢博观世态千般 **陈乃新**

葱绿椒红五色交融生津舌底安逸乎安逸水水汤汤波涛浪涌鳝游鳅滑
嘴麻腮热八方云集吐火眼中逞雄也逞雄男男女女笑逐颜开碟蘸筷捞 **王太吉**

（四）关于火锅食材的楹联

一锅可涮千般味
众客能尝百样鲜 **李侠**

遒法自然火锅四季调真味
怀承绝技荤素一炉饪异香 **詹荣彪**

火暖五洲客
锅涵四海珍 **马士勇**

一锅什锦五颜六色时鲜百味香飘四季夸三耳
七派八门万应千家德艺双馨情暖九州酬亿民 **刘志刚**

姜黄葱绿椒红蒜白门门辣嘴门门爽
料正汤鲜鲜美味醇口口麻唇口口香 **刘志刚**

（五）关于火锅形态的楹联

龙凤池中腾日月
鸳鸯锅里煮乾坤
姚兴芬

挥汗暑天狂食火锅真爽快
御寒冬日慢吞毛肚定温馨
张顺社

夏烫火锅辣祛百会暑威解
冬尝鼎食味入丹田暖气生
王少谷

滚滚红波火锅腾起千香味
喷喷绿蚁渝菜结来万里缘
蒋大生

味麻辣群贤毕至
烫火锅四季皆宜
何俊贤

釜底生辉锅腾滚烫客心喜
座中举箸口感辣麻渝味鲜
张吉祥

点个鸳鸯锅烫起江鱼海蟹江南塞北凭君箸
摆来油蒜碟酌开洋酒存醪中美西欧任兴斟
程开新

锦绣江山煮麻
辣鲜香味里藏
重庆程记火锅

（六）其他

身居异乡思重庆
口品乡肴恋火锅
高元河

倾情麻辣助万户千家食业
辅佐春秋书丰滋百味文章
何建

何处极乐一张大桌吃吃喝共饮同忆本愿无边此地政审极乐国
本地弥陀三个耳朵乐呵呵同乐共闻圣号无量阁下便是活弥陀 **董子竹**

麻辣燃情开胃口
火锅胜意热心肠 **彭善民**

满席荐绿巴山菜
双箸摇红字水汤 **曹庞沛**

百味人生麻辣烫
一锅世界异珍奇 **曹庞沛**

火锅伙伴诗联趣
油碟由缘美食情 **刘以力**

香麻辣烫火锅府
饮食情怀温饱天 **危永祥**

四海嘉宾饮国禧
五洲美食崇火锅 **梁裕成**

赤心待客千杯满
巧手调羹十里香 **杨俊容**

重庆火锅麻辣烫
五洲鼎食本同源 **李清道**

火锅人气天天火
生意财源滚滚来 **张振涛**

渝州美食两江煮
极品火锅众口夸　**胡承鸿**

两江灯景催人醉
重庆火锅入梦香　**李村**

热气腾腾其乐融融亲情友情爱情情怀共热
浓汤洋溢此心惬惬辣味麻味香味味感俱浓　**林辉英**

六、小说

重庆作家协会会员、重庆文学院创作员何佳创作了长篇小说《重庆火锅》，2002 年由文化艺术出版社出版。《重庆火锅》一书以逸园老字号火锅店为线索，讲述了民国二十三年（1934 年），万天渝将担担火锅移到餐馆，在重庆朝天门码头开了第一家火锅店——逸园老字号火锅店。这时期重庆处于军阀混战、外敌入侵的深重灾难之中。军阀、流氓地痞、袍哥、舵把子和各种帮会充斥重庆，外国列强纷纷在重庆设通商口岸。这就注定了这家火锅店的多灾多难。重庆成为战时首都后，日本侵略者多次对重庆大轰炸。大轰炸下逸园老字号火锅店多次被炸毁，同时家族内部矛盾重重。小说中人物命运跌宕起伏，留下了许多悲欢离合的故事。

七、画

（一）民国时期的火锅题材漫画

1.《道地风味的“毛肚子”》

1943 年，科学书店印行的《漫画重庆》一书的第 55 页中，有漫画家黄尧根据自己 1938 年在重庆创作的草稿而作的《道地风味的“毛肚子”》一画：店堂墙壁上悬挂一“毛肚子”招牌，一位先生正仰着头在烫毛肚，炉子及小锅放于桌面且高于烫毛肚者。炉子下有垫板，桌面上还放有菜品及油碟。

2.《火锅毛肚》

1949年7月18日，《南京晚报》刊登了白丁创作的系列漫画《老太爷》之《火锅毛肚》，描绘了一位老太爷吃火锅的场景，非常生动。画作展示了一位老太爷坐在椅子上准备吃毛肚火锅，而炉子放在桌子上，再加上小锅，老太爷根本就够不着；于是老太爷就站起来，但是仍然差一截；老太爷情急之下站到了桌子上，这才吃到香气逼人的火锅。

（二）当代的火锅题材连环画

1.《火锅文化》

《火锅文化》是重庆维也纳两江楼出品，共有28幅，主要反映了重庆火锅乃至中国火锅的发展历程。连环画从商周的鼎切入，娓娓道来，记述了重庆火锅从水八块到登堂入室，直到20世纪末的繁荣昌盛。画作展现了重庆火锅店生意兴隆，人们吃得酣畅淋漓的场景。画中人物生动形象，画面紧凑，给人以无尽的遐想。

2.《重庆火锅史话》

《重庆火锅史话》是重庆著名火锅品牌小天鹅出品的系列火锅文化产品之一，一方面展现了重庆火锅起源的历程，另一方面也呈现了小天鹅创始人何永智夫妻创立小天鹅的故事。

3.《重庆火锅源流》

《重庆火锅源流》由重庆三耳火锅出品，主要展现了“原始民餐”“钟鸣鼎食”“江防渔夜”“滩头牙祭”“巴渝名食”及“大雅之堂”六个不同时期的画面，梳理了重庆火锅起源、发展的历程，画面生动，引人入胜。

八、火锅研究著述

在重庆火锅发展的过程中，一些学者和从业者对重庆火锅进行了研究和总结，涌现了一大批很有价值的研究成果，有的是从火锅技艺的角度进行研究，有的是从火锅的源流、发展的角度，有的从火锅经营服务的角度，有的是从文化的角度研究，还有一些是对重庆火锅进行的综合研究。

关于火锅研究的著述

序号	名称	作者	出版社	出版时间
1	《川味火锅》	吴万里、张正雄	四川科学技术出版社	1988年
2	《重庆火锅》	重庆市火锅协会	重庆出版社	2003年

序号	名称	作者	出版社	出版时间
3	《重庆火锅文化研究》	李爽、范春、杨卫东	中国文史出版社	2005 年
4	《火锅菜》	吴茂钊、陈小林	重庆出版社	2007 年
5	《重庆江湖火锅》	邓开荣	重庆出版社	2008 年
6	《重庆火锅》	段晓猛	内蒙古人民出版社	2010 年
7	《火锅中的重庆》	林文郁	重庆出版社	2013 年
8	《重庆火锅》	刘可琳	河北科学技术出版社	2016 年
9	《重庆火锅全书》	李德建、林文郁、李乾惠、陈小林、郭爱华	西南师范大学出版社	2018 年
10	《重庆火锅服务》	郭小曦	重庆大学出版社	2020 年
11	《重庆火锅制作》	胡学文、蔡顺林	重庆大学出版社	2021 年

九、报纸、杂志中关于重庆火锅的文章

（一）新中国成立前报刊中的相关文章

在新中国成立之前，重庆作为西南文化重镇和抗战时期的战时首都，本土开办和外地迁移到重庆的报刊有很多，在这些报刊中，有诸多关于重庆火锅的文章，尤其是《南京晚报》副刊，记述了很多重庆的生活习俗，饮食文化是其重要的内容。根据重庆市图书馆馆藏民国报刊，摘录部分内容如下：

1.《连锅子》（《南京晚报》1938 年 8 月 27 日，第四版，《旅渝须知》栏目）

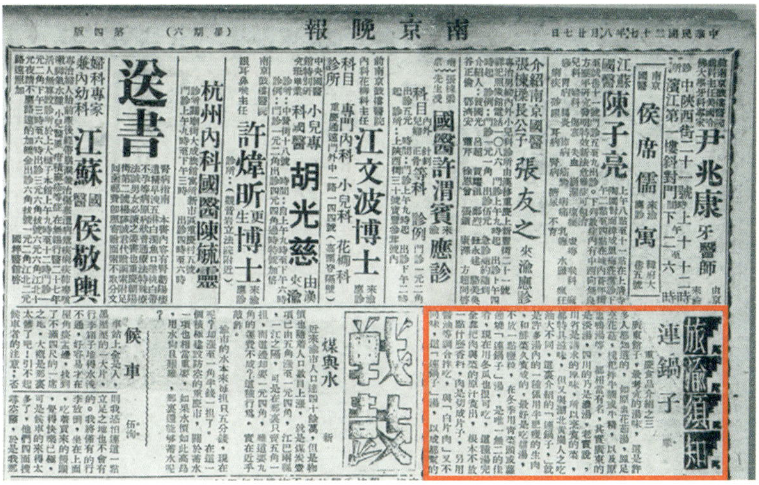
南京晚報
第四版
尹兆康 牙醫師
侯席儒
陳子亮
張友之
國醫許渭賓應診
江文波博士
胡光慈
許煒昕博士
杭州內科國醫陳毓靈
送書
江蘇國醫侯敬輿
旅渝須知
連鍋子
煤與水
候車

原文如下：

连锅子

广东馆子，最考究的汤味，这是许多人都知道的，如原盅花茹汤，凤足烹花菇，槐杞拌牛腩或牛精，以及原盅鸭汤等，都相当有名，其实广东的是淡汤，四川的乃是浓汤，老实说，川省是讲求的厚味，所以烹煮的菜，都独具滋味，但又与湖北黄冈人之吃油大不同，这里介绍的“连锅子”，就是许多汤内的一种系用半肥瘦的生肉，和鲜菜久煮成的，最好是吃甜汤，不放一点盐粒，在冬季用青菜头或萝卜烧“连锅子”汤，是唯一无二的佳肴，现在用冬瓜也很可吃，这种汤完全靠把肉与菜的原汁煮出，根本不放一点什么香料，肉是切成片子，另用酱油等调合拌吃，与“白片肉”又不同味，这“连锅子”汤，以成都帮的饭馆食店做得最好，至于其他馆□也都是有这一肴汤菜出售，但多不用生肉，更不肯久煮，所以还不如自己家里做出的好。

2.《毛肚子——重庆食品介绍之七》（《南京晚报》1938 年 8 月 31 日，第四版，《旅渝须知》栏目）

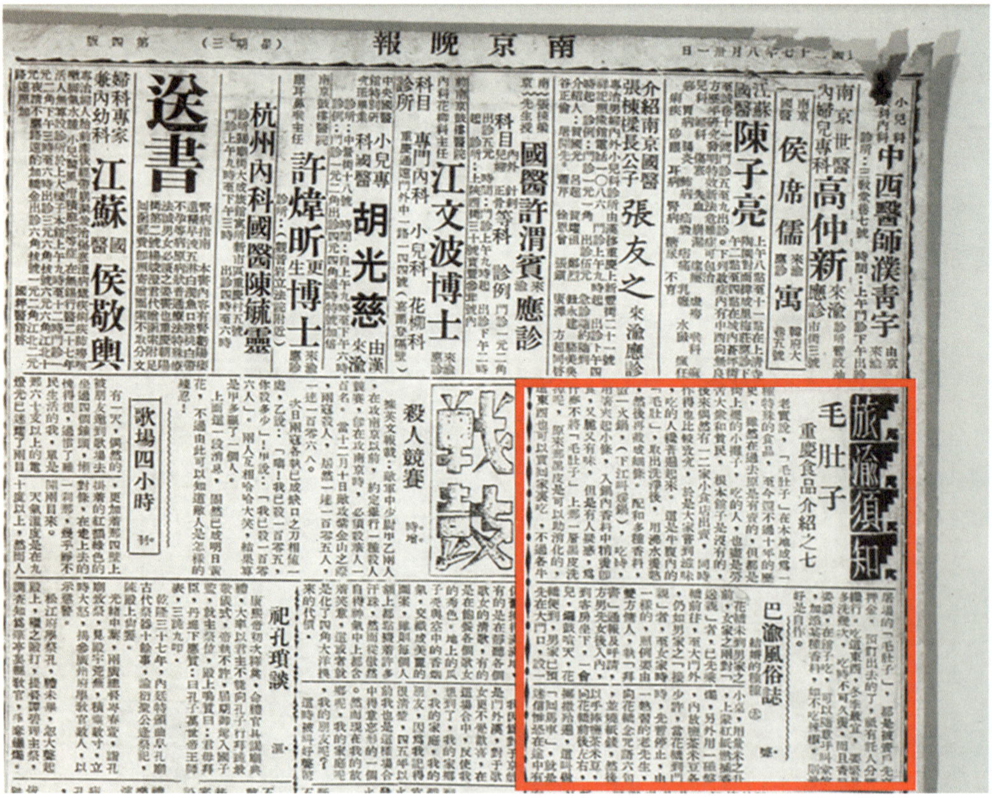
南京晚報
第四版
旅渝須知
毛肚子
重慶食品介紹之七
巴渝風俗誌
殺人競賽
歌場四小時
爬孔瑣談

原文如下：

毛肚子——重庆食品介绍之七

老实说，“毛肚子”在本地成为一种特殊的食品，至今还不过十年的历史，虽然在过去原是有卖的，但都是街上摆的小摊子，吃的人，也尽是劳苦大众和贫民，根本馆子是没有的，后来偶然有一二家小食店出卖，同时作得也比较考究，于是大家尝到滋味，吃的人才普遍起来。这是牛腹内的“毛肚”，取出洗净后，用沸水烫熟，然后再截成细条。配和多种香料，置一火锅（下江叫暖锅），吃时，用箸夹起小条，入锅内香科中稍烫即食，又脆又有味，但是有人疑惑，为什么不将“毛肚子”上那一层黑皮洗掉呢，原来那黑皮是可以助消化的，这东西也可以买回家里吃，不过各牛屠场的“毛肚子”，都是被卖户先交押金，预订出去的了，只有托人分购才行。吃这东西，冬季最宜，要紧是多洗几次，吃时不可久烫。而且香料要浓，在馆子吃，可以随意呼叫堂信，加添某种香料，如不吃辣椒，则最好是自作。

3.《水八块》（《南京晚报》1942年9月11日，第二版）

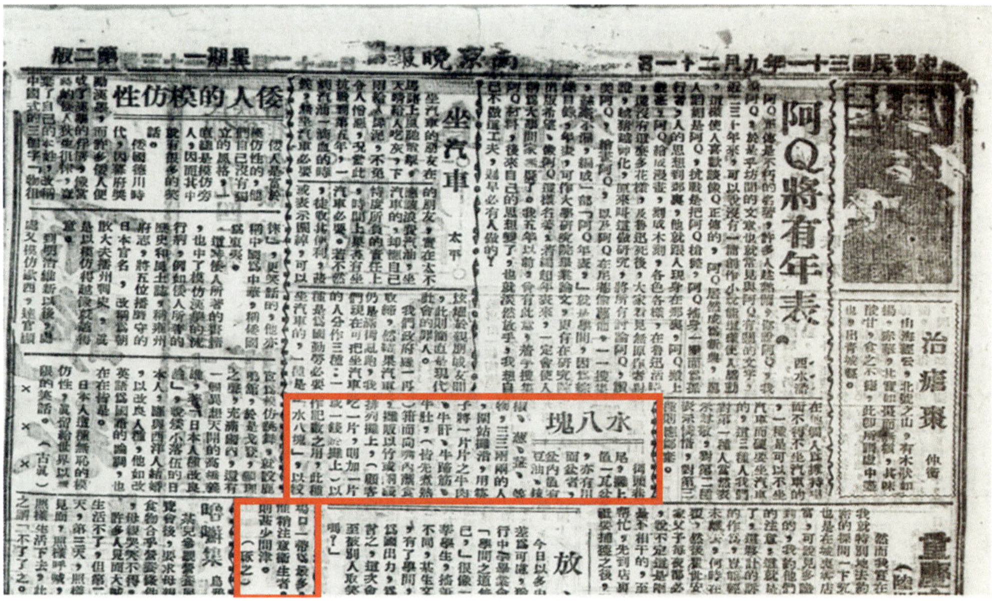
南京晚報

阿Q將有年表

倭人的模仿性

坐汽車

水八塊

治痔瘡

原文如下：

水八块

街头巷尾，摊上置一瓦盆，亦有用面盆者，盆内置有豆油、辣椒、葱、蒜等物，三三两两的人，围站摊沿，用筷子将一片片之牛肉、牛肝、牛蹄筋、牛肚（皆先煮熟）钳而向嘴内蘸食，摊贩以竹或铜钱排列摊上（顾客吃一片，则加一片或一钱于摊上）以作计数之用，此种“水八块”，以较场口一带为最多，惟稍注意卫生者，则甚少问津。

4.《竹枝词》（《南京晚报》1944年5月1日，第二版）

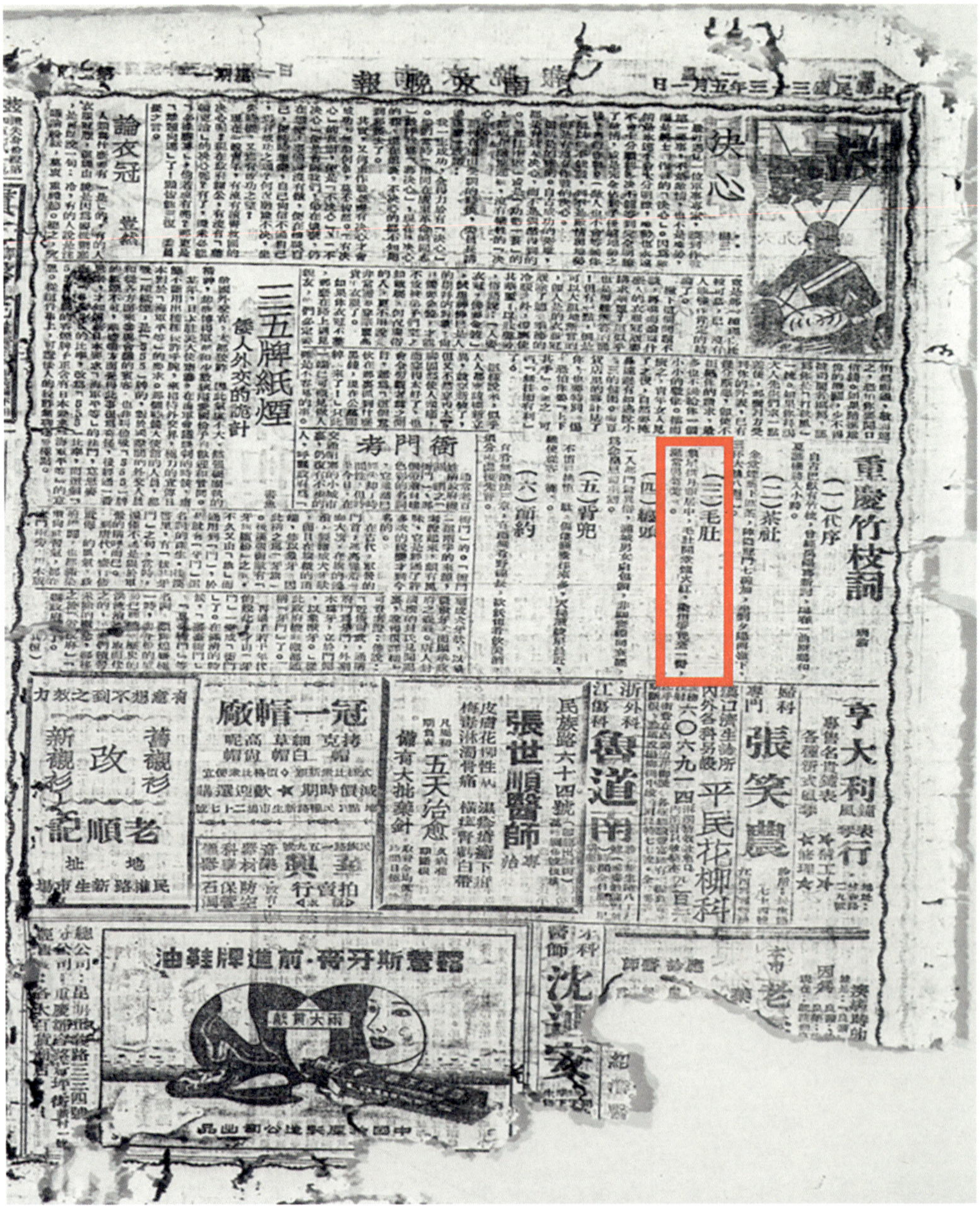

南京晚報

決心

三五牌紙煙

衛門考

重慶竹枝詞

(一)代序

(二)茶社

(三)毛肚

(四)

(五)背兜

(六)節約

亨大利

張笑農

平民花柳科

魯道南

張世順醫師

五天治愈

一冠帽廠

老順記

原文如下：

重庆竹枝词——毛肚

象星拱月鼎居中

毛肚开堂炉火红

染指争尝烹一熗

口涎常与菜羹同

5.《毛肚火锅流源》（《南京晚报》（1949 年 2 月 24 日），第四版）

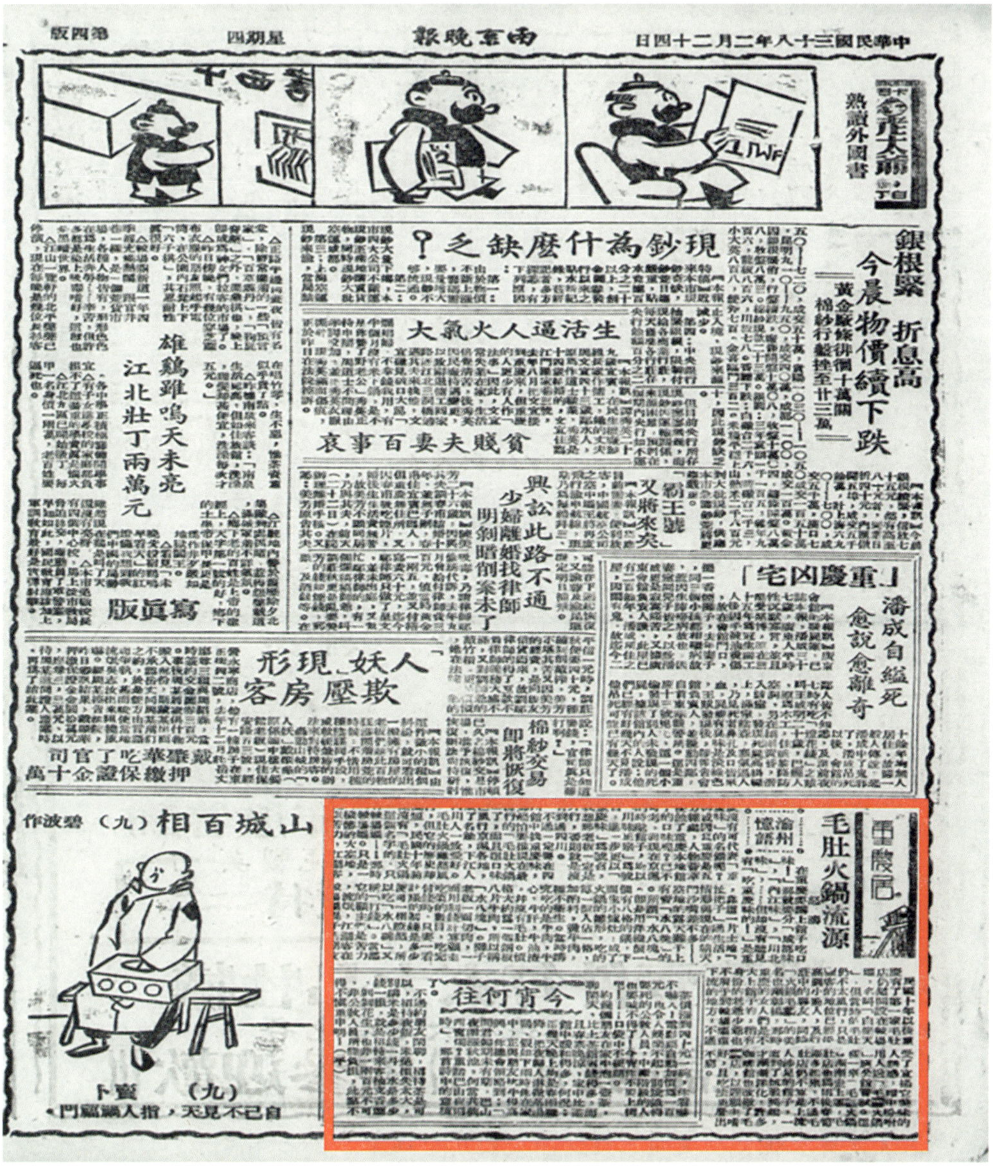

原文如下：

毛肚火锅流源

在重庆要讲上馆子吃口味！那就要分“成都味”“内江味”“川北味”……但却没有听见有“吃重庆味的！”是重庆没有可代表“重庆味”的名肴呢？抑或因为重庆是五方杂处，人物荟萃侵蚀了重庆本地馆子的口味呢？已不可考，而现在京沪的时髦馆子，均以“川味正宗”为号召，进一步更以“重庆味”为号召，我想那老板一定是外行，否则就是没有到过四川。

不过一定要在四川馆中找重庆味，那恐怕要推现在最流行的“毛肚火锅”了，而且这口味已风行京沪各地，成了名肴，下江人四川人一致爱好。

毛肚火锅虽然风行，但它的历史却简短，民国十年前是没有“毛肚火锅”这个名字的，只有较场坝——那时的较场坝，只是一片秽脏的大空地，流氓苦力，江湖客，靠这一片土地“扯把子”过生活，情形与现在的朝天门沙嘴差不多——空地的露天摊子上有卖“水八块”的，所谓“水八块”，即是用洋铁制一个有八格的锅，下面生小炉灶，成了火锅的雏形，吃的每一个人占一格，加酌料，烫牛肉，极不卫生。当时讲究吃的是牛肉，牛心，牛肝，牛油渣，并没有毛肚。价格大约为一个铜板八片牛肉，所以称“水八块”。摊子老板一面切肉，一面用细线计算顾主吃菜的数目，吃完付钱时，只要一看记账的细线是多少便可一目了然，所以吃“水八块”又称“打钱”。当然它的顾主们是苦力，流氓，江湖客在较场坝混日子的朋友。民国十年以后重庆有了第一家毛肚店仍然开设在较场坝，名叫“白乐天”，但当时的毛肚仍不太风行。只是顾客的地位已经提高到小商人，及行庄中的伙友。同时，“毛肚火锅”的美名也渐彰扬，那时重庆的女人们是不大上馆子的，稍有身份的老爷少爷也不屑于到较场坝这下流的地方。不过受了宣扬它美味的人诱惑，暗中吩咐用人送“毛肚火锅”进公馆尝试。这样一来“毛肚火锅”渐渐走上运，毛肚店也为雨后春笋般多起来，不过毛肚店仍不算是上流人涉足的馆子，一直到了抗战兴起，才逐渐洋化，许多咖啡馆也改做了毛肚店，以迎顾主嗜好，且吃法更层出不穷。

6.《火锅毛肚》（《陪都晚报》1946年11月5日，第一版）

原文如下：

火锅毛肚

很久就有人说，人生的三大快事是：吃中国菜，住西洋房子，讨日本老婆，细想起来，这能够流传至今的“伟论”，也有它丰富的理由，谁说外国的月亮才好？我们敝大国，就有“吃”之一项，为世界所称誉！吃——在中国人的眼里，是一件大事情，是一套伟大的学问，应用起来，是五花八门，千变万化。有人半作评论地说：世界算中国第一，中国数四川第一，四川数成都第一。这话听来，当然是有点偏见，不过“吃”在四川，的确是可以值得骄傲，就单数现时风行的“火锅毛肚”吧！就非他省吃界中，所能尽其“奥妙”！

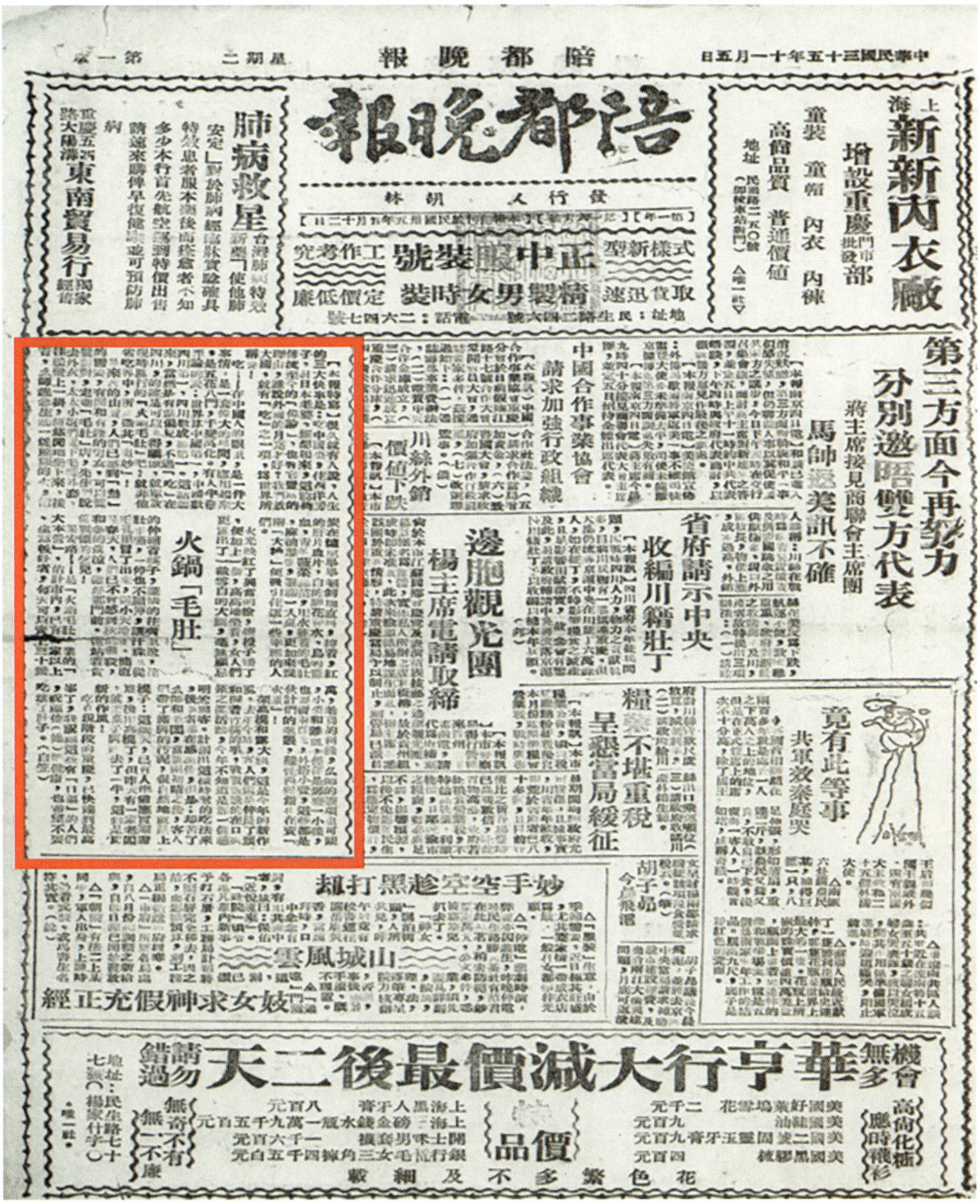
中華民國三十五年十一月五日　陪都晚報　星期二　第一版

陪都晚報

發行人　胡林

第三方面今再努力
分別邀晤雙方代表
蔣主席接見商聯會主席團
馬帥返美訊不確

中國合作事業協會請求加強行政組織

川絲外銷價值下跌

省府請示中央收編川籍壯丁

邊胞觀光團楊主席電請取締

火鍋「毛肚」

糧秦不堪重稅呈懇當局緩征

竟有此等事 共軍效秦庭哭

妙手空空趁黑打劫

山城風雲

妓女求紳假充正經

華亨行大減價最後二天

日来冷的山城，人们已感到“热”的需要，有闲和有钱的男女，可以双双对对，走进“毛肚”店，先生们脱去外衣，太太小姐们褪下毛线外套，往墙壁上一挂，便悠闲地坐下来，接着，幺师赶急生起一炉熊熊的火，泡炭在炉里毕毕剥剥地直叫，接着，红的肝片血片，白的脑花脊髓，乌的鸡血，青的菠菜蒜苗，用水养着的毛肚，麻油蘸料，摆满一大桌，更加来几两“大曲”便吸引住这一些幸福的人们。

火光映红了兴奋的脸，板凳子矮了，便加上一个，高高地坐着，女人们更露出了一截雪白的大腿，毫无顾忌地伸缩着筷子，尽情地往嘴里送，往肚里咽，一停也不愿停，让汗珠也从毛孔里冒了出来，这小天地里，简直是春天，人们已不会感到秋的肃杀，和冬的荒凉，虽然那门前，还站着贫饥战栗的乞儿！

保安路——是“火锅毛肚”业的“大本营”，估计市内，已有六家以上、生意较好者，每天可以卖上三十几万，老板的利钱，幺师的账项也可观，小菜和鸡血，仅仅是那么一小碟，也要卖两百元，外搭小费，这些都是伙计们的进账，难怪西餐馆也在卖“火锅”！

架高凳和露大腿，这是今年的新作风，去年今时，客人们还是伸长了颈和握着竹筷的手，战战兢兢地在口与锅之间活动，今年不知道是哪一个聪明的顾客，计创出这样时髦的吃法来，后学者都在感谢他，但是，却苦了幺师和老板，当新雨初晴之后，客人们带了满脚的污泥，很自然地就踏上凳子：这几天，已有人准备应实际需要，换用高凳子，但昨天有一家老板，就把桌子脚砍去一半，这倒是更新的作风！

7.《我告诉你冬令的食谱》（《陪都晚报》1948年2月20日，第三版）原文如下：

我告诉你冬令的食谱

煨肉

羊肉性热，冬令进食最宜，煨羊肉倘烹调得宜，其美味不下于坊间之涮羊肉。家庭主妇易试之。

料选：（一）羊肉二斤（胡羊或山羊肉均可）。（二）黄酒六两（去羊肉膻味）。（三）酱油六两（用上等酱油）。（四）食盐少许（用精盐）。（五）老姜三四（切小片）。（六）萝卜一个（解膻气用，羊肉煨成后将萝卜捞去勿食）。（七）红枣四五个（作用与萝卜同）。

做法：先将羊肉切成大块，每块重半斤，用稻草扎成十字形，因恐烧酥后，羊肉分开之故。次放入清水内，以清水煮之，一沸之后，即将羊肉取出，再以清洗之。洗后将羊肉放入大号瓦钵中（可放四块），加入酒酱油精食盐（多少随口味增减），不必加水，再放入姜，萝卜红枣等，将瓦钵盖紧，勿使漏气，用大号炭基四个以文火煨之，大约煨四小时，煨成后清香肥嫩，以热食为上，下酒佐餐均宜。

火锅

冬令气候寒冷，菜肴出锅即冷，故火锅最为相宜。火锅因所用的材料不同，而有种种名称：如三鲜火锅，什锦火锅，边炉，菊花锅，鸡锅，全生边炉，以及四川人谓的毛肚及日本人所谓“酥锅鸦锅”其实都是大同小异的。

设备和吃法

火锅以用电炉为最佳，那似乎比较清洁些，否则用火精炉，最不得已时用炭火黄泥小炉，炭火须完全燃烧后放在桌上，防炭灰飞入锅中，锅内预放

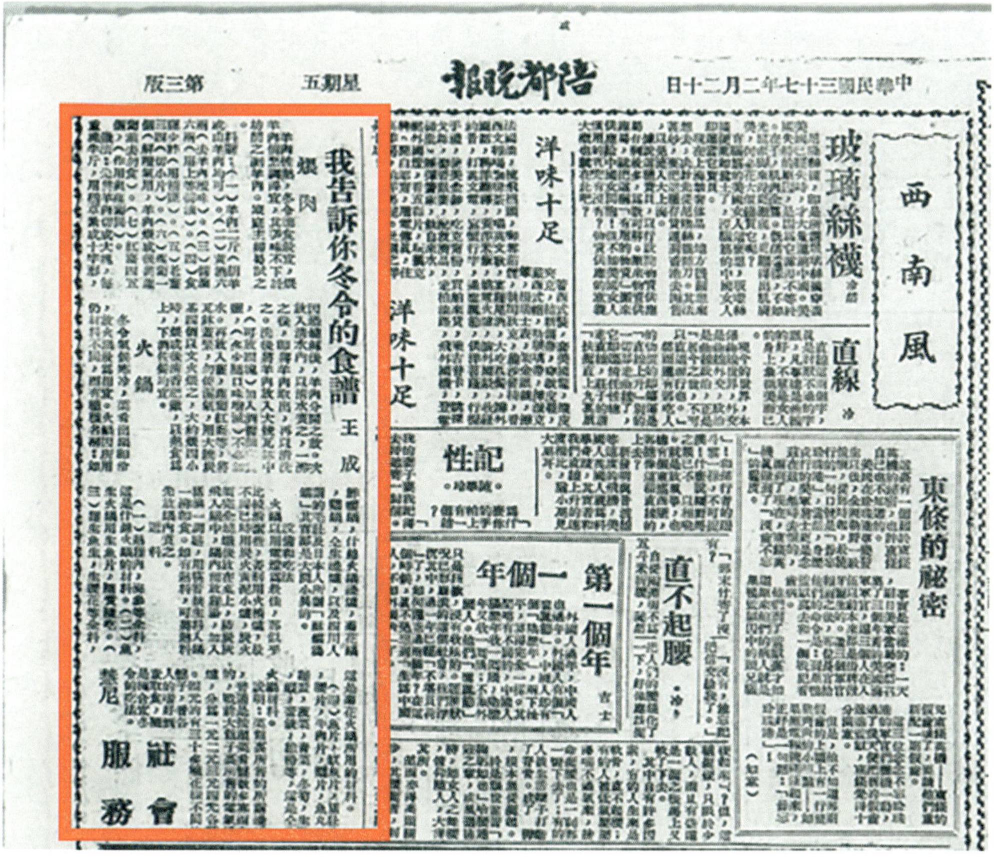
中華民國三十七年二月二十日　益都晚報　星期五　第三版

我告訴你冬令的食譜　王成

煨肉

火鍋

西南風

玻璃絲襪

洋味十足

直線

性記

東條的秘密

第一個年

直不起腰

社會服務

鸡汤，加入猪油一调匙，用筷箸挟生料入锅一沸即食。如有熟料，可将熟料先放锅内煮之。

选料

（一）熟鸡肉，海参等全料，这是什锦火锅的材料。（二）鱼生火锅用生鱼片，随煮随吃。（三）鸡生鱼生，生腰花等全料，这是菊花火锅所用的材料。（四）鱼片，鱿鱼片，猪肚片，腰片，牛肉片，鸡片，鱼丸，鸡蛋，菠菜，青菜，冬笋，生葱，虾，蛋饺，线粉等，这是全盛火锅材料。

说明：菜馆里所售的所谓边炉，普通是按照菜肴盘数多寡而定的，战前大馆子里所售的电气边炉，分为一元二元三元四元各种。四元的有三十多种花样不同的盘子，看各人的嗜好随意取食，倒是极合宜冬令的吃法。

8.《南北各有千秋——烤肉与毛肚火锅》（《大众晚报》1949年9月17日，第二版）

原文如下：

南北各有千秋——烤肉与毛肚火锅

在北平一到阴历七月初一以后，专卖烤肉的酒馆就开门应市，直卖到重阳为止。

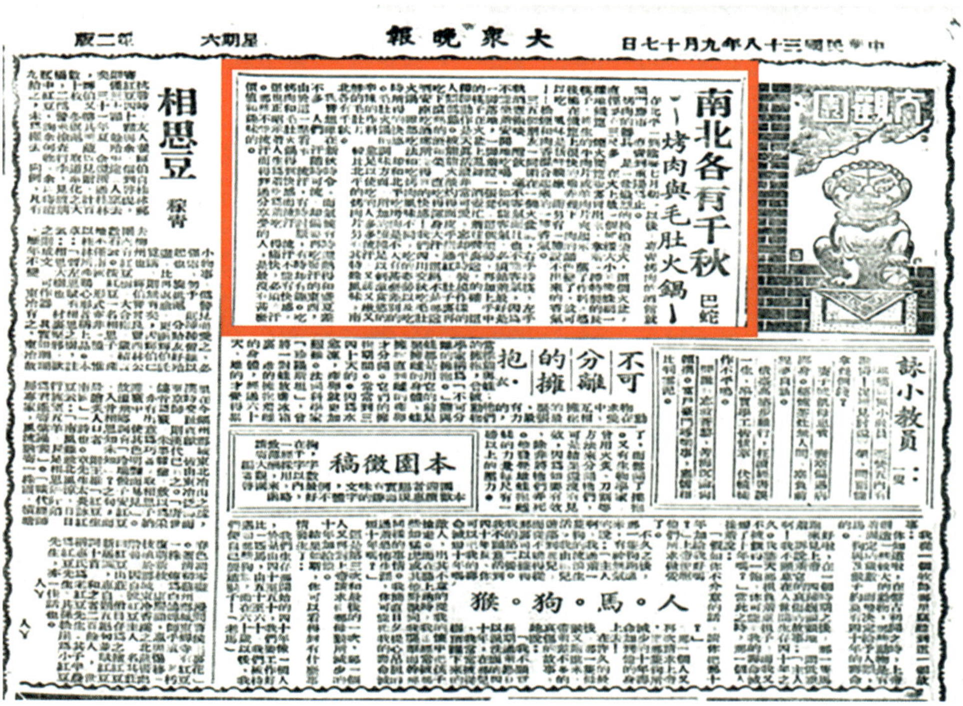
中華民國三十八年九月十七日 大衆晚報 星期六 第二版

南北各有千秋——烤肉與毛肚火鍋—— 巴蛇

相思豆

詠小教員

不可分離的擁抱

本園徵稿

人・馬・狗・猴

烤肉的器具，是一盆炽烈的松柏柴木，这个火盆，直径要有三尺多，在火上放一个同样大小并像蛛网一样的铁算，烟火从算眼里冒出来，拿着一种特制的长筷子，将生的牛肉片或羊肉片夹起来，蘸了作料，然后摊在铁算上很快的拨弄几下，肉的颜色变了，就可以吃，风味是新鲜腴嫩，而另有一种说不出来的香气——松烟和肉香混合起来的一种香气。

三五个朋友一同围在一个火盆前，右手持筷，左手执酒壶饱啖，酣饮，毫不客气而且也不能客气，因为不能坐着安闲地吃喝，如何能客气，必须站着最好是一脚落地，一脚蹬着一张凳，这个架势，再加上手中的筷子在火盆上乱舞，酒壶忙着往嘴里送，的确，这种动作是天真活泼非常可爱，忘却平时装模作样的人类伪态。被熊熊火焰灼得面皮手指通红，肚子里再吃下滚热的酒和菜，直吃得浑身大汗，这绝不是那送酒安座吃酒席所能得到的快感！我们四川交秋吃毛肚火锅，虽然吃法和吃烤肉风味不同，吃的姿势以及吃时所得的快感，却和北平吃烤肉是不大有什么差别的。毛肚火锅的调味方面，所加的种种足以刺激食欲的辛辣的作料，愈足以使吃的人多多流汗，又脆又嫩又鲜的毛肚片，较比北平的烤肉片另有其特殊风味，南北各有千秋。

我常想虽在新秋时令，而气候有时还热得和盛夏差不多，人们的汗随时可流，却偏要再吃发汗的东西，由这一点看来，流汗，有时讨厌，有时却有趣。吃烤肉和毛肚火锅得到快感而流汗，流汗不能有快感，这也正昭示着人生为着吃得痛快，必须流汗。那些不能流汗而得到过分享受的人，是最没有什么价值和趣味的。

9.《夜光杯烫毛肚》（《大众晚报》1949 年 10 月 21 日，第二版）

原文如下：

夜光杯烫毛肚

昨天和人谈起毛肚火锅来，连带谈起本市的专卖毛肚水锅的“夜光杯”在报上曾经用它的店名撰成上联，征对下联，上联看似容易对，实在不易对，原联云：“夜光杯中，夜光杯酒，夜夜光杯”。

论到“夜光杯”三个字，是由“葡萄美酒夜光杯”一句诗截下来的，本不能算是一个名词，因为他的店名是“夜光杯”，因而成了名词，必须也要用一个名词对上才好，这三个字原很容易对，只因第三句的光字作了动词的干字讲，一字两用，很不易找到这样的对偶，你就是找到可以两用的字，连

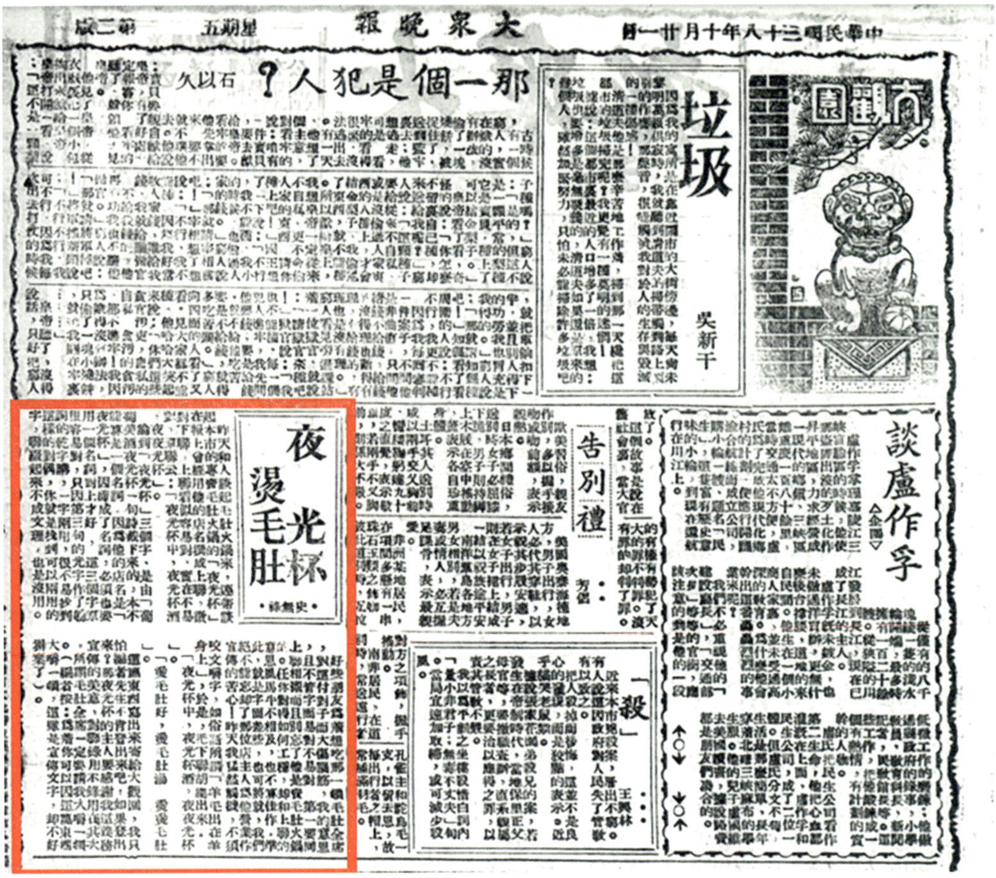

中華民國三十八年十月廿一日　星期五　大衆晚報　第二版

那一個是犯人？

垃圾　吳新干

夜光杯　燙毛肚

告別禮

殺

談盧作孚

缀起来不成文理，也是没用。

好些朋友为着想吃那一顿毛肚全席，对这付（副）对子而大伤脑筋，我的意思，且不管字面易对不易对，第一要同上联相衬而且别忘了他是卖毛肚火锅的。任你对得如何工稳，却和上联的意思风马牛不相及，也不算佳作，准此，就是字面差些，也可将就，我们绝不能忘却了那位店主人为他营业作宣传的苦心！昨天我猛然触机，不须咬文嚼字，如俗语所谓“羊毛出在羊身上”，于是，把下联胡诌出来：“夜光杯中，夜光杯酒，夜夜光杯；烫毛肚好，烫毛肚汤，烫烫毛肚”。

这篇东西写出来寄给大观园，我只怕编者先生不肯登出来吧，如果登出来？那夜光杯的主人要感谢我这义务宣传的美意，对联录用不录用在其次，所谓毛肚全席一定要请我大嚼一顿。（编者按：为着你可以因这篇东西大嚼一顿。这虽是宣传文字，却不好摒弃了。）

（二）新中国成立前杂志中关于重庆火锅的记载

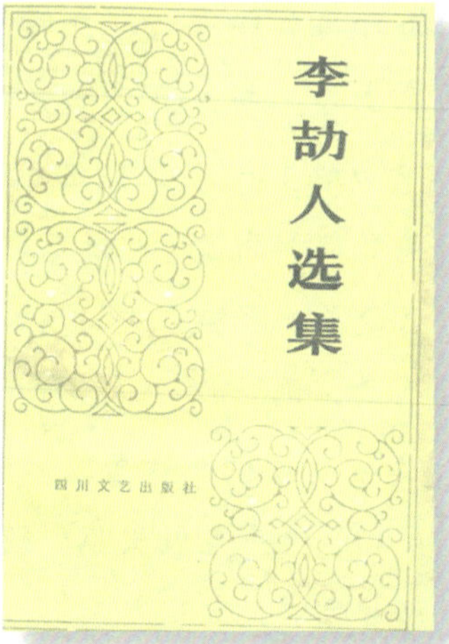

《漫谈中国人衣食住行》，李劼人先生所撰，从《风土什志》1948 年 9 月第二卷第三期开始刊载，记述了民国时期重庆火锅，也是近代杂志和书籍中对于重庆火锅记载较为完整的文献，在诸多的火锅著述中，言必提及此文。后收录于《李劼人选集》第五卷。

原文如下：

漫谈中国人衣食住行（节选）

毛肚者，牛之千层肚也，黄牛之千层肚肉刺较细，水牛之千层肚则肉刺森森，乍看犹毛也。四川多回教徒，故吃牛肉者众。自流井、贡井、犍为、乐山产岩盐掘井甚深，车水熬盐，车水之工，则赖板角水牛（今已逐渐改用电力、机力）。天气寒油，水牛多病死，工重，水牛多累死，历时久，水牛多老死。故自贡、犍、乐一带产皮革，则吃水牛肉。水牛肉味酸肉粗，非佳馔，故吃之者多贫苦人。自贡、犍、乐之水牛内脏如何吃法，不得知，而吃水牛之毛肚火锅，则发源于重庆对岸之江北。最初是一般挑担零卖贩子将水牛内脏买得，选净煮一煮，而后将肝子肚子等切成小块，于担头置泥炉一具，炉上置分格的大洋铁盆一只，盆内翻煎倒滚煮着一种又辣又麻又咸的卤汁。于是河边的桥头的，一般卖劳力的朋友，和讨得了几文而欲肉食的乞丐等，便围着担子，受用起来。各人认定一格卤汁，且烫且吃，吃若干块，算若干钱，既经济，而又能增加热量。已不知有好多年了，全未为小布尔乔亚以上阶级的人注意过，直到民国二十一、二年，重庆商业场街才有一家小饭店将它高尚化了，从担头移到桌上。泥炉依然，只将分格洋铁盆换成了赤铜小锅，卤汁蘸料，也改为由食客自行配合，以求干净而适合各人的口味。最初的原料，只是牛骨汤，固体牛油，豆办（瓣）酱，造酱油的豆母，辣椒末，花椒末，生盐等等，待到卤汁合味，盛旺炉火将卤汁煮得滚开时，先煮大量蒜苗，然后将凉水漂着的黑色的牛毛肚片（已煮得半熟了），用竹筷夹着，入卤汁烫之，不能太暂，也不能稍久，然后和煮好的蒜苗共食。样子颇似吃涮羊肉而味则浓厚。最初只是如此，其后传到成都（民国三十五年）便渐渐研制极精，而且渐渐踵事增华，反而比重庆作得更为高明。泥炉还是泥炉，铜锅则改为沙锅，豆母则改为陈年豆豉，格外再加甜醪糟。主品的水牛毛肚片之外，尚有生鱼片，有带血的鳝鱼片，有生牛脑髓，有生牛脊髓，有生牛肝片，有生牛腰片，有生的略拌豆粉的牛腰肋嫩羊片，近年更有生鸭肠，生鸭肝，生鸭肫肝以及用豆粉打出的细粉条其名曰和脂者（此是旧名，见于明朝人的笔记）。生菜哩，也加多了，有白菜，有菠菜，有豌豆尖，有芹黄，以及洋莴笋，鸡窝菜等，但蒜苗仍为主要生菜，无之，则一切乏味，倘能代以西洋大蒜苗译名波哇罗的，将更美妙矣。然亦以此而有季节性焉，必俟蒜苗上市，而后围炉大嚼，自秋徂冬，于时最宜。要之，吃牛毛肚火锅，须具大勇。吃后，每每全身大汗，舌头麻木，难堪在此，好过亦在此。……

（三）改革开放之后相关代表文章

1. 陈光发、陶怀普——《“毛肚客”闹山城》（《农家科技》1994年第4期）

四川人吃“重庆火锅”离不开烫毛肚，而地处偏僻的四川省江北县龙兴区的农民，却看到了小小毛肚中蕴藏着巨大利润。他们在外地从事毛肚收购、加工、批发，承担了全国300多个屠宰场的毛肚经营业务，占领了全国相当大一部分毛肚市场，形成了称雄毛肚市场的龙兴“毛肚客”。

如今，这批龙兴“毛肚客”已在重庆市中区最繁华的解放碑一带安营扎寨，在他们当中，有220人当上了“老板”，成为百万富翁的就达18户。龙兴“毛肚客”们的精明之处在于：他们比别人抢先一步发现了毛肚中的利润。众所周知，重庆人嗜食火锅，“重庆火锅”的名声早已传遍海内外。而在构成火锅的各种食品中，重庆人尤其喜欢“烫”被人们称之为牛“下水”的毛肚，这种东西烫起来又鲜又脆，挺适合重庆人的口感。然而，毛肚在北方及其他地方往往被视为屠宰场的废物处理掉。如果能把这些东西千里迢迢地运回重庆，仅两地极其悬殊的地区差价就保准大赚一笔。

小小的毛肚唤醒了龙兴人潜存已久的商品经济意识。80年代初期、随着火锅在重庆的“升温”，他们开始做起了毛肚生意。没有本钱就先向亲朋好友凑借几十元、几百元不等，做不了远的，就先做近的。1980年，当年仅17岁的龙兴镇石溪二社农民余全邀约张天学、廖老幺等人西上成都做了半年的毛肚生意，净赚2万元以后，龙兴人尝到了做毛肚生意的甜头，一传十、十传百，大带小、强带弱，纷纷改行做毛肚生意。

以毛肚为契机，使这些不满足于“日出而作，日落而息”的生活方式的庄稼人迈出了闯市场的第一步。随着全国改革开放步伐的加快，重庆火锅业的兴旺发达，他们的毛肚业务也犹如“滚雪球”似的越滚越大。从市内到市外，从省内到省外，从背背篼挑担子到包集装箱发专列，从单纯的购销到加工、购销、批发、零售、开店一条龙，从当初的小打小闹发展为跨地区、跨省的大动作，全国各地凡是有屠宰场的地方，便有江北县龙兴“毛肚客”的踪迹。正是他们的走南闯北，为全国毛肚找到了市场，使一文不值的毛肚身价百倍，一增再增。源源不断的毛肚也在很大程度上维持了重庆火锅行业的繁荣，食客与日俱增，重庆火锅走向全国，龙兴“毛肚客”的足迹也遍布全国。

当人们猛地醒悟过来，发现长期被人当作废物扔弃的毛肚也能赚钱时，龙兴“毛肚客”早已形成气候，并牢牢地占领了重庆的毛肚市场，并由此走向全国。一批腰缠万贯的大户已被公认为闯市场的“高手”，“毛肚客”吴成文仅去年支付河南南阳一个屠宰场的贷款就高达 57 万元。

“毛肚效应”富了一方经济，反哺了农业。目前，全区农民纯收入人平均已达 820 元，乡镇企业产值突破 1 亿元大关。“毛肚客”的崛起带动了当地个体私营经济的迅猛发展，在工商所登记办照经营的就达 1072 户，从业人员达 1 万多人，销售收入 1 亿元以上。富裕起来的农民纷纷自发集资建房，在龙兴镇建起了一条近 1000 米长的“个体街”。源源不断的资金给当地农业注入了新的活力，外出经商务工人员用于补农的经费高达 100 元一亩，有效地避免了土地荒芜，农业萎缩的现象。去年，全区粮食产量达 38.2 万吨，比上年增长 12.6%。

更主要的是，龙兴的“毛肚效应”为偏远贫穷的山区脱贫致富找到了一条有效的途径，为人们留下了诸多启示。它再一次雄辩地证明了：在广阔的中国农村发展商品经济可以有许多启动点，关键是要找到一个比较切合当地农民自身状况的启动点。龙兴人以毛肚为先导，走上了一条闯市场的康庄大道。

中国农民可以闯市场，可以在市场上大显身手，叱咤风云，可以垄断其中的一些行业。这，已经为那些敢为人先的龙兴“毛肚客”的实践所证明！

2. 李华飞——《重庆毛肚火锅的变迁》（《四川烹饪》1996 年第 4 期）

重庆毛肚火锅的变迁

中国有火锅。可以追溯到商周之前，历史是很悠久的。“重庆毛肚火锅”却不然，乃近百余年的产物。据个人所知，其大概经“三变”才步入了“殿堂”。

重庆是个商贸繁荣的水陆码头，长江、嘉陵江环绕左右。那些要运出川的山货药材、土特产都大量集中于此。最雄伟的工具首数“广船”，其构造格局形似古代的“三桅”舰，载重上千吨，与现在的小火轮差不多；船弦架有两根巨橹，每根由二三十人摇动催船前进。何谓“广船”？它专沿长江行驶湖南湖北，因两湖又别称“湖广”。此外有“缆载船”作短程运输，其数目远远超过“广船”。船工人数不下万余，如果说到重庆早期的工人阶级，恐不能不提到这些被郭老（沫若）誉之为“凤凰”的无立锥之地的船工。

船工俗名又叫“扯船仔”，他们除了摇橹、推桡外，还要背纤藤“拉滩”。唯一的财产便是肩上的“布褡裢”；晚上多栖息于城墙边吊脚楼下的“草窝”。

重庆菜园坝街附近南纪门石板坡一带，有好些宰牛的屠场，那些“扯船仔”便是毛肚火锅初期的“美食家”。屠宰场的牛肚杂开始时还极少有人去欣赏，又由于屠场卫生差，气味难闻，附近贫民开了几处“牛杂汤锅”，加进不成形的牛肉，干辣子与香料混合炖一大锅，价廉、油大、味美。菜园坝上下河船工们花少量的钱便可吃得酒醉饭饱。及至清末“五口通商”，重庆商贸之发达上了“新台阶”。菜园坝一带的老板将“汤锅”与“肚杂”分开，添设了以铜锅加“井”字格的“毛肚火锅”。于是食客范围扩大，除船工外，

●食苑杂谭

海外作家

品巴蜀小吃

·地山·

海外女作家赵淑侠是东北人，抗日战争时期曾在重庆度过了少年时代，后毕业于瑞士应用美术学院，旅居欧洲30年，对巴蜀仍有深厚的感情。这次回国领文学奖，成都的校友们招待她去琴台古径小聚，品尝巴蜀小吃，这使她和胞妹赵淑庄都感到非常高兴。

刚入花甲之年的赵淑侠满面笑容，举止娴雅，风姿绰约，赵淑庄比姐姐小4岁，看上去她俩都显得很年轻。赵淑侠是西方著名的华语作家，曾发表过《我们的歌》、《湖畔梦痕》、《西窗一夜雨》、《翡翠戒子》、《赛金花》等二十多部作品，被推选为欧洲华人作家协会会长，还入选了英国剑桥大学出版的《世界妇女名人录》。改革开放以来，前后4次回祖国母亲，访问了北京、沈阳、苏州、武汉、重庆等城市，她的长篇小说《赛金花》已由北京十月出版社出版并获奖，饮誉海内外。在成都的东北中山中学的校友们早就渴望与她相聚了，在竹轩小吃相见时，校友会理事长、女诗人杨星火即席朗诵了一首诗，并对赵女士说：“您是母校的一位才女，也是我们的骄傲。食在中国，吃在四川，我们今天在这里欢迎您，更有亲切感。”

赵淑侠那一口地道的普通话，讲起来如潺潺流水。她说：“我是在重庆沙坪坝学校区长大的，从小就习惯了四川口味，那时公教人员生活艰苦，但对担担面、锅盔、凉粉等小吃的印象却特别深，几十年后回北京，一位校友摆家宴，吃的竟然是四川凉面和三鲜锅巴，记得当年此菜名曰‘轰炸东京’，味道真是好极了！”

这时，服务小姐把名小吃依次摆上了桌：夫妻肺片、红油水饺、珍珠元子、赖汁抄手、凌汤元、八宝饭、小米蒸……碗碗碟碟，琳琅满目，大家一边聊天，一边品尝。席间，赵淑侠说：“四川小吃品种丰富，兼有北京小吃和南方风味之所长，夫妻肺片川味特浓，做得很精致，比半个世纪前更讲究了。”她还说，在瑞士，平时都吃西餐，回到家，总想做点中国菜。她的先生是瑞动力学家，也是瑞士籍华人，但平时两人都忙，出差时间多，难得在家里包一次饺子，这次到四川来，总算得到了补偿。赵淑庄曾在美国留学，如今在台湾任教，又是声乐表演艺术家，她说：“中国人在海外，总觉得豆浆油条比奶油面包更入味，乡音难改，口味难移，这也许就是中国情结吧！”

这姐妹俩都热爱久别的乡土。她俩虽然都是第一次来蓉，但她们对这座城市并不感到陌生。赵淑侠说：“这座城市既古老又年轻，街道干净，物价也便宜。”她赠给校友们一本90年代出版的《赛金花》，接着大家谈起新中国的文学、东西方文化的沟通、巴蜀文化和川菜，热情的话语和活泼宏论吸引了邻座的食客和服务小姐，这时服务小姐打开了吊灯，厅中一片辉煌，主持人为大家摄影留念，于是，校友们互致珍重，依依惜别，两位才女都表示今生难忘这次聚会，难忘这深厚的友情和巴蜀小吃。

孙中山先生云悦目之画悦耳之音皆为美术而悦口之味何独不然是烹调者亦美术之一道也

美食无界

香溢四海

东龙 篆刻

·4·

●食苑杂谭

食客随笔之十二

□李华飞

重庆毛肚火锅的变迁

海鲜直销佳讯

沟通信息·减少环节·提高利润

海鲜業由沿海向内陆地区迅猛发展，有其必然原因。

青藤饭庄系由大学生创办，多年来，为全国各地大、中型酒家、宾馆空运了大量的龙虾、甲鱼、石斑鱼、虾、江膏蟹、鲜贝等百余种高、中、低档的活鲜产品。“青藤”以信息灵、价格低、品质高为客户赢得了可靠的竞争优势。

“青藤”是全国唯一既从事海鲜直销，又提供海鲜智养、空调等全方位服务的专业性机构。

“青藤”是您发展道路上诚实的伙伴！

联系电话：(0592)2051191

传真：(0592)2085277　联系人：于黎嘉

地址：厦门将军祠54号1—24室

邮编：361003

·5·

城市里的平民阶层也成了座上宾……

那时候，嘉陵江畔临江门一带的船工，常常要绕通远门去石板坡“欣赏”毛肚火锅，言谈中不免流露出“怨言”。而临江门的店家却抓住“机遇”开设起毛肚火锅，“原料”由石板坡宰房买回，加工洗净，而且改用“砂炉”，“砂锅”单独设置，调味一概新办，外有香油，鸡蛋“清火”，比之菜园坝那边的清洁卫生一些，食客除平民，又增加了“行商”、“小贩”等等。

原来的“砂炉”高出桌面，只适宜坐四人，老板灵机一动，将“板凳”改成“高脚椅”。四个食客双足蹬桌弦各“霸”一方。重庆人怪，后来还专选农历六月初六火辣辣的大热天吃“毛肚火锅”，说是其热度可以一直保持到“过冬”不冷。故尔各店那天的特写镜头是：

赤膊，大汗淋漓，一边挥动大蒲扇，一边吃辣呼呼的火锅！

1930年前后，米花街突然出现了几家火锅店。

那条街离鱼市“大阳沟”很近，火锅店不光卖“牛杂”，还新增了活鲫鱼、鳝鱼片、猪肝、猪腰、肉丸等，花色品种多了，而食客又扩展到教师以及公务人员，店门也正式挂起招牌营业，这便是重庆毛肚火锅入城中心市场的开端……

抗日战争的第二年秋，前线失利，节节败退。国民政府从武汉迁至重庆，定山城为陪都，党政军机关、商贸工厂、“流亡”人群如潮水般涌来，一时之间，原来的中等城市爆满成近百万人的大都会，毛肚火锅的生意相应也走起“红运”来！

当时在城中心有家叫“白宫”的餐厅抢起了“头旗”。

它在较豪华的餐室添设毛肚火锅新品种，肚梁子切成凤尾形、千层肚状如蝴蝶。还有腰花、肝片、鳝鱼等七盘八碟，外搭蒜苗、菠菜、笋尖等各种鲜菜，不仅丰富多姿，而且色泽亮丽，价钱也大大低于上街吃台蒸炒或海味筵席，“白领”食客无不惊喜，好一个餐饮园地的“新大陆”！接下来便是趋之若鹜。

如今，重庆火锅已“升位”，并登堂入室，还走出夔门，走向世界了！

3. 欧阳平——《旧重庆的形形色色》（《红岩春秋》1996年第4期）

从毛肚火锅说起

马识途先生在《重返红岩随笔》中说“……就低桌子，坐高凳子，脚踏桌横子，赤着膊，豪吃豪饮豪言豪叫，才真叫吃重庆火锅。”（《红岩春秋》

1996年第一期)。笔者以70多年的“川耗子”、“老重庆”,又以闯荡江湖,吃了不少大馆小摊的体验,举双手赞同马老是深得川味正宗的美食家。火锅不仅品个麻、辣、烫的味,还该有个麻、辣、烫的格调,情景交融,舒心畅怀方能大快朵颐。据说重庆火锅起源于河边苦力饭摊,进入馆子是从江北开始的。据我所知,20年代初江北县城水沟街“划得来”酒馆,僻街小店卖“冷单碗(酒)”生意清淡,后来添火锅,生意火红名噪。那时我在髫龄,寒家尚温饱,不屑进冷酒店,却又食指动口流涎,好在居于毗邻,得以悄悄嘱店主弄了全套餐具、食物到家中,初尝美味。

早期摊子火锅,实不能登大雅之堂。现时饕餮男女,恐不知吃火锅的原始样子。以20年代的旧重庆城为例。

朝天门河边露天摊儿。一炉,一铁锅以井字木格置锅中,摊主据一案操刀,菜类只有牛油渣、牛心、肝、大肠、腿肉、莲花白、大葱、蒜苗而已。船工、苦力辈劳动者都选好切成大块的油渣、牛心、肝等若干块,摊主改刀切碎,食者各据锅中一格烫食。荤菜以块计价,并无毛肚。素菜凭手抓一把计价。也供应白干、白饭。老荫茶免费。至于味道,难说。

城内较场口一带也多火锅摊。利用街沿屋檐下营业,可稍避风雨。经营方式与河边摊儿相同。此中有位李老板,一面操刀,一面以小制钱计食客所取食品数量,因此得了“李毛钱”的绰号,也算是摊名。生意最好。因为他除买卖公道、对人和气外,还每天把各戏院的石印海报搜集起来贴在壁上,食客品酒谈戏,兴致倍增,高谈阔论,真是豪吃豪叫,自在潇洒。李毛钱之名传遍较场坝。直到抗战中日机炸重庆才没了这个火锅摊儿。

以后毛肚火锅由摊为店,大街小巷均飘出麻、辣、烫及牛油香味,档次均不高,一般平民消费。渐次有“云龙园”(临江门)、“一四一”(米花街)等较有名、座头也较好的毛肚火锅店,招得女士们也去“就低桌子,坐高凳子,脚踏桌横子”了。二三十年代,虽盛夏电扇不入毛肚火锅店,怕疾风煽起炉火。而是头上悬一布横档,雇一个穷孩子拉动生风为“土风扇”。再后有“不醉勿归”(五四路)、“夜光杯”(临江门)等供较肯花费又讲派头的人“过瘾”,也开始用悬挂式电扇。“精神堡垒”(今解放碑)、“汉宫毛肚火锅”与西点、咖啡同一餐厅,招雅士,有点洋化,但也失去了正宗毛肚火锅情趣。

说到正宗火锅毛肚,老重庆的食客绝忘不了南纪门川道拐。那里不但佐料地道,质价便宜,更主要的是与宰牛场毗邻。刚解割的牛肉、内脏送进店来,

DOI:10.16684/j.cnki.nycq.1996.04.005

□／欧阳平

旧重庆的形形色色

〔上篇〕

从毛肚火锅说起

马识途先生在《重返红岩随笔》中说"……就低桌子,坐高凳子,脚踏桌横子,赤着膊,豪吃豪饮豪言

有位李老板,一面操刀,一面以小制钱计食客所取食品数量,因此得了"李毛钱"的绰号,也算是摊名。生意最好。因为他除买卖公道、对人和气外,还每天把各戏院的石印海报搜集起来贴在壁上。食客品酒谈戏,兴致倍增,高谈阔论,真是豪吃豪叫,自在潇洒。

极新鲜地烫食怎不可口?哪像现在从远地把弃食的毛肚、杂碎晒干，长途贩运，不但已失鲜味，也欠清洁，还须用碱再制软发胀，破坏营养更有损健康，更有闹得人心惶惶的“弗尔吗林发毛肚”案，又有“罂粟壳制火锅底料”事件，实在坑人。能说“正宗”么？以此夸为川味，重庆火锅，实在不敢恭维。

有人撰文把火锅毛肚的起源上溯至商代烹要汤，三国五釜热……清朝嘉庆登基的千叟宴。其实这只能称“火锅子”、“汤锅”，是清汤，不是麻辣烫的毛肚火锅，就我所亲历，20年代这类火锅是进入筵席的，称“菊花锅”、“一品锅”。餐具是特制的铜炉、中空，上烟囱下火膛，环形铜釜，烹鸡、蟹类汤汁，另几碟生的荤、素，烫熟、蘸调碟佐料。是九盘十碗佳肴后的一道佐饭菜，不是专吃的“独门冲”，更无毛肚，旧重庆的“醉东风”餐厅（打铜街）以“一品锅”为筵席特色，稍后有“高豆花”的清汤豆花火锅（今八一路）也类“一品锅”，便于不食麻辣者。

4. 王祖远——《旧重庆的毛肚火锅与厨师趣闻》(《晚霞》2010年第10期)

街边的毛肚火锅摊儿

著名老作家马识途先生在《重返红岩随笔》中说:“……就低桌子,坐凳子,脚踏桌横子，赤着膊，豪吃豪饮豪言豪叫，才真叫吃重庆火锅。”这是旧重庆街道火锅的真实写照。品旧重庆街道的正宗川味火锅,不仅品个麻、辣、烫的味,还该有个麻、辣、烫的格调。情景交融，舒心畅怀方能大快朵颐。

据说重庆火锅起源于旧重庆河边苦力饭摊，进入馆子是从江北开始的。上世纪20年代初，江北县城水沟街有个“划得来”酒馆，僻街小店卖“冷单碗（酒）”，但生意清淡，后来添火锅，生意火红名噪一时。

那时，城内较场口一带也多火锅摊。利用街沿屋檐下营业，可稍避风雨。经营方式与河边摊儿相同。此中有位李老板，一面操刀，一面以小制钱计食客所取食品数量，因此得了“李毛钱”的绰号，也算是摊名。但他生意很好，因为他除买卖公道，对人和气外，还每天把各戏院的石印海报搜集起来贴在壁上，食客品酒谈戏，兴致倍增，高谈阔论，真是豪吃豪饮，自在潇洒。李毛钱之名传遍较场坝，直到抗战中日机炸重庆才没了这个火锅摊儿。

20世纪二三十年代，虽盛夏，电扇不入毛肚火锅店，怕疾风煽起炉火。但是头上却悬一布横挡，雇一个穷孩子拉动生风为“土风扇”。再后有“不醉勿归”（五四路）、“夜光杯”（临江门）等供较肯花费又讲派头的人“过瘾”，也开始用悬挂式电扇。“精神堡垒”（解放碑）、“汉宫毛肚火锅”与西点、咖啡同一餐厅，招雅士，有点洋化，但也失去了正宗毛肚火锅的情趣。

曾有人撰文，把火锅毛肚的起源上溯至商代烹高汤，三国五釜热……清朝嘉庆登基的千叟宴。其实这只能称“火锅子”“汤锅”，是清汤，不是麻

辣烫的毛肚火锅。在20世纪20年代，这类火锅是进入筵席的，称“菊花锅”“一品锅”。餐具是特制的铜炉、中空，上烟囱下火膛，环形铜釜，烹鸡、蟹类汤汁，另几碟生的荤、素，烫熟，蘸调碟佐料，是九盘十碗佳肴后的一道佐饭菜，不是专吃的“独门冲”，更无毛肚。旧重庆的“醉东风”餐厅（打铜街）以“一品锅”为筵席特色，稍后有“高豆花”的清汤豆花火锅（今八一路）也类“一品锅”，便于不食麻辣者。

5. 唐沙波——《火锅赋》（《四川烹饪》1998年第10期）

火锅赋

唐沙波

1. 重庆火锅风情录

说实话，重庆人在外地友人面前，一无烟雨楼台的夸耀，二无大漠雄关的自豪。有朋自远方来，三句寒暄过后，便要拉你下火锅馆，美其名曰见识地方风情。这当然也是重庆人那一根肠子见底的侠肝义胆，但私下又何尝不是自己喉咙发痒的借光之辞呢？

在重庆，火锅的信徒数以百千万计。不好此道者，大家当你为邪教。无论男女老幼，贵贱高低，一年四季都是那样地一往情深，乐此不疲。有些男男女女，三两天不吃，便病病快快，丢魂落魄，惶惶不可终日。

和川菜一样，重庆火锅讲究的是味感的浓烈嬗变。大小店招上总是标榜：正宗川味，麻辣烫鲜香嫩脆。好话都让说绝了。事实上，火锅的内容也的确深厚浩瀚。就卤汁所需调料而言，就不下十数种。近有嘴馋好事的靓女们，竟将麸醋加入蘸碟之中，于是本来就佳味纷呈的重庆火锅，一下子几乎囊括了川味的所有元素。就涮烫的原料而言，就无奇不有，天上飞的，地上跑的，水里游的，土里钻的，牛羊鸡犬豕，猫蛇龟鳖鱼，只要你不怕，均可入锅一试。稍事招呼便是几十个品种花色，可谓无菜不烫。

重庆的火锅店，成千累万家计，其密度，其比例，超过北方的饺子馆，南方的小面铺。重庆火锅即使在荒村野寨亦能凑和尝鲜。在山城重庆，往往在最意想不到的角落，冷不防会冒出块火锅招牌吓你一跳，这火锅“热盆景”可算是无处不在。

重庆雅号火锅城。有首尾相衔，大气磅礴的火锅街；有汇聚了全国大半原料精品的火锅市；其涮烫物黄喉鸭肠毛肚，近者来自两湖两广，远者来自内蒙新疆。甚至澳大利亚的洋毛肚，也不辞万里奔赴山城，与广大火锅迷结下口腹良缘。还有中央电视台垂青的火锅姑娘，重庆人自编自唱的火锅之歌，以及火锅小说、火锅沙龙、火锅快餐、火锅研究所、火锅大奖赛、火锅系列食品什么的……更有那万众瞩目，轰动九城的福尔马林溶液浸泡毛肚事件暨重庆新闻界追踪报道的闹热场景。简直是无奇不有。

一款源自草莽的民间小吃，居然造就了如此巨大的声势，令食者嗜迷如醉，不可或缺。而且越海飞洋，汤釜传情，成为中华文化的友好使者，这不能不说是厨坛异数，山城一奇。

2. 重庆火锅源流考

就全球范围而言，火锅的发明专利究竟属谁？始于何年？实在渺不可寻。然而从火锅的定义探析推演，则又平易之极。谁先学会用火？谁先使用陶罐？谁在汤中加菜？谁在灶下添柴？农家女？牧羊人？拓荒者？流浪汉？统统是，统统是，不可言，不可言。

老实承认，重庆火锅不过才几十年的历史，仅肇始于清末民初。是世界火锅王国的晚生末学，新叶后波。二十世纪之初，重庆火锅诞生在嘉陵江畔，朝天门码头一带的水流沙坝。那时它原料粗简，味道单寡，是一种不折不扣的贱食。

那时的河边沙滩是牛羊屠宰集散之地，内脏头蹄既多且贱，几文钱便可大饱口福，于是受到穷苦水手纤夫的喜爱。江上冬日，朔风凛冽，露重霜寒，唯具姜桂、麻辣燥热之性的川味可以挡之。这样，一款加柴保温、自烹自调的饮食形式便应运而生。且用水牛毛肚烫火锅特生一股鲜嫩水灵、快爽脆利的齿感。所以，重庆火锅的乳名就叫毛肚火锅，各类早期菜谱亦如此。

当时的朝天门码头，舟楫如梭，樯帆如林，人如涌潮，货如积山，乃渝州水上通衢。每当金乌西沉，玉兔东升，三五患难，抵足而坐，赊一笼牛杂，沽二斤浊酒，支三点顽石，悬半片残锅。暝色四起，渔火初燃。星月微茫，江声浩荡。什么肠肠肚肚，菜菜汤汤，笼而统之，煮之，熬之，嚼之，啖之……一身的汗水泪水，一腔的喜怒哀愁，一时的劳苦辛酸，一生的私情热望……随着缕缕凄风，哀哀鹃啼，嘈嘈醉语，化为祥和，化为期盼，化为满足，化为恬淡。

毛肚火锅的童年形象是：挑担叫卖，走街串巷，颤颤悠悠漂泊于重庆府的九门八埠。挑子的一头是一座红泥小火炉，上置一只洋铁盆，里面翻滚着黑不溜秋，麻辣咸鲜的卤汁；另一头则是盛装牛杂作料，碗筷板凳的橱架。挑子择地而顿，一声长喝，周围一些生张熟魏便呼啸而至，围着挑子受用起来。一人一格，鼓腹而歌，菜饱酒醉扬长而去。

直到三十年代中期，有位比大家都聪明些的平常人才把毛肚火锅请进了小饭馆定居，登堂入室，成了正果。泥炉依然，洋铁盆换成了赤铜小锅，其菜式、堂面、规格、器具、味道、技艺诸项均有长足的发展。众食客再也不会为一饱口福而受风雨之苦。这种方式极富传染，大家群起效法，越做越好，重庆市面上的火锅店渐渐成了气候。从此，毛肚火锅告别了它的游牧时代，由荆钗布裙摇身变化为了小家碧玉。

抗战时期，国府西迁。显宦豪贾麇集山城。重庆火锅迎来了它第一段丰收的岁月。正阳街上，火锅成阵，麻辣取香，那些逐酒征歌之辈，犹如穿花之蝶，鲜衣怒马，纵情逍遥。其情其景，至今提及，仍令昔日老饕垂涎三尺，悠然神往。当时的火锅名店有桥头、川道拐、一四一、夜光杯等等。由此，重庆火锅方才滥觞出一世的豪放了。

3. 重庆火锅夺彩篇

时光流逝到了八十年代，蛰伏了近三十年的重庆火锅，“忽如一夜春风来，千树万树梨花开”，燃烧着重庆城的男男女女，山山水水。火锅，成了重庆的象征，没吃火锅，便不算是到过重庆。也正是在此前后，传统的毛肚火锅便逐渐正式地被重庆火锅的名称取代，以世界名城冠于名食之前，互为辉映借重，此无疑充实响亮、气派非凡多多。

这是一个只争朝夕的时代。整个民族几千年的物质欲望似乎都要在这昼夜之间兑现。人人都拼命地去追求感官享乐、古怪新奇。如果你想自鸣清高，即使是青梅竹马、海枯石烂的交情也会与你分手。如此咄咄逼人的时代风尚当然也会反映到火锅文化中来。

重庆城当然是麻辣咸鲜红汤火锅的天下，可也有以温雅婉丽分秋的清汤火锅，正好比绘画之工笔，曲艺之评弹，舞蹈之芭蕾。

先以鸡、鸭、调料、火腿等制汤，亦称吊汤；又以猪瘦肉和鸡脯肉斩成肉茸，倾入吊好的汤里，并打捞去肉末。这一过程称扫汤，目的是清除汤中杂质，增加醇香鲜爽。扫过的汤澄澈透底，微波不泛，腥腻全无。显然别有一番高尚之境界。

1983年，在全国首届烹饪名师技术表演鉴定会上，重庆“味苑”餐厅名厨吴万里、陈志刚二人创制的鸳鸯火锅夺了个肥彩。一只太极锅中，清红互映，文武协调，刚柔相济，活色生香。从此以后，道生一，一生二，负阴抱阳，衍化出后来的三味锅，四味锅，全牛全羊锅，龙凤呈祥锅，狗肉锅，药膳锅，不一而足，造就出重庆火锅“鹰击长空、鱼翔浅底，万类霜天竟自由”的无限生机。

重庆人对火锅倾注的智慧和心血是感人的。岁岁年年，总有古古怪怪的菜品参入；年年岁岁，又有新新巧巧的花样翻出。所以，重庆火锅才能这样枝繁叶茂，经久弥盛，流行全国。因为他的作者和相知正是千千万万知饮知食的重庆人。

重庆城对火锅的宽容是惊人的。无论是菜鲜味醉的“筱筱灯火锅”，还是典雅正派的“桥头火锅”；无论是曲径通幽的“一盏灯火锅”，还是宾至如归的“苏大姐火锅”；无论是风月宜人的“涂山火锅”，还是名震巴蜀的“小天鹅火锅”；无论是下里巴人常来常往的“洞中火锅”，还是人民宾馆的“鱼头火锅”，重庆城都提供了肥沃的土壤，任其花开花落，云卷云舒。火锅，是重庆人的杰作，重庆人的荣誉。

当你哪一天像楚太子那样，突然患了个众乐不欲诸味不思的怪毛病，此时唯一还对你忠贞不二，救死扶伤的除了重庆火锅还会有谁呢?

第二节　歌舞

艺术源于生活又高于生活，在生活中，很多歌舞创作人都非常喜欢重庆火锅，中外都有很多艺术家品尝过重庆火锅，重庆火锅给他们留下了深刻印象。有的音乐人还将火锅与音乐歌舞进行了很好的结合，创作出了一些脍炙人口的火锅题材的音乐及舞蹈作品。

一、《重庆火锅火爆爆》

重庆火锅火爆爆

词：袁海鸿

曲：孙顺忠

哎呀喂 / 哎呀喂 / 哎呀喂 / 哎呀喂 / 山城的太阳火辣辣 / 重庆的火锅儿火爆爆 / 大街馆儿挨着馆儿哋 / 小巷摊儿连着摊儿哋 / 熙熙攘攘 / 摩肩接踵人如潮呀人如潮喂 / 要问重庆的火锅儿为啥火爆爆？ / 就冲着重庆的火锅儿麻辣烫 / 这味道哋 / 这味道哋 / 味道长 / 味道长 / 先说麻呀麻呀麻呀麻 / 麻得你嘴唇翘 / 再谈辣 / 辣呀辣呀辣 / 辣得你舌头儿只求饶 / 再说烫 / 烫呀烫呀烫，烫得你愁肠全跑掉 / 哎呀喂 / 哎呀喂 / 你看那火锅儿底火苗滋滋蹿吃得你浑身哋 / 热汗嗞嗞冒 / 热汗嗞嗞冒 / 哎呀喂 / 哎呀喂 / 你看那锅里呀浓汤沸沸滚 / 吃得你嗓门哋 / 冒烟心不燥 / 哎呀喂 / 哎呀喂 / 哎呀喂 / 哎呀喂 / 山城的太阳火辣辣 / 重庆的火锅儿火爆爆 / 山城的太阳火辣辣 / 重庆的火锅儿哋 / 火爆爆 / 哋哋哋哋哋

二、《重庆火锅》

重庆火锅

作者：殷达强

看天下美食万种 / 论口味重庆火锅最猛 / 吃火锅 / 重庆最 / 论资格 / 是天下第一正宗 / 一口锅点一把火 / 油沸腾味道百千万种 / 海椒辣 / 敢不敢碰 / 吃

下肚 / 才算真正英雄 / 鲜毛肚配鸭肠啤酒 / 敬一杯你豪气天冲 / 火锅味道也有品种不同 / 问君偏爱是哪一种 / 荔枝味鲜香浓 / 有点甜嘿爽口 / 鸳鸯汤锅上桌 / 天下朋友赞颂 / 老火锅牛油多 / 麻辣味重不腻口 / 麻辣烫三个字锅中风起云涌 / 油碟中已变红 / 花椒麻得舌头痛 / 不怕灌口啤酒 / 划拳来逞英雄 / 鸭肠脆放口中 / 看得你娃口水流 / 啥子滋味问我 / 重庆火锅正宗看重庆美味嘿多 / 属第一火锅力压群雄 / 论火爆 / 重庆崽儿 / 吃火锅 / 尽显男儿本色 / 重庆城的美女嘿多 / 一个二个都嘿有水色 / 因为她们都嘿爱吃火锅 / 美容养颜风味独特 / 麻辣烫锅当中 / 翻滚有如江水涌 / 看你汗流浃背 / 吃得满脸通红 / 火锅店排成龙 / 好阵仗显风流 / 欢迎天下朋友 / 来吃重庆火锅

三、《火锅是一绝》

火锅是一绝

作者：黄君

天气热 / 人也热 / 吃火锅 / 才叫绝 / 炉中火 / 长不熄 / 麻辣烫 / 不能缺 / 喝酒吃饭都不孬 / 大荤小也不择 / 越热越想吃 / 越辣越吃得 / 流泪抹眼哈气伸舌 / 好像癞子抠脑壳 / 表面痛苦心喜悦 / 火锅是重庆的骄傲 / 火锅是重庆的一绝 / 火锅人称“热盆景” / 请尝试 / 请赏阅 / 保你安逸 / 硬是要得

四、《火锅姑娘》

火锅姑娘

作者：张尚元

（白）开堂罗！

（唱）有个姑娘办法多，街边开店卖火锅，塑朴布篷篷搭一座，三张来，三炉火，三炉火上三口锅。三口锅内翻天涨，热气腾腾奇味扑鼻窝，过往行人停住脚。

休发傻，休要耍，火锅馆儿来了小哥俩儿，几块毛肚儿把锅下，一杯烧老二大曲茅台分开啦！

哪家子的龙门降随便摆，大两王，小哒子。张三爷、岳家军锦旗招展奔你而来。

那火锅麻噜麻嗜、辣呼辣呼，鲜嫩可口，祖传至今，吃了一辈子难忘怀，明天准还来！

五、《重庆火锅姑娘》

1985 年，著名音乐人谷建芬作曲的《重庆火锅姑娘》在大江南北唱响，并走进了 1985 年春节联欢晚会。歌词如下：

山城的妹子脾气犟，店子一开火气旺，鱼翅海参她不做，专门供应麻辣烫。火锅姑娘，火锅姑娘，火锅姑娘，重庆的火锅满城香！满城香！

锅里翻起三江水，炉火烧成红玫瑰，笑容拌进佐料里，客未进店人先醉。火锅姑娘，火锅姑娘，火锅姑娘，重庆的火锅满城香！满城香！重庆的火锅满城香！满城香！

六、《勒是 spicy》

2021 年，音乐人沙一汀作曲的《勒是 spicy》，歌曲全篇仿佛是一部发生在重庆的热血电影，让从在公路疾驰的画面中跳转到滚烫热辣的火锅台前，从鲜香诱人的火锅食材中尝出整个夏天最令人回味的热辣滋味！歌词如下：

Let's go 勒是 Spicy Spicy 夏天它最热辣 Spicy Spicy 昂科威 S Spicy Spicy

吃个火锅勒是 Spicy Spicy 夏天它最热辣 Spicy Spicy 昂科威 S Spicy

Spicy 吃个火锅把他们全部都甩在后面听不见他们的抱怨换上最快套件

再和跑得慢的划清界限你肯定看不清我尾灯只能看到一道红光

那是我的别克昂科威 S 正在蜕变 Let's go 全都给我 bow 披上全新的红色外衣

配上潮流的设计没有什么值得借鉴把车停在珮姐门口拍个照片

菜单里的美食对我不断放电最辣锅底快点给我推荐吃个丸子贡菜丸子

VIP 的选择放在火锅面前我就像个王子想要把我饿肚填补

首选 2.0T 牛肚 9AT 的鸭肠嘴巴再也不会停止你们看我多 dope7.5 秒加速

永远保持饥饿发动引擎不会 get low 轻踩油门一不留神

速度加倍就像打了鸭血推背感觉多么撩人 2021 谁能传遍大街小巷
谁想要成为独一无二想要成为榜样谁加足马力向前狂奔包揽各大奖项
昂科威 S 不好意思当红不让勒是 Spicy Spicy 夏天它最热辣 Spicy
Spicy 昂科威 S Spicy Spicy 吃个火锅 Stylish 绝对 stylish 潮流设计流线
结构绝对 stylish 一秒进入战斗模式没有歪意思看见我的别克夸赞我的 relish
Stylish 绝对 stylish 潮流设计流线结构绝对 stylish 一秒进入战斗模式
没有歪意思看见我的别克夸赞我的 relish 我的车上有颗高智商的大脑
让我找到驾驭乐趣提升驾驶技巧全能驾控让我可以再和时间赛跑
而他早就成为智能互联中的代表不管想去哪里他会带我去到任何地方
仪表盘里指针飙升势力不断扩张在我探索世界同时为了避免受伤
不用担心我的座驾配备安全座舱
勒是 Spicy Spicy 夏天它最热辣 Spicy Spicy 昂科威 S Spicy
Spicy 吃个火锅勒是 Spicy Spicy 夏天它最热辣 Spicy
Spicy 昂科威 S Spicy Spicy 吃个火锅勒是 Spicy
Spicy 夏天它最热辣 Spicy Spicy 昂科威 S Spicy
Spicy 吃个火锅勒是 Spicy Spicy
夏天它最热辣 Spicy Spicy 昂科威 S Spicy Spicy 吃个火锅

七、《火锅奏鸣曲》

2022 年，重庆歌舞团演绎的群舞《火锅奏鸣曲》亮相央视虎年春晚，诠释充满人间烟火的火锅文化。《火锅奏鸣曲》改编自重庆歌舞团全新打造的舞台巨制《绝对考验》，由中国舞蹈“荷花奖”获奖舞剧《杜甫》原班人马倾情演绎，运用典型重庆“人设”，融入川剧元素，彰显山城烟火和重庆人文性格特征，并以夸张的道具设计等舞美加持，艺术化诠释重庆火锅文化，展示山城重庆独特的人文魅力。

第三节　影　视

重庆地形高低起伏不平，山水相连，房屋错落有致，与众多的北方平原城市相比，独具特色。因此，重庆也是很多影视作品的取景地。在涉及重庆的影视作品中，重庆火锅作为一个重要的文化符号在很多作品中都有出现，并且还有一些主题与重庆火锅相关的影视作品。

一、《火锅英雄》

《火锅英雄》是由陈国富监制，杨庆编剧及导演，陈坤、白百何、秦昊、喻恩泰联袂主演的剧情片。该片讲述了开火锅店的三兄弟，在扩充店面时意外挖开了银行金库，由此展开了一个“惊天大案”的故事。该片是第 40 届香港国际电影节开幕影片，于 2016 年 4 月 1 日在中国正式上映。

主要剧情：在布满防空洞的重庆，三个从初中就“厮混”在一起的好兄弟合伙开着一家火锅店，名为“老同学洞子火锅”。由于经营不善，几人落得只能转让店铺还债。为了店铺能“卖个好价钱”，三人打起了“扩充门面”的主意，自行往洞里开挖。没想到，在扩充工程中却凿开了银行的金库。就这样，濒临倒闭的火锅店和银行金库仅有“一洞之隔”；看着眼前随手可得的成堆现金，在“拿钱还是报案”的思想拉锯战中，三兄弟偶遇上另一个女同学——初中时给老大写过情书、现在在银行上班的于小惠。四个老同学因为这个“洞”而打开重聚之门。由此，这个略显尴尬的洞，引发了一个令人意想不到的故事。

二、《重庆美女》

《重庆美女》是 2009 年重庆星光投资有限公司出品的喜剧电影，该片由杨紫婷执导，罗家英、戚薇、于娜、袁成杰等主演。影片围绕重庆火锅店的锅底秘方展开，讲述了由一群笨贼企图偷窃绝密火锅底料配方引发的离奇的故事。2009 年 10 月 16 日在中国上映。

主要剧情：在重庆某条美食街上，孙老大（罗家英饰）的火锅店因其锅底味道奇佳而闻名遐迩，引来众多竞争对手觊觎他的锅底秘方。马大狗（姜超饰）、马二狗（庞勃饰）两兄弟为了自家的火锅店能在美食街站稳地盘，千方百计找到了对美女花言巧语、对合伙人油嘴滑舌、开溜第一、阅历赛过任何一个混混的唐少爷（袁成杰饰），并成功抓住唐少爷的把柄，威逼他帮忙偷秘方，并由此做出了一系列爆笑行为。

唐少爷通过手段接近了脾气火爆、练得一身好功夫又颇具侠义之气的孙小舞（于娜饰），怎奈一直怨恨父亲孙老大的孙小舞竟欲与好友沙若馨（戚薇饰）、朱雨琪（冉婷婷饰）在火锅店向父亲叫板，她也要唐少爷帮她偷盗锅底秘方。由此引发了一场重庆火锅行业对锅底秘方的激烈争夺大战。眼看自己陷入了纠结的处境之中，唐少爷与孙小舞之间竟迸发出了不寻常的情感火花，而此时的一众年轻男女又发现了一个被孙老大隐藏了多年的秘密。

三、《小火锅》

《小火锅》是重庆市火锅协会制作的一部微电影，表现手法上以叙事为主，重庆德庄、小天鹅、刘一手、大队长、顺水鱼、苏大姐、大牛场、咏熹、过江龙、巴江水、陈佬鸽等品牌火锅的老板参与其中，化身为“武林大侠”，演绎了一场争夺江湖利器“重庆火锅”的武侠剧。

故事情节诙谐有趣，围绕重庆火锅展开，片中音乐《小火锅》也重新填词，由这些餐饮界的老总亲自演唱，片中舞蹈《小火锅》也由各个火锅店的员工表演，非常接地气。

四、《火锅传奇》

《火锅传奇》是重庆广播电视集团、重庆火锅影视文化传播有限公司、四川三叶集影视传媒有限公司重庆分公司、北京艺云时代国际影视传媒有限责任公司联合出品的年代剧，由晏琨担任总导演，陈江、赵子翔执导，闫震、黄伊唯、王唯等主演。

该剧讲述了火锅店老板陈二娃在机缘巧合下与招来躲债的富家小姐李若兰成为欢喜冤家，两人在共同经营火锅店期间发生了一系列故事。

主要剧情：民国初年，军阀混战时期，船工子弟陈二娃在机缘巧合下，在重庆较场坝开了一家火锅馆。躲债的富家小姐李若兰、为清剿山匪而潜心卧底的魏天南和一心想讨老婆的大龄青年曾宝玉先后成为馆子的伙计。火锅馆刚开张，各种意想不到的事便接踵而来，先是遭遇同行的恶意竞争，几经周折后走上正轨，却又被山匪觊觎。在陈二娃和同行们的努力下，众人不仅协助城防大队、联合袍哥剿灭了山匪，还让深陷赌局的赌徒重获新生、令不孝的逆子迷途知返、帮助侦探捉拿通缉犯、阻止贫苦女子被卖入青楼、带领水八块小贩们抱团生存。在火锅生意逐渐红火的过程中，陈二娃获得了事业与爱情的双丰收，也让渝商艰苦奋斗的精神得以发扬和传承。

第四节　场馆

一、重庆火锅博物馆

重庆火锅博物馆成立于 2002 年 3 月，是重庆市第四家民营博物馆。该博物馆有火锅收藏品 600 多件，包括陶、瓷、石、银、紫砂等种类的火锅。它们使用的燃料有木炭、蜡烛、天然气等，还有用动植物油做燃料的火锅。最小的火锅只有巴掌大，称为“掌中宝”。最古老的火锅是公元前 771 年，西周社会奴隶主享用的青铜连体火锅。还有明代香炉型银底锡火锅，据考证是当时佛家特制的煮素食用的单人火锅。还有一种锅叫奇石火锅，产于雪域高原西藏墨脱。此外，还有款式独特的日本火锅、韩国火锅和欧洲火锅，令参观者啧啧称奇。

（一）37 米的火锅

馆内有一口高 37 米、直径约 20 米的火锅，是世界上最大的火锅。从数公里外远望，这口火锅依然威猛震撼。

（二）37 米高的大烟囱

火锅博物馆的地标建筑，是一根直径约 2 米的烟筒，从建筑中拔地而起，直插锅顶，圆形的火锅建筑围其而建，有 6 层楼。在这个巨大的火锅建筑内，

用两层楼设置了 9 桌火锅，它们共同构成了蔚为壮观的世界第一大火锅。与常规火锅不同的是，人们是坐在锅中烫火锅。

（三）600 多口小火锅

博物馆二楼集中展示了三耳火锅底料的创始人聂赣如 30 多年来收藏的 600 多口古今中外的火锅。有宋、明、清等朝代造型奇异、功能奇特的火锅，也有来自法国、英国等国的火锅，还有来自世博会的一口大型火锅。

（四）火锅店的“鼻祖”

火锅博物馆里还有一口重达 8.3 斤的锡火锅，火锅盖的两只耳朵上清晰地刻有“马记老正兴”字样。

二、重庆火锅天下宴博物馆

2015 年 2 月，重庆火锅天下宴博物馆在重庆北滨路开馆。博物馆分为四层，建筑面积 5000 平方米，投资 4000 万元，一楼为火锅历史与文化展示区，其余三层均为火锅消费区。馆藏 76 件火锅艺术品，包含 5000 年前到清代、民国的各种蒸煮器。其中，部分为真品，部分则为历史还原品。

第十届火锅文化节现场底料炒制

第十二届火锅文化节——火锅企业合影

第五节　节会

一、文化节

中国(重庆)火锅美食文化节以下简称“火锅文化节”是由重庆市人民政府、中国烹饪协会主办，集中展示重庆美食特色的美食节庆活动。始创于2004年，每年10月左右举行。开始是每年举办一届，从2007年以后改为每两年举办一届。火锅节期间，举办美食展览展示、推介交易，论坛峰会、餐饮大赛、文艺演出等活动，吸引了韩国、日本、印度、东南亚等多个国家和地区的代表性食品商家来参展。

（一）第一届火锅文化节

2004年10月15日，由重庆市人民政府、中国饭店协会主办的以“以人为本、美食健康、服务创新”为主题的第五届中国美食节暨首届重庆国际火锅文化节在南岸区滨江路开幕。首届重庆国际火锅文化节的举办开创了中国火锅业的新纪元。万人品尝火锅、火锅文化展、火锅文化论坛、名火锅企业形象展等系列活动，彰显出重庆火锅企业的发展优势，展示了重庆火锅这张城市名片的魅力，提升了重庆火锅的知名度，为重庆火锅走向全国、迈向世界发挥了重要作用。

（二）第二届火锅文化节

2006年10月13日—10月14日，第二届中国（重庆）火锅美食文化节在重庆南滨路举行，并与第九十八届中国日用品百货化妆洗涤鞋帽箱包商品交易会、第八届重庆美容美发化妆品博览会共同开幕，本届文化节以“菜品、烹饪、餐饮文化的创新”为主题。现场摆下1040桌火锅，加上南滨路上固定经营的4家火锅企业，火锅总数超过1400桌。文化节上，有10万人品尝到火锅，吃掉毛肚20余吨、鸭肠10余吨。从第一天下午7点到第二天0点，在绵延16千米的南滨路上上演了一出壮观的火锅大宴。

（三）第三届火锅文化节

2007年3月18日，第三届中国（重庆）火锅美食文化开幕，除了有重庆地区的数百家餐饮企业参加，还有内蒙古小肥羊、北京东来顺、北京黄记煌、河南百年老妈等多家著名品牌火锅企业参加，绵延 2 千米的展卖区，摆设了 2000 多桌火锅，10 多万人连续三天品尝火锅，氛围热烈，场面壮观。火锅美食文化节期间，还举办了弘扬小吃文化的“中华特色小吃展销”、由专家学者献计献策的“中国火锅美食之都高层论坛”、展示非物质文化遗产的“中华烹饪绝技表演”，以及重庆地区中国烹饪大师名师、中国餐饮业职业经理人、营养配餐师等一系列称号的颁证表彰活动。

（四）第四届火锅文化节

2009 年 10 月 30 日，第四届中国（重庆）美食文化节由重庆市人民政府、中国烹饪协会、中国饭店协会共同在南滨路举办。本次文化节秉承了历届火锅美食文化节传统特色，打造“会展之都、购物之都、美食之都”，确定了“绿色、健康、创新”作为本届火锅美食文化节的主题。本次火锅美食文化节主要包括开幕式、万人火锅宴、名宴名菜名点展示评选、打造美食之都高峰论坛、火锅技艺大赛、餐饮用品原辅材料展和中华名小吃及风味食品展七大活动项目。万人火锅宴设火锅宴席 1100 桌，餐饮用品原辅材料展和中华名小吃及风味食品展示各设 30 个展位，都统一搭建展台，并进行灯饰美化，注入美食文化元素。

（五）第五届火锅文化节

2011 年 10 月 28 日，由商务部支持，中国烹饪协会、重庆市人民政府主办的第五届中国（重庆）火锅美食文化节暨中国（重庆）国际美食节在重庆市巴南区开幕。美食节参展商有 2351 家，火锅、美食、小吃等名菜名点 55 桌、550 道菜，与市民见面的食品展、小吃展、西班牙菜、泰国菜等国内外地区名小吃达 400 多家。举办了万人火锅宴、中华名特小吃展、世界风情美食展、烧烤比赛、火锅炒料比赛、厨艺表演等活动。召开了“2011 中国餐饮业核心竞争力峰会”“2011 中国餐饮业供应与采购博览会”，为来自全国的餐饮业同仁提供交流、采购平台。据统计，美食节三天，55 万人次食客吃掉 110 吨毛肚、55 吨鸭肠、108 吨肉类、56 吨菌类、137 吨各类蔬菜、38 万瓶白酒啤酒、1 万条鱼和 2.28 万只鸡鸭。美食节三天销售额高达 10.1 亿元，再次刷新了重庆历届美食节的纪录。

（六）第六届火锅文化节

2013 年 9 月 30 日，第六届重庆美食文化节暨第六届中国（重庆）火锅美食文化节在重庆国际博览中心举行。本届文化节以“重庆火锅重庆造”为主题，包括精品万人火锅宴、第四届中国火锅产业大会、火锅调味炒料比赛及中华名火锅展示评定等精彩纷呈的内容。火锅节上，秦妈火锅推出的“鱼王火锅宴”为广大食客带来了全新的味蕾体验；家福火锅推出了自己研发的家福系列调料，如“重庆火锅”“麻辣鱼”“啤酒鸭”“麻辣烫”及“青花椒鱼”等；巴将军在火锅节上也带来了黑色养生火锅和黑色养生食品；备受瞩目的“天下第一大火锅”现场开煮，邀请八方宾客同烫一锅，达到文化节的高潮。整个展会由 12 万平方米的室内展馆和 3 万平方米的室外展场构成，规模之大，参展人数之多数历年来之最。

（七）第七届火锅文化节

2014 年 11 月 27 日，由市商委、渝北区人民政府主办，市火锅协会承办的第七届中国（重庆）火锅美食文化节在重庆国际博览中心举行。本届文化节以“重庆火锅为中国火锅代言”为主题，举行了重庆火锅图腾柱的揭幕仪式、第三届重庆中式烧烤技能大赛、重庆火锅调味技艺大赛、重庆火锅传承仪式和重庆火锅形象代言人大赛决赛等活动，还有乡村休闲烧烤美食展、万人火锅宴等。各企业精心打造、首次亮相的汽车火锅，是本届火锅节的一大亮点，市民可坐在汽车上吃火锅。文化节上，还举行了 120 集大型电视剧《火锅传奇》的摄制签约仪式。由重庆市火锅协会、重庆市烹饪协会、重庆现代职业技师学院等联合发起成立的重庆火锅学院也在文化节上揭牌。这次火锅文化节汇集了重庆火锅品牌 40 多家，有近 1000 张桌子、1000 余种特色小吃、10 余部流动汽车火锅，60 余位重庆火锅大师聚集一堂炒制重庆火锅底料。

（八）第八届火锅文化节

2016 年 10 月 20 日至 23 日，由中国饭店协会、国际火锅产业联盟支持，重庆商业委员会、江北区人民政府主办，重庆火锅协会、重庆市江北区商务局承办的“麻辣 happy 城市节日”——第八届中国（重庆）火锅美食文化节举行。火锅美食文化节展出面积近 5 万平方米，参与商家近 400 家，交易额超 3.2 亿元，带动周边地区销售额 2368 万元。其中，接待用餐市民 22.18 万人次，现场销售金额 1472.3 万元；食材供应商、火锅设备生产商签订供销协议 318 份，签约金额 1.38 亿元；参展品牌企业签订加盟协议 378 份，签约金额 9828 万元。

（九）第九届火锅文化节

2017 年 11 月 9 日，第九届中国（重庆）火锅美食文化节在重庆市江北区开幕，60 余家火锅品牌企业、300 余家火锅食材及设备商家参与活动。本次火锅文化节线上与线下相结合，其中线上活动为火锅节官方新媒体平台火锅天下 HOT 和微信支付联手合作。线下活动主要分为两大部分：一是打造一个全民参与的城市节日，包括开幕仪式暨德庄大锅开锅仪式、火锅传奇大观园抢先体验、万人火锅宴、美食主播现场直播、企业专场秀、露天电影等精彩丰富的活动；二是打造一个产业整合、行业交流的专业盛会，包括 2017 中国火锅创新论坛，火锅食材展，中国火锅出品大荟萃暨欢迎晚会，第三届全国火锅调味师大赛，重庆火锅新产品、新项目及新科技发布会等多项专业交流活动。

（十）第十届火锅文化节

2018 年 10 月 19 日至 22 日，第十届中国（重庆）火锅美食文化节在重庆市江北区金源时代购物广场举行。本届火锅美食文化节，有来自全国 391 家企业参展，其中火锅品牌企业 71 家，火锅产业链企业、商家 320 家。来自全国各地的火锅食材批发商、经销商和火锅经营商、加盟商等专业观众 5.9 万余人参加了现场观摩。火锅节期间组织了“中国火锅产业发展论坛”“第七届全国饭店业职业技能竞赛火锅专项赛重庆选拔赛暨火锅行业培训实作大考”“第十届火锅节颁奖庆典晚会”“火锅名企采购大会”等 12 项活动。有 64.8 万人次参加，参展的 71 家火锅企业摆出火锅宴席 1003 桌，消耗各类食材 125.4 吨，累计实现销售额 4578.6 万元。参展火锅企业与 320 家食材供应商、火锅专用设备生产商等签订供销协议书 469 份，签约金额 4.15 亿元，签订连锁加盟协议书 372 份，签约金额 4083.7 万元。特别是小天鹅、德庄、刘一手等 60 余家火锅品牌企业，257 个食材生产加工企业与四川武胜县、云南彝良县、甘肃秦安县的辣椒、花椒等农产品合作社，签订产销合同 247 份，合同金额 2.76 亿元，火锅节还拉动北滨路沿线商家及周边地区各项销售额超过 2400 万元，整个线下活动交易额近 8.016 亿元。本届火锅节更注重群众的参与性，安排了丰富多彩的文艺演出、电影晚会、吉祥物巡游、网红直播秀、企业专场秀等，并在 1000 平方米的“火锅赶场”展区汇集了 19 家新派火锅企业，集中展示火锅智能化发展成果，市民现场体验机器人点餐、3D 火锅、激光成像等高科技，感受智能火锅带来的便利。

（十一）第十一届火锅文化节

2019 年 10 月 25 日，第十一届中国（重庆）火锅美食文化节在江北区金源时代购物广场举行。本届火锅节以“一站式打卡重庆火锅”为主题，线上、线下联动，400 余家火锅供应链企业参与。在开幕式上，重庆火锅传承人齐聚火锅节现场，共同参与了重庆火锅传承仪式。由小天鹅、刘一手、秦妈、巴倒烫等品牌组成的火锅品牌大道，是火锅节为广大市民进入现场准备的“热辣头菜”。各品牌火锅不仅用风格各异的形象展示了自己的品牌文化，更是精心准备了美味的火锅美食，让广大市民一进入现场即能从视觉、听觉和味觉等全方面感受重庆火锅的麻辣鲜香。众多火锅企业集中摆放了 100 张火锅桌，上千人同烫火锅。火锅跨界产品创意十足是本届火锅节的一大亮点。本届火锅节特设了火锅创意市集。火锅味牙膏、火锅味饮料、火锅味面包等新奇的火锅跨界产品，让市民大开眼界。同时，还有“火锅接食材”“火锅打卡装置”等互动体验内容，吸引了不少人前去体验其中的乐趣。《天之椒子》雕塑在德庄集团展区亮相本届火锅节，其高 6 米、重 3.14 吨，是一个象征着红火与热情的巨大辣椒。

本届火锅节文商旅联动，推出了“麻辣重庆一日游”新玩法——将火锅节作为重庆一日游的景点之一，让外地游客一站式打卡重庆美食、美景。本届火锅节除了开幕当天举行的中国火锅产业创新发展论坛、火锅产业应用技术及创意出品交流会、中国火锅宴出品荟萃展演等活动外，还开展了重庆火锅传承人炒料表演、火锅爆品食材优选会等多项精彩活动。与此同时，火锅节现场还增设扶贫专区，酉阳县集中展示了其特色农产品，为贫困区县的农产品搭建了一个展示、流通的平台，通过火锅节有效拉动脱贫扶贫工作。

（十二）第十二届火锅文化节

2020 年 10 月 16 日，第十二届中国（重庆）火锅美食文化节在重庆悦来国际博览中心开幕。本届火锅节以“多元化、品牌化、智能化、标准化”为导向，汇集全国火锅产业链、供应链、价值链、生态链相关企业参展参会，既有美食盛宴，又为行业发展实现新突破搭建了专业平台。四川、山东、广东、甘肃、河南、陕西、黑龙江、内蒙古、杭州、南充等省份相关行业协会代表共千余人参与火锅节相关配套活动。

本次火锅节除了万人火锅宴、德庄・天下第一大火锅、重庆火锅图腾柱等标配阵容外，还推出了由 3 吨火锅底料制作的 8 米长的火锅文化墙，用牛油雕刻展现了重庆火锅的起源和发展。并且将往年的“一节”升级为“一会一节”，扩大火锅产业的交流、对话、交易。以“破局・创赢”为主题的中国火锅产业创新发展论坛，围绕新营销与新机会、火锅产业进化、消费年轻化给火锅品牌带来的影响与改变、疫情之后火锅品牌的重塑之路等问题展开了讨论。火锅采购对接会则将火锅产业的供应链以新场景新模式呈现。中国饭店协会和美团联合主办的 2020 中国火锅影响力盛典，颁发“2020 中国火锅影响力品牌 TOP100”。

火锅节线下活动实现交易 3.8 亿元，现场接待用餐市民 14.8 万人次，消耗各类食材 45.3 吨，实现现场销售额 1127 万元。在火锅节线下活动中，火锅企业与食材供应商、火锅加盟商及设备生产商等签订合作协议 1137 份，签约金额 3.45 亿元。以火锅产业促进消费扶贫，酉阳、石柱、丰都等 6 个贫困区县组团参展，现场销售和合同金额达 2340 万元。

二、博览会

（一）首届中国（重庆）火锅产业博览会

2015 年 9 月 30 日—10 月 4 日，由国际火锅产业联盟、中国饭店协会火锅专业委员会共同主办，重庆市火锅协会承办首届中国（重庆）火锅产业博览会，为期 5 天。博览会期间，举办了万人火锅宴、重庆火锅图腾柱纪念仪式、重庆火锅文化展、首届全国火锅调味师大赛、重庆火锅养生高峰论坛、重庆火锅学院公益大讲堂、火锅文化沙龙和食材展示展销等活动。在火锅展示区，除了有德庄、小天鹅、刘一手、奇火锅、家福、大队长、朝天门、巴江水等重庆火锅著名品牌外，还有锅锅筵水八块、沈家洪城、乾矿、渝宗杀牛场、渝味晓宇、佈麻佈辣、擂神、五斗米旗下的爷爷那辈火锅、顺水鱼、鱼侦炭烤鱼、偶然间等品牌。博览会首创“产品采购、品牌展示、特许加盟、品牌运营、品牌推广”的一站式服务，首设重庆火锅文化博物馆，首设网上火锅节，并拉开了“火锅美食节要年年办，逢单年办博览会，逢双年办火锅美食节”的序幕。

（二）国际食材博览会

2020 年，国际食材博览会在重庆悦来国际博览中心开幕，来自全国各地

的 50 余家火锅企业参展，600 余个食材参展商、300 余家全国火锅品牌出席。在 N4、N6 馆，聚集火锅食材、调味品、设备及配套服务等厂商企业，为火锅节特供创新食材、基地直采、一手货源，集中展示数十款经过市场及消费者考验的网红爆品食材，通过开展食材集采优惠等促销活动，帮助食材企业拓宽销售渠道。另外还有由重庆市火锅协会食材专委会特别打造的“爆品食材”专区，集中展示数十款经过市场及消费者考验的网红爆品食材，通过近距离展示、体验，让采购方无忧采购好食材。

第六节　雕塑和剪纸

一、剪纸

据有关史料记载，重庆民间剪纸已有 1500 多年的发展历史，但 1997 年之前重庆隶属四川省，在四川省民间剪纸中，成都及广安武胜等地的剪纸较有代表性，重庆民间剪纸相对沉寂。重庆直辖以后，在市委、市政府的重视下，经过挖掘和整理，逐步彰显区域性特点。2009 年，重庆剪纸与河北、山西、甘肃等 13 个省份的剪纸联合申报的中国剪纸项目，通过联合国教科文组织保护非物质文化遗产政府间委员会审批，入选联合国教科文组织非物质文化遗产名录项目，重庆剪纸成为重庆继大足石刻、武隆喀斯特之后的又一项世界遗产。重庆剪纸以北碚剪纸和堰兴剪纸为代表，又称渝派剪纸。

重庆剪纸在发展传承中，逐渐弱化吉祥图案的运用，而通过描绘真实生活情节，表达对家乡的赞美和热爱。在民俗类剪纸中，“重庆火锅”是其中一个重要的表现主题，内容包含了火锅相关器具、原料，以及吃火锅的各种场景，这些作品取材于重庆普通人民的真实生活，具有浓郁的乡土气息，有很强的地域特征。

二、雕塑

雕塑艺术是造型艺术的一种，又称雕刻，是雕、刻、塑三种创制方法的总称。指用各种可塑材料（如石膏、树脂、粘土等）或可雕、可刻的硬质材料（如木材、石头、金属、玉块、玛瑙等），创造出具有一定空间的可视、可触的艺术形象，借以反映社会生活、表达艺术家的审美感受、审美情感、审美理想的艺术。

重庆人民吃火锅这一生活习俗，也被雕塑艺术所关注。相关雕塑作品有《火锅老头》《天之椒子》《重庆·火锅》等。

（一）《火锅老头》

《火锅老头》雕塑位于渝中区八一路，作者四川美术学院雕塑系徐光夫教授通过在火锅馆的考察，最终形成雕塑场景：老桌子、老锅子旁边，重庆人穿褂子、摇蒲扇，还要放上毛肚、鸭肠等经典菜品，再现了盛夏烫涮重庆火锅的经典场景。

（二）《天之椒子》

《天之椒子》雕塑位于江北区观音桥广场，由意大利著名艺术家朱纸先生创作。这个巨大的辣椒高达 6 米、宽近 2 米、重达 380 斤，叫“天之椒子”。作品的创作灵感源于一次重庆之行，重庆的炎热天气、重庆人的火辣热情、火锅的强烈口感，三者相结合的体验让朱纸先生记忆深刻。雕塑在意大利驻重庆总领事馆的支持下创作而成，并在 2015 年米兰世博会“重庆日”上首次展出。最终，由中国国际贸易促进委员会重庆市委员会及重庆德庄集团共同收藏。

（三）火锅图腾柱

火锅图腾柱高 9.9 米，直径 1 米，呈青铜色，分为三层，设计为天圆地方。柱体上刻有“火锅之都”四个红色大字。

（四）《重庆 · 火锅》

《重庆 · 火锅》浮雕位于珮姐老火锅洪崖洞店内，背景为波浪纹样，象征一方江水，中间圆形为俯视的重庆火锅，在九宫格的里面是火锅底料中最重要的海椒与花椒，而海椒与花椒之间的空隙通过画面创作，形成了重庆的地图剪影。锅圈外围的灯饰，象征了圆满、幸福。

第十四章

人物

第一节　名人与重庆火锅

重庆火锅起源于贩夫走卒、江河船工，但是一经发展，就圈粉无数，无论是达官贵人、豪门闺秀，还是下里巴人、江湖袍哥，都对其钟爱有加。抗战爆发，国民政府西迁重庆，各路英雄豪杰、文人墨客汇聚于此，留下了许多与火锅有关的佳话。到了当代，不少名人到重庆品尝重庆火锅之后，都赞不绝口。

一、民国名人

（一）林森

国民政府主席林森喜欢吃一品锅。1937年，到重庆后，他曾经亲自上街，购置火锅器具，在家烫涮火锅。

（二）刘湘

民国时期，四川省政府主席刘湘曾到位于临江路（今重医大附二院对面）的“临江毛肚火锅”就餐，此店为杨海林所创办，火锅麻辣鲜香，汤色红亮。但见锅内红浪翻滚，食物在锅中忽上忽下，如游龙戏水，刘湘一时兴起，题下“云龙园”三字赠予杨海林，杨海林后将火锅店名改为“云龙园”，成为民国时期重庆成为知名火锅品牌。

（三）范绍增

范绍增，原名舜典，号海廷，四川绥定府（今达州市）大竹县清河镇人。生于1894年，自幼便被称为“范哈儿”，曾任国民革命军第88军军长，1949年12月起义。早年曾加入袍哥，长相憨厚，打起仗来勇猛顽强不计后果，因此得名“哈儿师长”。早年，范绍增在重庆，极为喜好泡茶馆，吃火锅，尤其是秋冬季节，乐此不疲。

二、文化名人

（一）李劼人

原名李家祥，常用笔名劼人，1891年，生于四川成都，祖籍湖北黄陂，中国现代具有世界影响的文学大师之一，也是中国现代重要的法国文学翻译家，知名社会活动家、实业家，还是一个非常热爱生活的人，他对于饮食文化有诸多记载。1933年夏—1935年6月，李劼人先生曾在位于江北青草坝的民生公司及其修造厂担任厂长，在此期间，在重庆食用过毛肚火锅，与重庆火锅结缘。他的著述《漫谈中国人之衣食住行》对川渝饮食文化有比较全面的介绍，其中对重庆火锅的起源和传播都有说明。他关于重庆火锅的记述，是重庆火锅比较权威的可靠的文史资料之一。现在谈及重庆火锅的历史，一般都会追溯和引用李劼人先生的记述。

（二）郭沫若

郭沫若，中国现代作家、历史学家、考古学家。1938 年 12 月 27 日，郭沫若随国民政府军事委员会政治部第三厅搬迁来到重庆，直到 1946 年 5 月才离开，前后在重庆居住长达 8 年。郭沫若在重庆期间，常用毛肚火锅和麻辣牛肉面招待各界朋友。1943 年 2 月 23 日，剧作家于伶 37 岁生日时，郭沫若、夏衍、廖沫沙、张恨水等朋友为之庆生，请他吃火锅，留下了一则重庆火锅的逸闻。于伶不解火锅为何物，郭沫若用一段顺口溜，进行了很好的解读："街头小巷子，开个幺店子。一张方桌子，中间挖洞子。洞里生炉子，炉上安锅子。锅里熬汤子，食客动筷子。或烫肉片子，或烫菜叶子。吃上一肚子，香你一辈子！"大家叫好，连声称妙。最后大家到储奇门的一家小火锅店美美地烫了顿火锅。郭沫若还谈及："烫火锅可不必到那些豪华的大餐馆去。那是讲排场，不是口味。"于伶则说："这是我有生以来吃到的最好的一顿美餐！"

（三）老舍

抗战期间，老舍久居重庆，主持文协工作。他不仅喜欢吃火锅，而且将火锅融入工作之中，在其拟定的《话剧观众须知二十则》中将"毛肚开堂"引入其中，提醒观众保持公共区域的整洁卫生。

（四）林语堂

据说国学大师林语堂抗战时期曾居住在重庆北碚。一次，在吃完火锅之后，他应店主之邀，惠赐墨宝，写下一条横幅：川味火锅，圣人之所好也，故孔子不撤姜食。

三、文体明星

（一）卢奇

重庆演员卢奇，是邓小平同志的饰演者之一，在吃过桥头火锅之后，曾题写"桥头火锅、名扬四海"的祝福。

（二）冯巩

2003 年 8 月 28 日，冯巩慕名来到巴山味庄加州店品尝火锅。用餐完毕，店家请冯巩提意见，冯巩说："这里的最大缺点是没有缺点。"

到重庆的文体明星非常多，来了之后，都要品尝重庆火锅，诸如周星驰、刘德华、张惠妹等，受制于篇幅，就不一一列举，有的明星甚至吃完之后，还参与到重庆火锅的发展之中，在其他城市开起了火锅店，进一步将重庆火锅推向全国。

第二节　重庆火锅从业人员

一、新中国成立以前知名火锅从业人员

1. 马氏兄弟

马氏兄弟，生卒年月不详、姓名不详，民间传说为是民国时期南纪门老正兴的创立者，使"水八块"登堂入室，可谓现代重庆火锅的开创者之一。

2. 李文俊

李文俊，生卒年月不详。传说在海棠溪通济桥开创了桥头火锅，是近代桥头火锅的创始人。

3. 杨海林

杨海林（1915—1996 年），原名杨应科，曾用名杨云龙，重庆合川人，重庆云龙园火锅创始人、重庆火锅名师。

4. 兰树云

兰树云，生卒年月不详，也有人传为兰树荣，重庆老火锅的早期开创者之一。抗战时期，在渝中原保安路（现八一路）创办了著名的重庆老火锅"一四一"。

5. 杨建臣

杨建臣，生卒年月不详，重庆老火锅的早期开创者之一。抗战时期，创

办了著名的重庆老火锅“不醉无归”，以经营毛肚火锅见长，食客传言：“山城毛肚遍地有！不醉无归第一家！美味不厌百回吃！不醉无归毛肚锅！”

6. 杨述林

杨述林，生卒年月不详，重庆老火锅的早期开创者之一。抗战时期，创办了著名的重庆老火锅“述园”。

7. 周游

周游，广东人，1946 年，在重庆创办了汉宫毛肚火锅，让火锅进入大雅之堂，其火锅店在中国开创了广告营销的先河，很多关于汉宫毛肚火锅的广告都见诸报端，其中，“日暮汉宫吃毛肚，家家扶得醉人归”这句广告最为脍炙人口。

8. 田常柏

田常柏，生卒年月不详，重庆老火锅的早期开创者之一。20 世纪 30 年代，创办了重庆“心心”老火锅。

9. 杜云安

杜云安，生卒年月不详，夜光杯火锅创始人。

二、当代重庆火锅创业者代表

改革开放以来，重庆火锅重新恢复和发展，火锅创业者如过江之鲫，数不胜数，涌现出了诸如“三五火锅”蒲世全、“小天鹅”何永智、“美美”陶甫华、“露凝香”黄世雄、“苏大姐”苏兴蓉、“三耳”易赣如、“清华”曾清华、“周君记”周英明、“红九九”黄万明、“维也纳”王峰、“巴江水”王伟、“陈川粤”陈川东、“临江门坎下老火锅”牟晓红、“德庄火锅”李德建、“武陵山珍”毕麦、“奇火锅”余勇、“巴将军”王人庆、“秦妈”秦远红、“家福”朱钟、“南方花园鸭肠王”刘刚、“巴倒烫”王文军、“牧哥”谢亚琴、“谭英雄”谭仕福、“朝天门”王普、“秋霞”杨晴霞、“乡水源”许继红、“枇杷园”邱松、“刘一手”刘梅、“骑龙”任鸿秀、“陈佬鸽”陈康福、“巴山月”廖善坤、“香牌坊”赵登科、“过江龙”赵华、“周渔府”周子兴、“龙门鱼府”胡先权、“大队长”傅佐凤、“珮姐老火锅”颜冬生、“沈家洪城”沈伟、“锅锅筵”朱江渝、“杨光会鲜货火锅”杨光会等优秀创业者。

三、当代著名重庆火锅厨师代表

当代著名重庆火锅厨师代表

序号	姓名	厨师头衔	时间
1	许远明	特级厨师	1982 年
2	陈志刚	川菜烹饪大师	1983 年
3	徐德章	特级厨师	1985 年
4	代金柱	小洞天火锅	1986 年
5	张正雄	国际烹饪大师	1988 年
6	吴万里	重庆烹饪大师	1988 年

附录

一、规章制度

（一）《火锅企业经营服务规范》

ICS 03.080.10
A 10
备案号：26693—2009

SB

中华人民共和国国内贸易行业标准

SB/T 10531—2009

火锅企业经营服务规范

Hot-pot enterprise criterion of management and service

2009-09-28 发布 2010-03-01 实施

中华人民共和国商务部 发布

目 次

前 言

本标准的附录 A 和附录 B 为资料性附录。

本标准由中华人民共和国商务部提出。

本标准由全国饮食服务业标准化技术委员会归口。

本标准主要由中国饭店协会、内蒙古小尾羊餐饮连锁股份有限责任公司起草。

本标准主要起草人：韩明、陈新华、余佳荣、雷宏、张景富、张宪红。

火锅企业经营服务规范

1. 范围

本标准规定了火锅企业的术语和定义、标识，餐饮业火锅企业经营服务的基本要求和运营、管理要求，给出了火锅示范企业需具备的条件及管理原则。

本标准适用于经营餐饮的火锅企业。

2. 规范性引用文件

下列文件中的条款通过本标准的引用而成为本标准的条款。凡是注日期的引用文件，其随后所有的修改单（不包括勘误的内容）或修订版均不适用于本标准，然而，鼓励根据本标准达成协议的各方研究是否可使用这些文件的最新版本。凡是不注日期的引用文件，其最新版本适用于本标准。

GB 2760 食品添加剂使用卫生标准

GB 5749 生活饮用水卫生标准

GB 16153 饭馆（餐厅）卫生标准

《餐饮业和集体用餐配送单位卫生规范》卫生部颁布

《餐饮业食品索证管理规定》卫生部颁布

《商业特许经营管理条例》国务院令第 485 号

3. 术语和定义、标识

3.1 术语和定义

下列术语和定义适用于本标准。

3.1.1

火锅企业 hot-pot enterprise

以经营火锅为主、为消费者提供就餐场所和消费服务的餐饮企业。

3.2 标识

用“专用标识”（参见附录 B）作为火锅示范企业的标识，悬挂于企业的醒目位置。

4. 基本要求

4.1 经营要求

4.1.1 火锅企业的经营服务项目应符合国家、地方的有关法律法规规定。

4.1.2 应按规定办理相关证照，并根据要求悬挂于店内。

4.1.3 企业应明示服务项目，做到明码标价。

4.1.4 企业应制定相关管理制度和操作流程标准，并严格执行。

4.2 环保要求

4.2.1 应有符合环境保护要求的排污，消烟、消音、除尘设施和垃圾存放设备，安装与经营面积、空间高度相匹配的排透风系统。

4.2.2 应使用符合环境保护要求的材料。

4.2.3 企业污染物排放应达到国家及地方相关标准。

4.3 消防要求

4.3.1 经营服务人员应掌握消防安全知识。店内应配备消防安全管理员。

4.3.2 应使用符合消防要求的室内装修、装饰材料。

4.3.3 应按规定配置消防设施和器材、设置消防安全标识，并放置到指定位置。定期对消防设施和器材进行检查和维护保养，确保消防设施和器材的完好、有效。

4.3.4 易燃易爆物品的储存和管理应符合消防安全规定。

4.4 安全要求

4.4.1 房屋建筑应坚固、安全。

4.4.2 电力系统的安全保护装置应完好、有效。

4.4.3 电气设备应运行正常、安全、完好。

4.4.4 加工刀械使用完毕后应存放于刀箱内，并上锁保管。

4.4.5 火锅的使用应确保安全可靠，并定时定期检查。

4.4.6 地面应采取防滑措施，有明显标志。安全通道应保持畅通，有明显的疏通路线图。按要求配备应急照明设备。

4.5 卫生要求

4.5.1 饮用水应符合 GB 5749 的要求。

4.5.2 服务人员应掌握卫生常识，定期进行健康检查，应持有健康证上岗。

4.5.3 就餐场所卫生应符合《餐饮业和集体用餐配送单位卫生规范》和 GB 16153 的相关要求。

4.5.4 食品加工和储藏应做到生熟分开。

4.5.5 消毒后的餐酒具应放置于保洁设施中。

4.5.6 不得经营病死、毒死或死因不明的禽、畜、水产动物及制品，以及未经检验或检验不合格的肉类及其制品。

4.5.7 经营者发现食物中毒或疑似食物中毒事故时，应及时向当地卫生部门报告，并按应急预案尽快采取救助措施。

5. 运营及管理

5.1 企业资格

5.1.1 企业应有完备的执业手续，各项证照齐全，合法经营。

5.1.2 企业应具备完善的经营管理体系。

5.2 使用原料

5.2.1 企业应有规范的采购程序、采购制度和采购档案。

5.2.2 使用的原料应按《餐饮业食品索证管理规定》执行。

5.2.3 所使用的食品添加剂应符合 GB 2760 的规定。

5.2.4 所用原料应在保质期内，并不应使用注水变质的原料及其成品、半成品，不应使用福尔马林等对人体有害的化学原料处理菜品，火锅底料中不应添加罂粟壳。

5.2.5 不应使用未经依法批准的新资源食品、保健食品。

5.2.6 不应出售国家明令禁止的野生保护动、植物。

5.2.7 库存原料应有专人保管、分配，应有进出库记录。库房物品摆放应整齐干净，并应防蝇、防鼠、防虫、防潮等。

5.2.8 火锅汤料不应重复使用，不应用潲水油制作火锅底料。

5.3 加工环境

5.3.1 厨房内初加工．烹调、服务等区域应布局合理、科学、规范。

5.3.2 室内环境应达到规定要求，换气、除尘、通风系统良好。

5.3.3 按食品加工操作规程操作，应保持设备设施清洁卫生。

5.3.4 食品容器、包装材料、工具、设备应符合相关卫生标准和食品卫生管理办法的规定。

5.3.5 应有充足的冷藏、冷冻和保鲜设备，设备运行应安全、良好；冷菜、点心及原辅料应按规定设备、温度、时间进行保鲜。

6. 火锅示范企业制度

建立火锅示范企业制度，符合本标准要求的企业可自愿申请参与火锅示范企业的评审。具体参见附录 A。

附录 A

（资料性附录）

火锅示范企业制度

A.1 火锅示范企业需具备的条件

A.1.1 基本条件

A.1.1.1 企业的品牌形象在行业中有良好的口碑。

A.1.1.2 经营面积不少于 500m^2.

A.1.1.3 正式营业满 2 年以上。

A.1.1.4 企业环境整洁并维护良好。

A.1.1.5 所售食物和酒水应绿色、健康、无污染。

A.1.2 火锅质量

A.1.2.1 有规范的火锅质量标准，包括主料、辅料、调料的规格、要求、投料比例，加工时间限制，炊具设备要求，成品的特色特点，餐饮用具搭配等。

A.1.2.2 火锅品种的底汤、调料特点鲜明，风味突出，被广大消费者接受。

A.1.2.3 火锅的品质稳定，不受季节、时间变化而影响成品质量。

A.1.2.4 产品在市场上供应 2 年以上，有被市场公认的优秀火锅产品，且这些产品对企业的销售具有明显的促进作用，在销售额中占有较高比例。

A.1.2.5 火锅品牌、服务用具能够反映企业文化和经营特色。

A.1.3 服务质量

A.1.3.1 各岗位具有明确的服务操作规范和流程，执行餐饮业现场管理规范。

A.1.3.2 各岗位工作人员树立诚实守信、爱岗敬业、守职尽责、注重效率的服务意识，讲究仪表仪容和礼节礼貌，服务技能娴熟，保持热情、周到、礼貌的服务态度和优质高效的服务质量。

A.1.3.3 企业具备完善的服务体系和服务质量标准。

A.1.3.4 服务人员熟悉锅底及各种菜品的营养及食用常识，能够讲解每种菜品投放的最佳时间及营养搭配等专业知识。

A.1.3.5 装修和就餐环境良好，餐桌、椅子、餐具、菜单、器皿等有明显特色，餐厅设计主题突出，舒适协调。

A.1.4 人力资源管理

A.1.4.1 各岗位的工作人员应具有相应的培训经历和岗位技能。

A.1.4.2 企业 25% 以上员工持有中级以上专业技术证书或专业培训证书。

A.1.4.3 企业至少拥有二星级及以上服务员 3 名，三星级及以上服务员 1 名。

A.1.4.4 企业拥有专业的火锅技术人员，至少配有注册高级火锅调味师或注册火锅调味师 2 名，拥有注册助理火锅调味师 3 名以上。

A.1.4.5 企业重视健康饮食，提倡绿色火锅和营养火锅，至少 1 人拥有高级美食营养师资格或 2 人拥有美食营养师资格。

A.1.5 连锁经营

A.1.5.1 按《商业特许经营管理条例》中的要求执行。

A.1.5.2 连锁经营企业应当拥有至少 5 个直营店，并且经营时间超过 1 年。

A.1.5.3 各连锁店店长必须具备经国家批准认定的职业经理人资格。

A.2 火锅示范企业的管理原则

A.2.1 中国火锅示范企业评定专业机构负责火锅示范企业的受理、评审、授牌和复审等工作。

A.2.2 火锅示范企业的评定工作实行评审员制度，由经培训考核合格的评审员现场评定，评审员每四年接受一次培训和考核。

A.2.3 中国火锅示范企业应在醒目位置悬挂专用标识，有效期为两年，到期应重新申请与评定。对复审达不到要求的火锅示范企业，评定专业机构将视情况分别给予警告或限时整改等处罚，直至取消评定称号。

附录B

（资料性附录）

火锅示范企业制度

（二）《重庆市火锅经营行为规范》

重庆市火锅经营行为规范

第一章 总则

第一条【目的与依据】 为加强重庆市火锅食品安全管理，规范服务经营行为，保障消费者饮食安全，促进重庆火锅餐饮业健康发展，根据《中华人民共和国食品安全法》《中华人民共和国食品安全法实施条例》《食品经营许可管理办法》《餐饮服务食品安全操作规范》《重庆市餐厨垃圾管理办法》等法律、法规、规章的规定，在重庆市商务委员会及其他相关政府部门的指导下制定本规范。

第二条【适用范围】 本规范适用于在重庆市行政区域内从事火锅经营或含火锅经营项目的餐饮服务提供者。由重庆市火锅协会组织实施，接受重庆市商务委员会及其他相关政府部门的指导和管理。

第三条【基本原则】 火锅经营者在经营活动中，应当遵守相关餐饮经营活动的国家法律、法规、规章、行业规范，遵守自愿平等、公平公正、诚实守信的原则。

第四条【用语释义】 本规范下列用语的含义

（一）火锅：以锅、盆等为器皿通过炭火、燃气、电等方式加热，以锅中汤料来烫、涮、煮食物的餐饮方式。

（二）火锅经营者：指火锅销售和餐饮服务的经营者。

（三）火锅底料：以食用动物油和（或）食用植物油、香辛料、食用盐等为主要原料，按一定配方和工艺加工制成的，用于调制火锅汤料的调味料。

（四）火锅汤料：以水（汤）、动植物油脂、火锅底料为主要原料，经过加热熬制调味，供人们直接涮、烫、煮菜品的汤汁。

（五）火锅油碟（味碟）：以芝麻调和油、蒜泥为主要原料制成的混合调料，装盛在小碗或碟盘中，用于蘸食煮烫至熟出锅的食物，具有迅速降温，减弱麻辣味的刺激，滋润滑口增香的作用。

（六）锅飘：火锅汤料配置完成后，添加且漂浮在汤料表面的辣椒、花椒、葱节等食材，主要起到美观的作用。

第五条【用语解释】 本规范中“应”的要求是必须执行；“不应”的要求是禁止执行；“宜”的要求是推荐执行。

第二章　基本要求

第六条【法律法规要求】 火锅经营者应遵守相关法律法规的规定，符合下列要求（包括但不限于）：

（一）应依法获得经营资质，办理相关证照，并按要求悬挂于店内；

（二）应履行《中华人民共和国消费者权益保护法》《中华人民共和国劳动合同法》的规定，维护和保护消费者和员工的正当权益；

（三）应依照《中华人民共和国价格法》的要求，做到明码标价；

（四）应严格执行《中华人民共和国食品安全法》的规定，不应经营《食品安全法》第三十四条规定的食品；

（五）应遵守《中华人民共和国环境保护法》和《中华人民共和国野生动物保护法》的规定，各项污染物排放应达到国家和地方相关标准，不应经营国家明令禁止采购、加工、销售的野生动物及其产品；

（六）符合限额以上餐饮企业标准的，应依法如实纳入统计。

（七）应依法纳税。

第七条【管理体系】 火锅经营者应建立健全食品质量和安全管理体系，

包括但不限于：

（一）应建立必要的食品安全自检自查与报告制度和餐饮具清洗消毒制度，包括从业人员健康管理制度和培训管理制度、食品安全管理员制度、食品经营过程与控制制度、场所及设施设备清洗消毒和维修保养制度、进货查验和查验记录制度、食品贮存管理制度、废弃物处置制度、食品安全突发事件应急处置方案、食品添加剂使用公示制度等；

（二）宜建立产品追溯体系。

第八条【食品添加剂】 火锅经营者应加强对食品添加剂使用的管理，符合下列要求：

（一）食品添加剂应专人采购、专人保管、专人领用、专人登记、专柜保存，并公示使用的食品添加剂名称、使用范围和最大使用量；

（二）食品添加剂的存放应有固定的场所（或橱柜），标识“食品添加剂”字样，盛装容器上应标明食品添加剂名称；

（三）食品添加剂的使用品种、使用范围和最大使用量应符合国家GB2760的有关规定，并采用精确的计量工具称量，且有详细记录；

（四）不得以掺杂掺假、掩盖食品腐败变质、伪造为目的使用食品添加剂。

第九条【场所要求】 火锅经营场所应符合下列要求：

（一）选址要求

应选择地势干燥、有给排水条件和电力供应的地点，不得设在易受到污染的区域，应距离粪坑、污水池、暴露垃圾场（站）、旱厕等污染源25m以上，并设置在粉尘、有害气体、放射性物质和其他扩散性污染源的影响范围之外，且符合环保要求。

（二）前厅布局要求

餐桌布局合理，保证有足够安全距离的通道，保证顾客就餐时有较舒适的空间；排风、补风、空调应达到通风凉爽的理想效果，保证顾客就餐的舒适度；应在醒目处以警示牌方式提示消费者保管好个人财物、公共场所禁止吸烟等。

（三）厨房布局要求

厨房应遵循原料、半成品、成品单一流向的食品加工流程，合理布局调料、小吃、切配、粗加工、库房等基本功能区的位置，以防止交叉污染；调料小吃区应有抽油烟机、油烟净化器；初加工区应有隔油池；食品处理区应确保独立性，地面应用无毒、无异味、不透水、不易积垢、耐腐蚀和防滑的材料铺设，且平整、无裂缝，有较好的排水系统。

（四）库房布局要求

食品库房大小可根据餐厅货物储量多少来确定；总体要求能通风、不潮湿、防鼠、防虫害；货架置放和货品分类应保持整洁有序。

（五）装修装饰要求

门头设计应突出品牌风格，美观而有吸引力，容易记住；环境设计应有好的整体效果，鼓励独特创意，体现经营特色，体现各企业文化内涵。

（六）人性化设施要求

餐厅应使用防滑地砖，并在厨房、卫生间等地面容易湿滑的区域增加防滑设施，例如地垫、扶手等，以及在醒目位置设置防滑警示牌；条件允许的情况下应考虑无障碍通道；餐厅设计应考虑顾客用餐的私密性需求，条件允许的情况下应增设包房、隔断等为顾客提供相对安静的就餐环境；条件允许的情况下应考虑设置母婴室，儿童游乐设施等增值服务，在儿童游乐区应有醒目的提示语。

（七）消防安全要求

火锅经营场所消防设施齐备完好，公共图形标志明显，安全通道畅通，易燃易爆物品及明火管理符合安全规定；火锅灶具的燃气管道或电线应提前预埋，并通过相关部门的安全检查；火锅经营者应定期对火锅灶具进行安全检查；应安装燃气报警装置。

第十条【人员要求】 从业人员应符合下列要求：

（一）火锅经营者应当配备食品安全管理人员，食品安全管理人员应当经过培训和考核。取得国家或行业规定的食品安全相关资质的，可以免于考核；

（二）从业人员在上岗前应取得健康证明；每年至少进行一次健康检查；患有国家公布的有碍食品安全疾病的人员，不得从事接触直接入口食品的工作。

第三章 原料供应链管理

第十一条【原料采购】 火锅经营者原料采购应符合下列要求：

（一）采购的食品、食品添加剂、食品相关产品等应符合国家有关食品安全标准和规定的要求，不应采购《食品安全法》第三十四条规定禁止的食品和《农产品质量安全法》第三十三条规定不应销售的食用农产品；

（二）应该建立原料采购、进货查验制度；采购食品、食品添加剂及食品相关产品的索证索票、进货查验和采购记录行为应符合《餐饮服务食品采购索证索票管理规定》的要求；

（三）应与供货商签订采购合同或自行建立种植和养殖基地，确保原料质量安全；

（四）采购的洗涤剂应符合 GB 14930.1 相关要求；消毒餐饮具应符合 GB 14934 要求；直接接触食品的餐用具和工器具应符合 GB4806 的相关要求。

第十二条【原料贮存】 火锅经营者原料贮存应符合下列要求：

（一）库房设施设备要求

原料库房构造应以无毒、坚固的材料建成，且易于维持整洁，并应有防止动物侵入的装置。

库房内应设置足够数量的货架，其结构及位置应能使贮存的食品和物品距离墙壁、地面均在 10 厘米以上，以利空气流通及物品搬运。

（二）原料物资存放要求

干货类物资应在原料库房内分类存放，食品和非食品（不会导致食品污染的食品容器、包装材料、工具等物品除外）原料应分开存放。同一库房内贮存不同类别食品和物品的应分区存放，不同区域应有明显标识。发现有过期或有虫蛀、霉变等现象时，应及时清除处理。

动物性原料（荤菜原料）应分类放入容器中，根据产品特性，放入冷藏室或冷冻室内。植物性原料（素菜原料）应放入相应筐、篮、篓或其他容器内，不能放在地上。

加工半成品存放应避免受到污染，与原料分开存放，并应根据性质分类存放。加工后的海产品应当放置在密闭容器内单独冷藏保存，或者放置在食用冰中保存并用保鲜膜分隔。

（三）库房管理要求

原料库房应做到天花板、墙壁和角落无积尘、蛛网，地面无散落食品、杂物、尘土，货架整齐无尘、库内无霉变、异味。

原料进出库房应先进先出，严格控制原料食品保鲜保质期限，并定期检查。

杀虫剂、杀鼠剂及其他有毒有害物品的存放，应有固定的场所（或橱柜）并上锁，有明显的警示标识，并由专人保管。原料库房在喷洒药物或投放药饵时应严防污染食品。

第十三条【原料配送】 原料配送使用的运输容器、工具和设备应安全无害且清洁卫生，植物性食品、动物性食品和水产品宜分类放置，防止污染。不应将食品与有毒、有害物品一同运输。原料运输时应符合保证食品安全所需的温度、湿度等要求。

第四章　火锅菜品加工

第十四条【操作文件】　火锅经营者应建立原材料和半成品保管及周转量要求、菜品加工标准、菜品出堂标准等操作规范，对加工过程中的时间、温度、计量和顺序等进行规定，以保证菜品安全和质量的稳定性。

第十五条【原材料使用】　原材料使用应符合下列要求：

（一）不使用没有检疫合格证的鲜肉类，不使用没有有效资质证件的冻肉类和预包装食品类，不使用变质食品和过期食品；

（二）肉类原材料应尽快加工或尽快冷藏或冷冻处理，缩短在室温下放置的时间，以保证食材的新鲜度。

第十六条【原材料清洗】　原材料清洗应符合下列要求：

（一）解冻食品时应做到尽量缩短解冻时间，解冻完成的食品应及时加工，防止细菌滋生和食物变质；

（二）清洗原材料时应做到动物性、植物性和水产品分池清洗，其中鲜毛肚、鲜鸭肠、鲜鹅肠等原材料一定要分池隔离清洗，防止交叉污染。

第十七条【原材料加工】　原材料加工应符合下列要求：

（一）火锅菜品加工时不得添加非食用物质；按GB2760的规定规范使用食品添加剂；

（二）应建立菜品制作标准，对加工过程中的时间、温度、计量和顺序等进行说明，以保证菜品口感、味道在涮烫时能达到应有的效果；

（三）火锅菜品中的涮、烫类菜品应达到刀工精细，使其在涮、烫过程中有较好的口感；部分涮、烫菜品有脆度的需求，在制作时也应保证其质量；

（四）火锅菜品中的嫩肉类菜品应达到应有的嫩度，使其在涮、烫过程中有较好的口感和滋味；

（五）不应回收顾客消费过的剩余食品经加工后再次销售；

（六）火锅菜品多是生鲜原材料，对生鲜原材料加工时，应尽量缩短在室温下加工的时间，必要时可加冰瓶或冰碴，保证低温，保鲜食材。

第十八条【半成品保管】　半成品保管应符合下列要求：

（一）加工好的半成品应覆保鲜膜保管在冷藏柜中，以保证食品的持续新鲜；半成品应与原料分开并根据性质分类存放，防止交叉污染；

（二）半成品的周转应符合本店原材料和半成品保管及周转量要求，不积压，保证菜品新鲜。

第十九条【成品出堂】　配菜员应按本店菜品的出堂标准配出菜品，以保证火锅菜品应有的分量、新鲜度和美观度等感官要求；分量不足、新鲜度不够和变质的菜品不应出堂；出堂菜品中不应有异物。

第二十条【加工器材】 接触食品的设备、工具、容器、包装材料等应符合食品安全标准或要求，生熟食品的加工工具及容器应分开使用并有明显标识。

第二十一条【制冷设备】 冷藏、冷冻设备配置能满足经营需求，应有明显区分标识，应定期除霜、清洁维修和校验温度（指示）计，确保温度稳定准确。应满足原料、半成品、成品分开放置，植物性食品、动物性食品和水产品应分类摆放，不应将食品堆积、挤压存放。

第五章 火锅底料和汤料加工

第二十二条【原料要求】 加工前检查原料，应具有较好的感官，不应使用霉变、腐败的原料。

第二十三条【底料要求】 火锅经营者加工或使用的火锅底料应符合国家有关食品安全标准和规定，购买的预包装火锅底料应符合 DBS50/022，应有进货记录。

第二十四条【汤料要求】 加工火锅汤料应有配置标准（配置标准中宜有锅飘），以保证出品火锅汤料的质量稳定，符合重庆火锅麻、辣、鲜、香的特点。

第二十五条【禁止要求】 不应回收顾客消费过的汤料或汤料油脂用于火锅底料或汤料的加工。不得添加罂粟壳、罗丹明 B 等非食用物质。

第二十六条【加工厂要求】 火锅经营者选择的火锅底料加工厂应具备有效的生产资格，以及具备规范生产的能力。

第六章 火锅餐饮服务

第二十七条【服务面貌】 服务人员应具有较好的精神面貌，端正站立，不靠墙和靠桌椅，着装整洁，发型发饰简洁干练，女士着淡妆；不佩戴首饰，不留长指甲，不涂指甲油，勤洗头勤洗澡，头发不油腻，身上无异味。

第二十八条【服务态度】 服务人员应热情、迅速、周到，保持微笑，使用礼貌用语，对外地顾客使用普通话。

第二十九条【订餐服务】 订餐接待服务应符合下列要求：

（一）应充分了解顾客对人数、场地（独立空间或小区域）、菜品及酒水配置、价位等就餐需求；

（二）与顾客达成一致意见后向顾客明确姓名、电话、到店时间、桌号、用餐性质（团餐、点菜、自助或其他）、座位预留时间、是否缴纳定金、是否自带酒水等信息；

（三）订餐结束后，宜编辑简洁明确的短信发送给顾客，做到让顾客明明白白消费，避免投诉。

第三十条【席间服务】 顾客就餐期间，火锅经营者应提供以下席间服务：

（一）外地顾客或外宾用餐，应向其建议火锅菜品达最佳口感的涮烫时间范围，避免顾客食用未煮熟的食品带来的安全风险；

（二）当桌菜品上齐后，应告知顾客菜品已上齐，有错上、漏上或顾客要求退菜的菜品应妥善处理；高档酒应先向顾客展示确认后再开瓶；

（三）根据顾客涮、烫菜品的情况或用餐的不同时间段，适时调节火力大小，既满足烹调的需求，同时避免汤料飞溅烫伤顾客；适时添加汤水或搅拌汤料，确保火锅汤料不煳锅，保持应有的风味；

（四）及时清除或取走废弃纸巾和空盘，适时更换渣盘，保持桌面整洁。

第三十一条【结账服务】 做到诚信经营，按实际消费进行结账，并为顾客提供发票。

第三十二条【安全提示】 在顾客进店、用餐、如厕、结账、离店，以及服务员上菜、加汤、调火、更换餐具等不同场景下，应以恰当有效的语言或其他方式及时给予顾客安全提示。

第三十三条【投诉处理】 火锅经营者应建立服务质量投诉受理制度，对消费者提出的投诉，应立即核实，妥善处理，并且留有记录。

第七章　火锅餐厨垃圾处置

第三十四条【法规要求】 火锅餐厨垃圾处置应符合本市餐厨垃圾和环境卫生管理的规定。

第三十五条【管理制度】 火锅经营者应建立餐厨垃圾处置管理制度，将餐厨垃圾分类放置。

第三十六条【处置单位管理】 餐厨垃圾应由经相关部门许可或备案的餐厨废弃物收运、处置单位或个人处理。火锅经营者应与处置单位或个人签订合同，并索取其经营资质证明文件复印件。

第三十七条【处置记录】 火锅经营者应建立餐厨废弃物处置台账，详细记录餐厨垃圾的种类、数量和去向。

第八章　附则

第三十八条【效力替代】 国家和我市对火锅经营行为另有规定的，从其规定。

第三十九【施行时间】 本规范自发布之日起施行。

（三）《重庆市火锅行业自律公约》

重庆市火锅行业自律公约

根据《中华人民共和国食品安全法》和《中华人民共和国反对不正当竞争法》的有关规定，为加强行业自律，规范重庆火锅行业全体从业企业和从业人员的商业经营行为，依法维护行业内部公平竞争的市场经营秩序，促进和保障行业持续健康发展，特制定本公约。

一、全行业人员必须热爱中国共产党，热爱祖国，热爱人民，热爱重庆，拥护社会主义。

二、重庆火锅行业自律的基本原则是：从业守法、商德诚信、竞争公平、秩序规范、行业公正。

三、自觉遵守国家的法律法规和重庆市委市政府有关重庆火锅行业规范发展的指示要求，认真贯彻《重庆市火锅经营行为规范》，不断提高自身修养，恪守职业道德，积极推动全行业的规律发展。

四、遵循公平竞争原则，遵守商业道德，不得以诋毁行业内其他企业的商业声誉，泄露其商业秘密等不正当手段争揽业务。

五、加强食品添加剂的管理，严格执行食品添加剂进货查验记录要求，切实落实食品添加剂使用备案、公示制度；不得购入标识不清、来源不明的食品添加剂，健全购销台账，落实专人管理。

六、坚决杜绝使用潲水油、地沟油，禁止在食品中使用食品添加剂以外的任何化学物质和其他有害身体健康的任何原料，建立合法的油脂采购渠道，完善安全监管制度和长效机制，杜绝食用后的剩余物重上餐桌，确保火锅食品安全。

七、倡导自我约束，自主创新的精神；反对因循守旧，故步自封的思想意识，诚实守信，依法纳税。

八、食品安全第一，服务顾客至上，禁止掺杂使假，杜绝假冒伪劣，不搞价格欺诈，做到童叟无欺，服务热情周到，自觉维护消费者的合法权益。

九、提倡团结互助，发挥行业整体优势，加强业内合作，互通信息，共谋发展，共同维护重庆火锅行业在全社会的良好形象。

十、欢迎社会公众和新闻媒体的监督，及时回应社会关切，凡发现业内任何企业和个人有违法违规行为，坚决举报，由执法部门依法处理，决不姑息。

本公约自颁布之日起执行。

重庆市火锅协会

2018年1月19日

（四）食品安全地方标准——重庆火锅毛肚（DB50/37—2001）（已废止）

DB50/37—2001

ICS 67.120.01

X22

备案号:11643-2001

DB

重庆市地方标准

DB50/37—2001

重庆火锅毛肚

2001-08-26发布　　2001-10-10实施

重庆市质量技术监督局　发布

前　言

本标准由重庆市质量技术监督局提出

本标准起草单位：重庆市产品质量监督检验所、重庆市卫生局卫生监督所、重庆市德庄饮食文化有限公司

本标准主要起草人：庞小利、雷世平、何中臣、李德健、张春

DB50/37—2001

重庆火锅毛肚

1. 范围

本标准规定了重庆火锅毛肚的要求、试验方法、检验规则、标志、标签、包装、运输、贮存。

本标准适用于以新鲜牛胃（毛肚）、干毛肚和盐渍毛肚经整理、清洗、浸泡等工艺加工制成的食用毛肚。

2. 规范性引用文件

下列文件中的条款通过本标准的引用而成为本标准的条款。凡是注日期的引用文件，其随后所有的修改单（不包括勘误的内容）或修订版均不适用于本标准，然而，鼓励根据本标准达成协议的各方研究是否可使用这些文件的最新版本。凡是不注日期的引用文件，其最新版本适用于本标准。

GB2760—1996 食品添加剂使用卫生标准

GB/T5009.3—85 食品中水份的测定方法

GB/T5009.11—1996 食品中总砷的测定方法

GB/T5009.12—1996 食品中铅的测定方法

GB/T5009.29—1996 食品中山梨酸钾、苯甲酸钠的测定方法

GB7718—1994 食品标签通用标准

GB/T12457—1990 食品中氯化钠的测定方法

3. 术语

下列术语适用于本标准。

鲜毛肚：以屠宰牛的新鲜胃为原料，经整理、清洗后加工制成。

干毛肚：将上述毛肚去掉部分水分而制成的。

盐渍毛肚：在新鲜毛肚中按比例加入食盐混合后而制成的毛肚。

4. 要求

4.1 感官指标

具有重庆火锅毛肚正常的商品外形和固有的色泽和气味，无异臭味，组织致密有弹性，不应腐碎。

4.2 理化指标

理化指标见表 1

表 1 理化指标

项目	指标
水分（%）	≤ 93
食盐（%，以 NaCl 计）	≤ 3.0
PH	≤ 10.5

4.3 卫生指标

卫生指标见表 2

表 2 卫生指标

项目	指标
甲醛	不得检出
砷（mg/kg，以 As 计）	≤ 0.5
铅（mg/kg，以 Pb 计）	≤ 0.5
袋甲酸钠 g/kg	≤ 2
山梨酸钾 g/kg	≤ 0.5

5. 试验方法

5.1 感官指标采用目测、鼻嗅、手感等方式进行。

5.2 水分测定按 GB/T5009.3—85 执行。

5.3 食盐测定按 GB12457—1990 执行。

5.4 食品添加剂测定按 GB5009.29—1996 执行。

5.5 砷测定按 GB5009.11—1996 执行。

5.6 铅测定按 GB5009.12—1996 执行。

5.7 甲醛定性检测：乙酰丙酮比色法。取毛肚 50g，绞碎后加水 100ml

浸泡30分钟，取浸泡液10ml，加乙酰丙酮0.5ml，20%乙酸铵2.0ml，放入60℃～70℃水浴中加热3～5分钟，观察颜色变化，若试样变为黄色或橙红色，则判断为阳性。

5.8 pH值（酸度计法）

取样品20g加水200ml，用组织捣碎机捣碎后浸泡10分钟，取其滤液用酸度计测定，读取pH值2次，取平均值作为测定值。

6. 检验规则

6.1 产品应经检验合格，方可进行销售。

6.2 检验分出厂检验和型式检验。

6.2.1 出厂检验

出厂检验项目为感官指标和理化指标。

6.2.2 型式检验

有下列情况之一时，应进行型式检验。

6.2.1 出厂检验

出厂检验项目为感官指标和理化指标。

6.2.2 型式检验

有下列情况之一时，应进行型式检验。

a）当原材料、生产工艺有较大改变，可能影响产品性能时；

b）正常生产情况下每季度一次；

c）国家监督抽查提出要求时。

型式检验的内容为本标准规定的全部项目。

6.3 抽样

从产品中随机抽取1kg样品，作为检验用。

6.4 判定规则

检验中若感官、理化、卫生指标不合格，允许对样品进行复检，若仍不合格，则判该批产品为不合格。

7. 标签、标志、包装、运输、贮存

7.1 有密封袋装的产品按GB7718—1994规定执行。

7.2 包装材料应符合食品卫生要求规定。

7.3 运输工具应清洁卫生，无异味，运输过程中不得与有毒、有害的物质混运。

7.4 贮存工具应清洁，不得与有毒、有害物质混存混放。

保质期：有密封袋装毛肚在0℃ ~4℃的条件下，保质期为20天。

（五）食品安全地方标准——重庆火锅毛肚（DBS50/001—2011）（已废止）

ICS 67.120.01
X 22
备案号：

DBS50

重 庆 市　地 方 标 准

DBS50/001—2011
代替 DB 50/37-2001

食品安全地方标准
重庆火锅毛肚

2011-08-19 发布　　　　2011-10-01 实施

重庆市卫生局　发布

前 言

本标准按照GB/T1.1—2009《标准化工作导则第1部分：标准的结构和编写规则》给出的规则起草。本标准代替DB50/37—2001《重庆火锅毛肚》，除编辑性修改外，主要技术变化如下：——修改了标准适用范围。

——增加了重庆火锅毛肚的术语与定义、产品分类。

——增加了对原辅料的要求。

——修改了感官要求。

——在理化指标中，删除了水分、食盐、苯甲酸钠、山梨酸钾、甲醛，增加了挥发性盐基氮、总汞、镉指标及检验方法。将“砷（以As计）≤0.5mg/kg”修改为“无机砷（以As计）≤0.05mg/kg”。

——增加了微生物指标及检验方法。

——增加了农药残留限量和兽药残留限量、食品添加剂、生产加工过程的卫生要求、净含量等要求；修改了抽样方法以及出厂检验项目。

本标准起草单位：重庆市标准化研究院、重庆市计量质量检测研究院、西南大学、重庆德庄实业（集团）公司、重庆火锅标准化发展研究中心

本标准主要起草人：廖洪波、陈世奇、李洪军、李德建、余松华、孔树权、胡重霞、周德才、姚波。本标准于2001年8月26日首次发布。请注意本文件的某些内容可能涉及专利。本文件的发布机构不承担识别这些专利的责任。

食品安全地方标准
重庆火锅毛肚

1. 范围

本标准规定了重庆火锅毛肚的术语与定义、产品分类、要求、检验方法、检验规则、标志、标签、

包装、运输和贮存。

本标准适用于重庆火锅毛肚。

2. 规范性引用文件

下列文件对于本文件的应用是必不可少的。凡是注日期的引用文件，仅所注日期的版本适用于本文件。凡是不注日期的引用文件，其最新版本（包括所有的修改单）适用于本文件。

GB2760 食品安全国家标准食品添加剂使用标准

GB2763 食品中农药最大残留限量

GB4789.3 食品安全国家标准食品微生物学检验大肠菌群计数

GB4789.4 食品安全国家标准食品微生物学检验沙门氏菌检验

GB4789.10 食品安全国家标准食品微生物学检验金黄色葡萄球菌检验

GB5009.12 食品安全国家标准食品中铅的测定

GB7718 食品安全国家标准预包装食品标签通则

GB12694 肉类加工厂卫生规范

GB/T191 包装储运图示标志

GB/T4789.5 食品卫生微生物学检验志贺氏菌检验

GB/T5009.11 食品中总砷及无机砷的测定

GB/T5009.15 食品中镉的测定

GB/T5009.17 食品中总汞及有机汞的测定

GB/T5009.44 肉与肉制品卫生标准的分析方法

GB/T9695.5 肉与肉制品 pH 测定

NY5268 无公害食品毛肚

JJF1070 定量包装商品净含量计量检验规则

国家质量监督检验检疫总局令〔2005〕第 75 号《定量包装商品计量监督管理办法》

3. 术语与定义

下列术语和定义适用于本标准。

重庆火锅毛肚 Chongqing HotPot Dishes——ruminate for estomach 以检验检疫合格的新鲜毛肚（牛胃）、干毛肚、盐渍毛肚和冷冻毛肚为原料，经整理、清洗、浸泡等工艺加工制成的，用于经涮、烫、煮等烹调后食用的毛肚。

4. 产品分类

4.1 鲜毛肚

以屠宰牛的新鲜胃（千层肚，也称牛百叶）为原料，经整理、清洗后加工制成的毛肚。

4.2 涨发毛肚

以鲜毛肚、干毛肚、盐渍毛肚和冷冻毛肚为原料，经整理、清洗，适量添加食用碱或酶制剂等，经浸泡、涨发加工制成的毛肚。

5. 要求

5.1 原辅料要求

5.1.1 原料要求

鲜毛肚、干毛肚、盐渍毛肚、冷冻毛肚应符合 NY5268 的规定。

5.1.2 辅料要求

其他辅料应符合国家相关标准及有关规定。

5.2 感官要求

应符合表 1 的规定。

表 1 感官要求

项目	要求	检验方法
色泽	具有本品固有的色泽。	将样品置于白瓷盘中，在自然光线下目测、鼻嗅。
组织形态	组织致密有弹性，无腐碎，不应脱皮（无表皮脱落）	
气味	具有本品固有的气味，无异味。	
杂质	无肉眼可见外来杂质。	

5.3 理化指标

以沥干物进行检测，应符合表 2 的规定。

表 2 理化指标

项目	指标		检验方法
	鲜毛肚	涨发毛肚	
pl 值≤	9	10.5	GB/T9695.5
挥发性盐基氮（以 N 计）/（mg/100g）≤	15		GB/T5009.44
无机砷（以 As 计）/（mg/kg）≤	0.05		GB/T5009.11
铅（以 Pb 计）/（mg/kg）≤	0.5		GB5009.12
镉（以 Cd 计）/（mg/kg）≤	0.1		GB/T5009.15
总汞（以 Hg 计）/（mg/kg）≤	0.05		GB/T5009.17

5.4 微生物指标

以沥干物进行检测，应符合表 3 的规定。

表 3 微生物指标

项目	指标	检验方法
大肠菌群 /（MPN/g）≤	100	GB4789.3
致病菌（志贺氏菌、沙门氏菌、金黄色葡萄球菌）	不得检出	GB4789.4、GB/T4789.5 及 GB4789.10

5.5 农药残留限量和兽药残留限量

5.5.1 农药残留量应符合 GB2763 及国家有关规定和公告。

5.5.2 兽药残留量应符合国家有关规定和公告。

5.6 食品添加剂

5.6.1 食品添加剂的质量应符合相应的国家安全标准和公告的规定。

5.6.2 食品添加剂的品种及其使用量应符合 GB2760 和相关公告的规定。

5.7 生产加工过程的卫生要求

应符合 GB12694 的规定。

5.8 净含量

应符合《定量包装商品计量监督管理办法》的规定。检验方法按 JJF1070 规定的方法进行。

6. 检验规则

6.1 组批

同一批投料、同一生产线、同一班次生产的同一规格的产品为一批。

6.2 抽样

所抽样品须为同一批次并在保质期内的产品，抽样基数不应少于 20kg，随机抽取 6 个以上独立包装样品（总净含量不少于 1kg），将样品分为两份，一份供检验用，一份供复检备用。型式检验加倍抽样。

6.3 检验分类

6.3.1 出厂检验

出厂检验项目为感官、pH、净含量。每批产品经厂（公司）质检部门检测合格，并签发产品合格证明后才能出厂。

6.3.2 型式检验

型式检验为本标准规定的全部项目。有下列情况之一时，应进行型式检验：

a）新产品试制鉴定时；

b）正常生产时每半年进行一次；

c）原料、配方及生产工艺有改变时；

d）停产半年后恢复生产时；

（六）食品安全地方标准——重庆火锅鸭（鹅）肠（DBS50/002—2011）（已废止）

前 言

本标准按照GB/T1.1—2009《标准化工作导则第1部分：标准的结构和编写规则》给出的规则起草。

本标准起草单位：重庆市标准化研究院、西南大学、重庆市计量质量检测研究院、重庆德庄实业（集团）公司、重庆火锅标准化发展研究中心

本标准主要起草人：廖洪波、李洪军、李凌、陈世奇、李德建、孔树权、胡重霞、周德才、周倩。

本标准于2011年8月首次发布。

请注意本文件的某些内容可能涉及专利。本文件的发布机构不承担识别这些专利的责任。

食品安全地方标准
重庆火锅鸭（鹅）肠

1. 范围

本标准规定了重庆火锅鸭（鹅）肠的术语与定义、产品分类、要求、检验方法、检验规则、标志、标签、包装、运输和贮存。

本标准适用于重庆火锅鸭（鹅）肠。

2. 规范性引用文件

下列文件对于本文件的应用是必不可少的。凡是注日期的引用文件，仅所注日期的版本适用于本文件。凡是不注日期的引用文件，其最新版本（包括所有的修改单）适用于本文件。

GB2760 食品安全国家标准食品添加剂使用标准

GB2763 食品中农药最大残留限量

GB4789.3 食品安全国家标准食品微生物学检验大肠菌群计数

GB4789.4 食品安全国家标准食品微生物学检验沙门氏菌检验

GB4789.10 食品安全国家标准食品微生物学检验金黄色葡萄球菌检验

GB5009.12 食品安全国家标准食品中铅的测定

GB7718 食品安全国家标准预包装食品标签通则

GB12694 肉类加工厂卫生规范

GB16869 鲜、冻禽产品

GB/T191 包装储运图示标志

GB/T4789.5 食品卫生微生物学检验志贺氏菌检验

GB/T5009.11 食品中总砷及无机砷的测定

GB/T5009.15 食品中镉的测定

GB/T5009.17 食品中总汞及有机汞的测定

GB/T5009.44 肉与肉制品卫生标准的分析方法

GB/T9695.5 肉与肉制品 pH 测定

JJF1070 定量包装商品净含量计量检验规则

国家质量监督检验检疫总局令〔2005〕第 75 号《定量包装商品计量监督管理办法》

3. 术语与定义

下列术语和定义适用于本标准。

重庆火锅鸭（鹅）肠 ChongqingHotPotDishes——DuckIntestine

以检验检疫合格的活鸭（鹅）屠宰、净膛后得到的鸭（鹅）肠经整理、清洗、浸泡等工艺加工制成的，用于经涮、烫、煮等烹调后食用的鸭（鹅）肠。

4. 产品分类

4.1 鲜鸭（鹅）肠

将活鸭（鹅）屠宰、净膛后得到的鸭（鹅）肠，经整理、清洗、预冷或鲜冰处理后得到的冷鲜鸭（鹅）肠。

4.2 涨发鸭（鹅）肠

以鲜鸭（鹅）肠为原料，经整理、清洗，适量添加食用碱或酶制剂等，经浸泡、涨发加工制成的鸭（鹅）肠。

5. 要求

5.1 原辅料要求

5.1.1 原料要求

原料符合 GB16869 的规定。

5.1.2 辅料要求

其他辅料应符合国家有关规定及相关标准。

5.2 感官要求

应符合表 1 的规定。

表 1 感官要求

项目	要求	检验方法
色泽	具有本品固有的色泽。	将样品置于白瓷盘中，在自然光线下目测、鼻嗅。
组织形态	组织致密有弹性，无腐碎。	
气味	具有本品应有的气味，无异味。	
杂质	无肉眼可见外来杂质。	

5.3 理化指标

以沥干物进行检测，应符合表 2 的规定。

表 2 理化指标

项目	指标		检验方法
	鲜鸭（鹅）肠	涨发鸭（鹅）肠	
pH 值≤	8	10.0	GB/T9695.5
挥发性盐基氮（以 N 计）/（mg/100g）≤	15		GB/T5009.44
无机砷（以 As 计）/（mg/kg）≤	0.05		GB/T5009.11
铅（以 Pb 计）/（mg/kg）≤	0.5		GB5009.12
镉（以 cd 计）/（mg/kg）≤	0.1		GB/T5009.15
总汞（以 Hg 计）/（mg/kg）≤	0.05		GB/T5009.17

5.4 微生物指标

以沥干物进行检测，应符合表 3 的规定。

表 3 微生物指标

项目	指标	检验方法
大肠菌群 /（MPN/g）≤	100	G4789.3
致病菌（志贺氏菌、沙门氏菌、金黄色葡萄球菌）	不得检出	GB4789.4、GB/T4789.5 及 GB4789.10

5.5 农药残留限量和兽药残留限量

5.5.1 农药残留量应符合 GB2763 及国家有关规定和公告。

5.5.2 兽药残留量应符合国家有关规定和公告。

5.6 食品添加剂

5.6.1 食品添加剂的质量应符合相应的国家安全标准和公告的规定。

5.6.2 食品添加剂的品种及其使用量应符合 GB2760 和相关公告的规定。

5.7 生产加工过程的卫生要求

应符合 GB12694 的规定。

5.8 净含量

应符合《定量包装商品计量监督管理办法》的规定。检验方法按 JJF1070 规定的方法进行。

6. 检验规则

6.1 组批

同一批投料、同一生产线、同一班次生产的同一规格的产品为一批。

6.2 抽样

所抽样品须为同一批次并在保质期内的产品，抽样基数不应少于 20kg，随机抽取 6 个以上独立包装样品（总净含量不少于 1kg），将样品分为两份，一份供检验用，一份供复检备用。型式检验加倍抽样。

6.3 检验分类

6.3.1 出厂检验

出厂检验项目为：感官、pH、净含量。每批产品经厂（公司）质检部门检测合格，并签发产品合格证明后才能出厂。

6.3.2 型式检验

型式检验为本标准规定的全部项目。有下列情况之一时，应进行型式检验：

a）新产品试制鉴定时；

b）正常生产时每半年进行一次；

c）原料、配方及生产工艺有改变时；

d）停产半年后恢复生产时；

e）出厂检验结果与上次型式检验结果有较大差异时；

f）国家行政管理部门提出型式检验要求时。

6.4 判定规则

检验结果全部符合本标准要求的，则判定该批产品合格。如有一项（或一项以上）指标不符合本标准要求的，允许对复检备用样品或以相同批次产品加倍抽样，对不合格项进行复检，若复检结果仍有不合格项，则判定该批产品不合格。微生物指标不合格时，不得复检。

7. 标志、标签、包装、运输和贮存

7.1 标志、标签

应符合 GB/T191 和 GB7718 规定。

7.2 包装

应符合国家相关食品安全标准和有关规定。

7.3 运输

7.3.1 运输工具应清洁卫生，不应与其他有毒有害物质混运。

7.3.2 运输应在常温或冷藏条件下进行，产品应轻装、轻卸，防止挤压、防止日晒雨淋，并有防尘措施。

7.4 贮存

不应与其他有毒有害物质混存混放。可采取 −1℃～4℃冷藏或 −18℃冻藏。

（七）重庆火锅调配师职业技能标准

重庆火锅调配师职业技能标准（试行）

（2009 年 8 月修订）

1. 范围

本标准规定了重庆火锅调配师的要求、定级、考评规则。

2. 规范性引用文件

从业人员需持有县级以上卫生行政管理部门核发的《从业人员健康证》。

所有用于重庆火锅配制的原辅材料和工作环境均应符合《产品质量法》、《食品卫生法》、《餐饮业食品卫生管理办法》所规定的标准和要求。

3. 术语和定义

下列术语和定义适用于本标准。

3.1 重庆火锅调配师

能全面熟练地掌握重庆火锅，从主要原辅材料的选用到火锅底料炒制、汤卤调制、油碟配制全过程，并具有对味有准确的辨别能力。

3.2 重庆火锅主要原辅材料

干辣椒 为鲜红辣椒的干制品。在烹调中具有去腥解腻、压抑异味、增加火锅汤卤香辣味和提色的作用。

花椒 在烹调中具有去异味增香味的作用。

牛油 它是由牛体中脂肪组织熔炼而成。具有浓稠火锅卤汁，保持火锅卤汁温度，使入烫食物油润光洁，上味增香强化风味的作用。

辣豆瓣酱 用蚕豆瓣、辣椒、盐等精酿而成。在火锅汤卤中能增鲜提香，辣味醇和，使汤汁浓稠红亮。

豆豉 用黄豆、食盐、香料酿制成。在火锅汤卤中能增加咸香鲜醇的味道。

精盐 学名氯化钠。在烹调中起着定味、调味、提鲜和解腻去腥的作用。

冰糖 白糖的再制品。在调制火锅汤卤中，具有减缓辣味刺激，使汤汁味醇厚回甜的作用。

醪糟 将糯米蒸熟后，加入发酵香曲拌匀在一定温度下酿制而成。在火锅汤卤中加入醪糟能压腥去异味，综合咸鲜味，使味道醇厚并产生回甜。

黄酒 用糯米为主要原料酿造而成。在烹调中具有去腥除异、增香提鲜、使味道变得浓醇厚道的作用。

味精 学名谷氨酸钠，由大豆或小麦及其他含蛋白质较多的物质制成。具有提鲜、助鲜、增味作用。

鸡精 用家鸡、鸡蛋及麸酸钠精制而成。多用于清汤火锅中，具有增鲜提味、强化风味的作用。

胡椒 在烹调中主要有去腥压臊、增香提味的作用。在清汤火锅中尤为重要。

姜 能有效地去腥压臊，调味增鲜、刺激食欲、去异味的作用。

蒜 在烹饪中具有压腥去异味、杀菌去毒作用。

猪油 猪油也具有增加汤卤香味、保持汤卤温度、使入烫食料滋润光亮或柔嫩的作用。

羊油 对于增强以羊肉（杂）为主要食料的火锅风味具有特殊作用。

鸡油 在鸡汁火锅、清汤火锅中常用它来增香提味。

菜油 在重庆火锅中主要用于炒豆瓣、辣椒酱、豆豉、姜蒜等调味品，使其出色出味。

芝麻油 又名香油。在火锅中主要用来调制蘸食用的油碟，一般不下锅熬炼。调制油碟蘸食能滑口增香，调节口味。

3.3 火锅底料

是一种将多种调味原料及油脂按一定比例组合烹制而成的火锅基本原料。

3.3.1 红汤火锅底料

它的特点是，麻辣、鲜、香、脆嫩烫。根据用料和味感可分为：以牛油为主的麻辣脂香型及用混合油为主的麻辣兼香型两大类。

3.3.2 干锅底料

它的特点是，香辣鲜醇，有丰富的味型。

3.3.3 冷锅鱼底料

它的特点是，调味重用泡辣椒，注重五味调和，各种调辅料在炒制中各味达到综合平衡。

3.4 汤卤

指经过特殊工艺加工后装盛在锅中，并置于火炉之上，供人边煮边入烫食物的专用汤汁。

3.4.1 红汤卤

在重庆火锅中广泛运用，其特点是：口感丰富、汁浓味厚，麻辣可口，鲜香回甜。

其代表作品有：牛油红汤卤、家常红汤卤、复制红汤卤、无渣火锅红汤卤、干锅红汤卤、冷锅汤卤等等。

3.4.2 清汤卤

其特点是：鲜味浓郁，汤汁较清，芳香爽口，不腥不腻。

其代表作品有：鸡味汤卤、鱼鲜奶汤卤、甲鱼火锅、花江狗肉、龟蛇汤锅、药膳火锅等等。

3.5 味碟（俗称油碟）

指装盛在小碗或碟盘中，用于将刚经过煮烫至熟出锅的食物，迅速降温、减弱麻辣味的刺激、滋润滑口增香的油脂性液体，或非油脂性混合调料。

其代表作品有：香油味碟、干油碟、冷锅鱼味碟、香辣酱味碟、麻酱味碟、蒜蓉香油味碟、鸡蛋味碟、椒油味碟、花生辣酱味碟、沙茶海鲜酱味碟等等。

3.6 味

在重庆火锅中主要指：麻、辣、甜、酸、鲜、咸、香、苦等八味。

麻味　麻味是重庆火锅的特殊用味，给人以辛香、麻而舒适的感觉。所用的麻味调料是花椒。

辣味　是最有刺激性的一种基本味，有增香、解腻、压异味的作用。所用的调味品有辣椒（粉）、辣椒酱、豆瓣辣酱、胡椒粉等。

甜味　主要用于增加调味品的鲜味，并有增香和使味道增浓的作用。主要应用的是各种蔗糖等。

酸味　在火锅中能去腥解腻增香，保护维生素的作用。主要有糖蒜、醋。

鲜味 鲜味在火锅中的地位仅次于咸味，可使火锅菜肴鲜美可口，增进食欲。鲜味来源，一是火锅原料所含有的，另外是火锅的调料具有的。所用调料有味精、卤虾油、鲜汤等。

咸味 咸是基本味，也是火锅调味中的主味。能去腥、解腻、除膻，还能提高鲜味。火锅用的主要有食盐、酱油、各种腌制品。

香味 使火锅具有芳香气味，刺激食欲，还可以去腥、解腻。火锅中的香味一是一些原料本身含有碳水化合物和有机物质，在受热后散发出的各种芳香气味；二是经添加香油、芝麻酱、香菜、料酒、葱、姜、蒜、芝麻等形成。

苦味 有消除异味的作用，在火锅中略微调和一些带有苦味的物料，可形成清香爽口的特殊风味。主要来源是某些中药材，如人参、当归等。

4. 要求

4.1 基本要求

熟悉和掌握，重庆火锅从原材料的选用，到火锅底料的炒制、汤卤的调制和味碟的配制全过程。

4.2 等级要求

所有等级的从业人员，基本文化程度均应达到初中毕业以上，其他技能应符合表 1 的规定。

表 1 重庆火锅调配师等级要求

级别	具体内容
初级	1. 原料初加工。蔬菜、家禽、有鳞鱼类原料加工方法及技术要求；腌腊制品、水发品、干制植物等的加工方法及技术要求；原料冻结方法和解冻。 2. 原料的分档与切割。家禽原料的各部位名称及分割取料；刀具的种类和使用保养；刀法中的直刀法、平刀法、斜刀法的运用；片、丝、丁、条、块、段的切割规格及技术要求。 3. 原料调配与预制加工。能根据不同种类的火锅准确配制主、配料，炒制底料，加工汤卤；冷、热菜配制、装盘的方法；能准确调制出带麻、辣、甜、酸、鲜、咸、香、苦等八味协调比例适当的汤卤。 4. 菜肴的制作。冷、热菜的加工要求及制作方法。
中级	1. 原料调配与预制加工。能根据不同种类的火锅准确配制主、配料，炒制底料，加工汤卤；冷、热菜配制、装盘的方法；能准确调制出带麻、辣、甜、酸、鲜、咸、香、苦等八味协调比例适当的汤卤；调制出相应的多品种味碟。 2. 原料的分档与切割。家禽原料的各部位名称及分割取料；刀具的种类和使用保养；刀法中的直刀法、平刀法、斜刀法的运用；片、丝、丁、条、块、段的切割规格及技术要求；各种茸泥的制作。 3. 菜肴的制作。冷、热菜的加工要求及制作方法。

级别	具体内容
高级	1. 原料初加工。蔬菜、家禽、有鳞鱼类原料加工方法及技术要求；腌腊制品、水发品、干制植物等的加工方法及技术要求；动物性干料的油发加工；粮食制品预制加工；贝类、爬行类、软体类、虾类、菌类的加工方法与技术要求；掌握高档干制原料的种类及特征和品质的鉴别方法，涨发方法及技术要求。 2. 原料调配与预制加工。能根据不同种类的火锅准确配制主、配料，炒制底料，加工汤卤；冷、热菜配制、装盘的方法；能准确调制出带麻、辣、甜、酸、鲜、咸、香、苦等八味协调比例适当的汤卤；调制出相应的多品种味碟；制作清汤、奶汤、浓汤等汤卤。 3. 菜肴的制作。冷、热菜的加工要求及制作方法；宴会用菜的组配；餐盘装饰的构图方法及技巧，食品的雕刻及保鲜保藏方法。 4. 菜单设计。零点菜单的设计原则及方法，宴会菜单的结构设计原则与方法。 5. 厨房管理。厨房生产成本构成控制方法，成本报表；厨房各阶段管理要求，标准食谱的制订与管理；厨房与前厅间营销协作和促销办法。 6. 能独立开发新产品；能传授技艺，培养初、中级技术工人。

5. 考评方法

以 100 分制进行计算，60 分为合格。其中文化基础知识占总成绩的 30%，实际操作占总成绩的 70%。

5.1 文化基础知识测试

由“商业技能鉴定与饮食服务发展中心火锅调配师管理办公室”统一教材，统一出题，统一考试。

5.2 实际操作测试

由“商业技能鉴定与饮食服务发展中心火锅调配师管理办公室”组织专家评审小组对报考人员进行，由原辅材料的选用、火锅底料的炒制、汤卤调制、味碟配制，以及对味准确的辨别能力，现场测试并打分。

参考文献

一、地方志

1.［清］福珠朗阿修：道光《江北厅志》，巴蜀书社，1992 年

2.［清］王梦庚修、寇宗纂：道光《重庆府志》，巴蜀书社，1992 年

3. 朱之洪等编修、向楚等纂：民国《巴县志》，巴蜀书社，1992 年

4. 柳琅声等修、韦麟书等纂：民国《重修南川县志》，巴蜀书社，1992 年

5. 重庆市江北区地方志编纂委员会编纂：《重庆市江北区志》，巴蜀书社，1993 年

6. 重庆市渝中区人民政府地方志编纂委员会办公室编：《重庆市市中区志》，重庆出版社，1997 年

7. 重庆市地方志编纂委员会编：《重庆市志・第二卷》，西南师范大学出版社，2004 年

8. 重庆市地方志编纂委员会编：《重庆市志・第九卷》，西南师范大学出版社，2005 年

二、专著

1. 商业部饮食服务局编：《中国名菜谱》（第七辑），轻工业出版社，1960 年

2. 李劼人著：《李劼人选集》（第五卷），四川文艺出版社，1986 年

3. 刘建成、胡廉泉著：《家庭川菜》，中国商业出版社，1988 年

4. 陈俞、李克家编：《火锅》，重庆出版社，1988 年

5. 吴万里、张正雄编著：《川味火锅》，四川科学技术出版社，1988 年
6. 魏仲云编著：《重庆名胜风情录》，重庆出版社，1994 年
7. 熊四智、丁鼎、陈前、熊车、戴天编著：《川菜》，华夏出版社，1997 年
8. 李新主编：《川菜烹饪事典》，重庆出版社，1999 年
9. 周勇主编：《重庆通史》，重庆出版社，2002 年
10. 杜莉编著：《川菜文化概论》，四川大学出版社，2003 年
11. 车辐著：《川菜杂谈》，生活·读书·新知三联书店，2004 年
12. 范春、李爽、杨卫东著：《重庆火锅文化研究》，中国文史出版社，2005 年 13. 吴茂钊、陈小林主编：《火锅菜》，重庆出版社，2007 年
14. 林文郁编著：《火锅中的重庆》，重庆出版社，2013 年
15. 李德建主编：《重庆火锅全书》，西南师范大学出版社，2018 年

三、期刊

1. 李劼人：《漫谈中国人之衣食住行》，《风土什志》1948 年第 2 卷第 3—6 期。
2. 欧阳平：《旧重庆吃的形形色色》，《红岩春秋》1996 年第 4—5 期。
3. 蒋慕东、王思明：《辣椒在中国的传播及其影响》，《中国农史》2005 年第 2 期。

四、报纸

1.《南京晚报》
2.《大众晚报》
3.《陪都晚报》

postscript

后记

重庆市渝中区是麻辣火锅的发源地，为弘扬和传承火锅文化，2020 年，渝中区商务委员会决定编纂《重庆火锅志》。为完成编纂任务，商务委成立《重庆火锅志》编纂委员会，同时成立修志工作领导小组，由重庆工商大学莫小平教授、湖州学院高宏博士、重庆工商大学白仁春副教授和童凤立等组成编纂团队，进行本志的编纂工作。

志书编纂工作先后经历纲目编写、资料收集、初稿撰写、志稿修改、志稿审核五个阶段。

2020 年 4 月，编纂团队组织研讨志书结构和内容，并编写了篇目及各章节细则、编纂说明等，先后听取了渝中区地方志编纂中心、行业协会、重庆餐饮行业专家的意见，篇目共设 14 章 46 节，经编纂委员会认可后，报送区、市两级志办审核并通过。

2020 年 6 月，编纂团队开始资料搜集工作。资料来源主要有三个方面：一是重庆市、区商务委和相关统计部门有关资料；二是由重庆市火锅协会以及各火锅企业提供的有关资料；三是重庆市火锅行业专家林文郁、陈小林等人的相关火锅研究著述，他们的前期研究为火锅发展历史的梳理提供了诸多有益的帮助。为了及时把资料收集齐全，编纂人员在全市各个区县的火锅企业中进行调研，召开座谈会，听取意见建议。至 2020 年 12 月底，先后共收集各类资料达 300 多万字。

2021 年 3 月，开始志稿撰写工作。撰稿人员逐一审核资料，反复梳理，去粗取精，去伪存真，于 2021 年 10 月完成 25 万字的初稿。志稿形成后，2021 年 11 月至 2022 年 6 月，先后送区商务委编委会成员，市餐饮行业专家，机关各处室，相关火锅企业负责人征求意见，不断修改，补充、完善志稿内容，进行文字润色和校对工作。

2022 年 12 月，市地方志办公室组织专家对志稿进行评审，顺利通过终审，同时专家对志书提出了一些修改意见，要求查漏补缺，反复核实，精益求精，力求使之成为精品佳志。

在本志编纂过程中，编纂工作自始至终得到了市、区地方志办公室的指导和市、区商务委的大力支持， 市火锅协会和渝中区火锅协会的全力配合，相关单位和专家学者多方面的关心，志书的图片得到了渝大狮、朝天门、 巴九门、珮姐、洞子老火锅等火锅企业和玉带苑干副批发市场罗来均的热忱帮助，《重庆火锅志》编纂团队谨向他们辛勤的劳动表示诚挚的感谢！

《重庆火锅志》编纂团队

2023 年 1 月